U0728516

"十二五"职业教育国家规划立项教材

制冷技术基础

主　编　王亚平　赵金萍
参　编　毛振红　杨东红
主　审　曾　波

机械工业出版社
CHINA MACHINE PRESS

本书是"十二五"职业教育国家规划立项教材，是根据教育部于2014年公布的《职业院校制冷和空调设备运行与维修专业教学标准》，同时参考制冷和空调设备运行与维修专业职业资格标准编写的。

本书主要介绍热工学基础，流体力学、传热学基础，制冷剂、载冷剂、冷冻油，以及制冷基础知识，包括单级蒸气压缩式制冷循环、多级和复叠式制冷循环、吸收式制冷循环及其他制冷技术的循环过程、原理及热力分析。

本书可作为高等职业院校制冷和空调设备运行与维修专业教材，也可以作为制冷专业中职技校学生教材以及职工岗位培训教材。

为便于教学，本书配套有助教课件等教学资源，选择本书作为教材的教师可来电（010-88379193）索取，或登录 www.cmpedu.com 网站，注册、免费下载。

图书在版编目（CIP）数据

制冷技术基础/王亚平，赵金萍主编. —北京：机械工业出版社，2017.3（2025.1重印）

"十二五"职业教育国家规划立项教材

ISBN 978-7-111-56061-6

Ⅰ.①制⋯　Ⅱ.①王⋯ ②赵⋯　Ⅲ.①制冷技术-中等专业学校-教材　Ⅳ.①TB66

中国版本图书馆 CIP 数据核字（2017）第 029191 号

机械工业出版社（北京市百万庄大街22号　邮政编码100037）
策划编辑：汪光灿　责任编辑：汪光灿　张丹丹　责任校对：张晓蓉
封面设计：张　静　责任印制：邓　博
北京盛通数码印刷有限公司印刷
2025 年 1 月第 1 版第 6 次印刷
184mm×260mm · 16.25 印张 · 393 千字
标准书号：ISBN 978-7-111-56061-6
定价：49.80 元

电话服务　　　　　　　　　网络服务
客服电话：010-88361066　机　工　官　网：www.cmpbook.com
　　　　　010-88379833　机　工　官　博：weibo.com/cmp1952
　　　　　010-68326294　金　书　网：www.golden-book.com
封底无防伪标均为盗版　机工教育服务网：www.cmpedu.com

前　言

本书是"十二五"职业教育国家规划立项教材，是根据教育部最新公布的《职业院校制冷和空调设备运行与维修专业教学标准》，同时参考制冷和空调设备运行与维修专业职业资格标准编写的。

本书主要介绍热工学基础，流体力学、传热学基础，制冷剂、载冷剂、冷冻油，以及制冷基础知识，包括单级蒸气压缩式制冷循环、多级和复叠式制冷循环、吸收式制冷循环及其他制冷技术的循环过程、原理及热力分析。

本书重点强调专业知识及运用，培养学生解决问题、分析问题的能力，编写过程中力求体现以下特色：依据最新的教学标准和课程大纲要求，对接职业标准和岗位需求，在理论知识方面突出"必需、够用"的原则，强调教学内容与实际应用相结合。本书按照由浅入深、由易到难的原则编写内容，力求图文并茂，以便于学习。

全书共分四篇内容，由河北轨道运输职业技术学院王亚平、青岛海洋高级技工学校赵金萍担任主编。具体分工如下：青岛海洋高级技工学校赵金萍编写第一篇、第二篇，河南化工技师学院毛振红编写第三篇，河北轨道运输职业技术学院王亚平编写第四篇的单元十七、单元十八、单元十九，北京市经贸高级技术学校杨东红编写第四篇的单元二十。全书由王亚平统稿，曾波主审。

在本书编写过程中，得到了中国轻工业长沙设计院以及部分电冰箱厂家的支持与帮助；编写过程中，编者参阅了国内外出版的有关教材和资料，在此一并表示衷心的感谢！本书经全国职业教育教材委员会审定，教育部评审专家在评审过程中对本书提出了宝贵的建议，在此对他们表示衷心的感谢！

由于编者水平有限，书中不妥之处在所难免，恳请读者批评指正。

编　者

目　录

第一篇　热工学基础

第二篇 流体力学、传热学基础

第三篇 制冷剂、载冷剂、冷冻油

绪 论

一、制冷技术概述

制冷技术是为满足现代社会生产和人民生活需要而发展起来的技术，它在工业生产、食品加工、空气调节、建筑工程、医疗卫生、国防工业等方面获得了广泛的应用。同时它又促进了现代社会和科学技术的进步。

制冷技术就是指用人工的方法，在一定的时间和空间内，从低于环境温度的空间或物体内吸取热量，并将热量转移排放到环境中去，并保持低温、维持低温过程的工程技术。根据制冷产生的低温环境温度不同，制冷技术可分为三种类型：

(1) 普通制冷　制冷温度在环境温度以下至120K（-153.15℃）。一般的工业生产和日常生活用制冷技术都属于普通制冷范畴。

(2) 低温制冷　制冷温度在120~4.23K（-268.92℃）之间称为低温制冷。

(3) 超低温制冷　从4.23K至接近0K（-273.15℃）的制冷技术称为超低温制冷。

早在3000多年前，我国劳动人民就已开始在冬季采集天然冰，并储藏在冰窖中，春、夏季用于食品冷藏和防暑降温。古代人对天然冰的利用和简单的降温方法，还不能称为制冷技术。

现代的制冷技术是19世纪后期开始发展起来的，制造出第一台以乙醚为制冷工质的蒸气压缩式制冷机，标志着人类利用蒸气压缩式制冷机制冷为工业生产等各行业服务。随着科学技术的发展，制冷技术有了飞速的发展，出现了各种形式的制冷技术，并且用到了各行各业的生产中。

目前，人工制冷的方法有很多种，总体上讲主要有物理方法和化学方法两大类。人类社会的生产和生活主要是用普通制冷技术，而普通制冷技术主要使用物理方法进行制冷。物理方法制冷技术通常有：相变制冷、空气压缩式制冷、热电制冷、磁制冷等。其中，相变制冷是应用最广泛的一种制冷方法。

相变制冷是利用某种物质由液态相变为气态的吸热效应进行制冷的方法。相变制冷只要选择合适的液体物质，创造一定的汽化条件，施加补偿能量，就可获得不同的低温，吸收不同的热量。相变制冷根据补偿过程的不同，它又可分为：蒸气压缩式制冷、吸收式制冷、蒸气喷射式制冷、吸附式制冷等几种形式。图0-1、图0-2所示为使用相变制冷方法的制冷设备——空调器、冷库。

热电制冷又称为温差电效应制冷，它是利用珀尔帖效应的原理来达到制冷目的的一种制

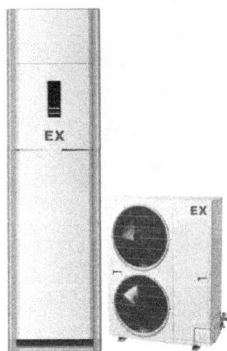

图 0-1 空调器

图 0-2 冷库

冷技术。其基本原理是如果把两种不同的材料（金属或半导体材料）彼此连接起来，接上直流电源，则一端将会产生吸热效应，另一端产生放热效应，利用这个原理可进行制冷。由于目前主要采用半导体材料作为热电制冷的基本原材料，所以又称为半导体制冷技术。如图0-3 所示为热电制冷器。

空气压缩式制冷是基于压缩气体的绝热节流效应或压缩气体的绝热膨胀效应，从而获得低温气流来制取冷量的制冷技术。气体膨胀制冷根据使用的制冷设备不同表现特性也不同，如通过节流装置来实现制冷的为气体绝热节流效应制冷，通过膨胀机实现制冷的为等熵膨胀效应制冷。

图 0-3 热电制冷器

随着现代技术的飞速发展，制冷技术也得到了空前的发展。在市场新的要求、国际竞争激烈、节能和环保迫切要求的前提下，在微电子、计算机、新型材料的促进下，现代制冷技术取得了突破性的进展，具备了新的发展前景。这主要体现在以下几个方面：

1）微电子和计算机的应用使制冷自动控制技术产生质的飞跃。最佳的运行工况、精细调节、压缩机能量调节、安全保护等过程控制更为理想化、人性化、智能化。

2）新材料在制冷领域的应用，提高了制冷产品性能、寿命和成本效益。

3）新型制冷工质的研究有所突破，减少了对大气臭氧层的破坏作用，降低了温室效应。

4）新的制冷理论研究及实践也取得了很大进展。

总之，制冷技术是充满生机的学科，环保、节能、可持续发展是它永恒的主题。巨大的市场增长潜力和新技术的交叉渗透将为制冷技术开辟广阔的发展天地。

二、本课程研究的对象及主要内容

制冷技术基础课程包括两大部分内容：第一部分内容包括热工学、流体力学、传热学；第二部分内容包括制冷原理、制冷剂、载冷剂、冷冻机油等内容。

第一部分主要研究内容：工程热力学主要研究工质的性质、状态变化、热量计算、热力学第一定律、第二定律及能量转换，蒸汽、混合气体、湿空气的性质；流体力学主要研究流体的基本性质、流体静力学、流体动力学和简单的管路流动阻力计算；传热学部分将分析稳态导热、对流换热、辐射换热三种传热方式的基本规律、传热机理，提出增强传热与削弱传热的方法。由于本部分内容是制冷技术重要的基础理论，并且内容较多，所以要求学生掌握正确的学习方法，总结出自然界一些普遍的基本规律，再以这些规律为基础，通过分析、推理得到普遍性的规律，为学习制冷原理打下良好的基础。

第二部分主要研究内容：常用制冷剂、载冷剂、冷冻机油的性质及选用方法；单级蒸气压缩式制冷循环的理论、实际工作原理及热力分析；多级、复叠式蒸气压缩式制冷循环工作原理；吸收式制冷循环工作原理及热力分析；蒸气喷射式制冷、空气压缩式制冷、混合制冷剂制冷、热电制冷、磁制冷等制冷循环的方式和工作原理。本部分内容是制冷与空调专业的理论基础，对掌握本专业的知识体系、专业技能和将来从事制冷与空调专业工作都是十分重要的。所以要认真学习，理论联系实际，扎实地掌握本课程所讲的制冷技术知识。

第一篇　热工学基础

单元一

工质和热力系统

【内容构架】

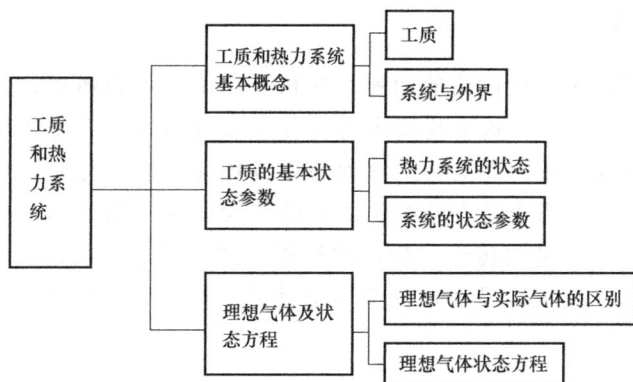

【学习引导】

目的与要求

1. 掌握热力系统的概念，了解热力系统的分类。

2. 掌握状态参数的数学特征及基本状态参数。

3. 能够利用理想气体状态方程求解实际问题。

重点与难点

重点： 1. 基本状态参数。

　　　　2. 理想气体状态方程的实际应用。

难点： 1. 工质的概念。

　　　　2. 理想气体与实际气体的分析计算。

课题一　工质和热力系统基本概念

【学习目标】

1. 掌握工质的概念。

2. 熟悉热力系统的分类。

【相关知识】

一、工质

在工程热力学中，为实现热能与机械能之间的相互转换，要利用一些气体或液体通过状态变化来传送、转移能量，所以必须借助于某种物质作为它的工作介质来进行工作，这种工作介质称为工质。如制冷与空调系统中工作在各种热力设备中的液体和气体，它们在能量转换中起着媒介的作用。

工质是实现能量转换与传递的内部条件，合理地选用工质可提高热力设备的效率。在热机循环中，为获得较高的热效率，常选用水蒸气、空气或燃气等可压缩、易膨胀的气体作为工质。在制冷循环和热泵循环中，为了提高制冷系数和供暖系数，常选用被称为制冷剂的氨、氟利昂等易汽化、易液化的物质作为工质。

二、系统与外界

热力学中，为了简化分析讨论的问题，在相互作用的各物体中，人为地选取某一范围内物体作为热力研究对象，这个范围内物质的总和称为热力系统或热力系，简称系统或体系。将与系统相互作用的周围物质称为外界或环境。系统与外界之间的分界面称为界面或边界，所以说热力系统是由界面包围着的作为研究对象的物质的总和，系统与外界之间，通过边界进行能量的传递与物质的转移。这个界面可以是真实的，也可以是假想的；可以是固定的，也可以是变化的或者运动的。作为系统的边界，可以是这几种边界面的组合。

三、闭口系统与开口系统

根据系统与外界之间是否进行物质交换，可将系统分为开口系统和闭口系统两种。系统与外界之间有物质交换的系统称为开口系统（开口系或开系）。通常，由于开口系统总是取某一相对固定的空间，故又称为控制容积系统，如图1-1a所示。系统与外界之间没有物质交换的系统称为闭口系统（闭口系或闭系）。由于系统内物质质量保持恒定，故又称为控制质量系统，如图1-1b所示。但应注意：闭口系统具有恒定的质量，但是质量恒定的系统不一定都是闭口系统。

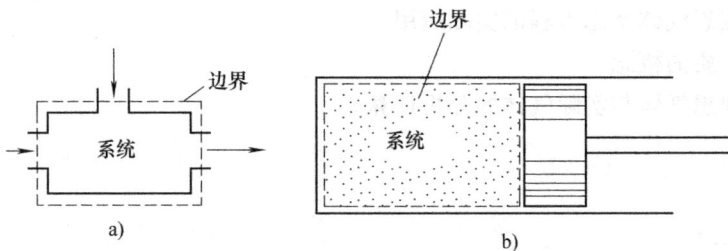

图1-1　开口系统与闭口系统
a）开口系统　b）闭口系统

四、简单系统、绝热系统与孤立系统

根据系统与外界之间所进行的能量交换情况不同，可将系统分为简单系统、绝热系统与孤立系统三种。

系统与外界之间只存在热量及一种形式准静态功的交换系统称为简单系统。

系统与外界之间完全没有热量交换的系统称为绝热系统。

系统与外界之间既无物质交换又无能量交换的系统称为孤立系统。

自然界中绝对的绝热系统和孤立系统都是不存在的，但在某些系统中，如果界面上的热量、功量、质量的交换都很小或其作用的影响可忽略不计，则这时可看作是某一特定条件下的简化系统，以利于热力学的分析。

工程热力学中讨论的系统大多属于简单可压缩系统，它是指与外界只有热量及准静态容积变化功交换的、由可压缩流体组成的系统。

课题二　　工质的基本状态参数

【学习目标】

1. 了解状态参数的种类。
2. 掌握常用的基本状态参数及数学特征。

【相关知识】

一、热力系统的状态

分析热力系统能量转换的前提是研究热力系统的热力状态变化。热力系统在某一瞬间所体现的宏观物理状况称为热力状态。

热力系统可以呈现出各种状态，其中具有重要意义的是平衡状态。系统在不受外界影响（重力场除外）的条件下，宏观物理性质不随时间变化的状态称为平衡状态。实现平衡状态的充分必要条件是系统内部及系统内外之间的一切不平衡势差的消失。平衡状态是一个动态平衡，如系统与外界的能量和质量交换中，各种参数的量没有发生变化，则认为是平衡的；如果交换发生了量的变化，则原来的平衡就会打破，建立新的平衡，此时的状态参数与原来的已经不同，发生了变化，建立了新的平衡系统。

系统的平衡状态可以用任意两个独立物理参数确定，也可以用二维平面坐标图来描述。显然，不平衡状态由于没有确定的状态参数，无法在状态坐标图中表示。

二、系统的状态参数

1. 状态参数及其数学特征

热力状态是系统各种宏观物理特性的表现，描述这种宏观特性的物理量称为系统的热力状态参数或状态参数。系统的状态是通过状态参数来表征的，而状态参数又单值地取决于状态，这就决定了热力状态参数有如下特征：

1）任意热力过程中，系统从初始状态变化至终态时，任意状态参数的变化量（增量或减量）仅是初终状态下的状态参数的差值，与变化路径无关。

2）热力系统进行一个封闭的状态变化过程而回复到初始状态时，其状态参数不改变，即变化量（增量或减量）为零。

2. 基本状态参数

在热力学中主要的状态参数有：温度（T）、压力（p）、比体积（v）或密度（ρ）、内能（U）、焓（H）、熵（S）等。其中，温度（T）、压力（p）、比体积（v）或密度（ρ）是可以直接用仪器仪表测量的，被称为基本状态参数。而其余的状态参数都不能直接测量，必须由基本状态参数导出，所以称为导出状态参数。常用的基本状态参数包括：

（1）压力 热力学中的压力是指垂直作用于单位作用面上的力，即物理学中的压强，以符号 p 表示。对于气体，压力的实质是系统中大量分子不断地做无规则热运动而撞击容器壁面，在单位面积的容器壁面上所呈现的平均作用力。

1）绝对压力、大气压力和相对压力。工质的真实压力称为绝对压力，用 p 表示，它以没有气体存在的绝对真空作为起点。

大气压力 p_b 是大气层中的物体受大气层自身重力产生的作用于物体上的压力，它随各地的纬度、高度和气候条件而变化，可用专门的气压计测定。在工程中，如果被测工质的绝对压力很高，为简化计算，可将大气压力近似取值为 0.1MPa；如果被测工质的绝对压力较小，就必须按当时当地大气压力的具体数值计算。

系统的压力常用弹簧管式压力计或 U 形管压力计来测量。弹簧管式压力计的基本原理如图 1-2 所示。弹性弯管的一端封闭，另一端与系统相连，在管内作用着被测的压力，管外作用着大气压力。弹性弯管在管内外压差的作用下产生变形，从而带动指针转动，指示出被测工质与大气之间的压力差。U 形管压力计如图 1-3 所示。U 形管内盛有水或水银，一端接被测的工质，而另一端与大气环境相通。当被测的压力与大气压力不等时，U 形管两边液柱高度不等。此高度差即被测工质与大气之间的压力差。

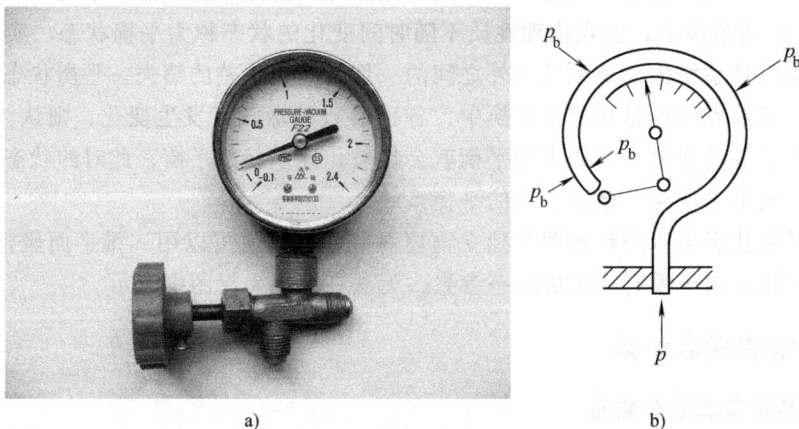

a)   b)

图 1-2 弹簧管式压力计

a）实物图 b）原理图

由此可见，无论使用什么压力计，测得的结果都是工质的绝对压力 p 和大气压力 p_b 之间的相对值，称为相对压力，它以当地的大气压作为起点。当绝对压力高于大气压力时，压力计指示的数值称为表压力，用 p_g 表示，显然

$$p_g = p - p_b \qquad (1\text{-}1)$$

当绝对压力低于大气压力时，压力计指示的读数称为真空度，用 p_v 表示，显然

$$p_v = p_b - p \qquad (1\text{-}2)$$

若以绝对压力为零作为基线，则可将绝对压力、表压力、真空度和大气压力之间的关系用图1-4表示。

2）压力单位。在 SI 单位制中规定压力的单位为帕斯卡，简称"帕"，符号是 Pa，它的定义式为

$$1\text{Pa} = 1\text{N/m}^2$$

即 1m^2 面积上作用 1N 的力称为 1Pa。工程上由于 Pa 这个单位太小，常用千帕（kPa）或兆帕（MPa）作为压力单位，它们之间的关系是

$$1\text{MPa} = 10^3\text{kPa} = 10^6\text{Pa}$$

工程中还曾采用其他压力单位，如巴（bar）、标准大气压（atm）、工程大气压（at）、毫米汞柱（mmHg）、米水柱（mH_2O）等，$1\text{bar} = 10^5\text{Pa} = 0.1\text{MPa}$。表 1-1 表示了各压力单位的换算关系。

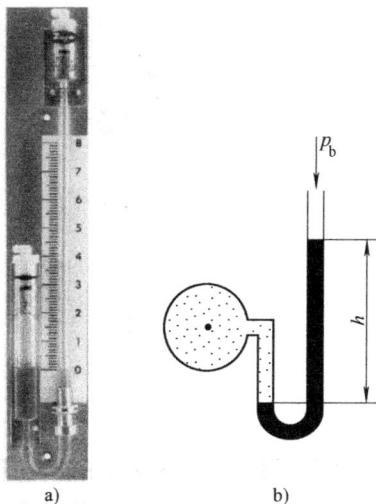

图 1-3　U 形管压力计
a）实物图　b）原理图

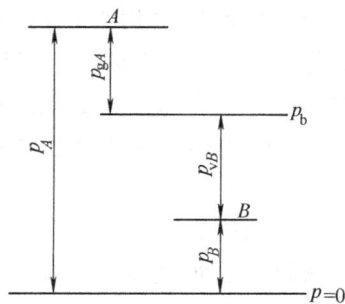

图 1-4　绝对压力、表压力、真空度和大气压力之间的关系

表 1-1　压力单位换算表

单位名称	帕斯卡（Pa）	工程大气压（at）	标准大气压（atm）	毫米汞柱（mmHg）	米水柱（mH_2O）
帕斯卡（Pa）	1	1.01972×10^{-5}	0.98692×10^{-6}	750.06×10^{-5}	10.1972×10^{-5}
工程大气压（at）	0.980665×10^5	1	0.96748	735.56	10.000
标准大气压（atm）	1.01325×10^5	1.03323	1	760.00	10.3323
毫米汞柱（mmHg）	133.3224	1.3595×10^{-3}	1.3158×10^{-3}	1	13.595×10^{-3}
米水柱（mH_2O）	0.980665×10^4	0.096784	9.6784×10^{-5}	0.73556	1

（2）温度及温标

1）温度。若将冷热程度不同的两个系统相接触，它们之间会发生热量传递。当一定量的工质都有相同的温度时，则称这些工质处于热平衡状态，只有处于热平衡的工质，才有相同的温度。温度反映了大量工质分子运动的快慢程度，是分子平均动能的体现。温度可以用温度计测量，如图 1-5 所示。

2）温标。为了进行温度测量，需要有温度的数值表示方法，也就是需要建立温度的标

图 1-5　温度计

尺，即温标。温标是人为规定的，在现代 SI 单位制中采用热力学温标为基本温标，由它所确定的温度称为热力学温度，符号为 T，单位为开尔文，国际代号"K"。热力学温标选取纯水的三相点（固、液、汽三相平衡共存状态）为基本点，定义纯水的三相点温度为 273.15K。因此，每单位开尔文等于纯水三相点热力学温度的 1/273.15。

与热力学温标并用的还有热力学摄氏温标，简称摄氏温标。由它所确定的温度称为摄氏温度，符号为 t，单位为摄氏度，代号"℃"。规定一个大气压下水在凝固点的温度为 0℃，在沸点时的温度为 100℃，把凝固点与沸点之间的温差等分为 100 等份，则每一等份为 1℃。同时，热力学摄氏温标也可由热力学温标导出。热力学摄氏温标 t 与热力学温标的换算关系为

$$\{t\}\ ℃ = \{T\}\ \mathrm{K} - 273.15 \tag{1-3}$$

（3）比体积与密度　容积是指工质所占有的系统空间，包括物质微粒本身占有的体积和微观粒子运动的空间。系统的比体积就是单位质量物质所占有的容积，以符号 v 表示，单位为 $\mathrm{m^3/kg}$，即

$$v = \frac{V}{m} \tag{1-4}$$

式中　V——物质的容积（$\mathrm{m^3}$）；

　　　m——物质的质量（kg）。

系统的密度是指单位体积物质的质量，以符号 ρ 表示，单位为 $\mathrm{kg/m^3}$，即

$$\rho = \frac{m}{V} \tag{1-5}$$

显然，比体积与密度互为倒数，即

$$\rho v = 1 \tag{1-6}$$

课题三　理想气体及状态方程

【学习目标】

1. 熟练掌握理想气体状态方程。
2. 能够利用理想气体状态方程求解实际问题。

【相关知识】

一、理想气体

实际气体的性质是非常复杂的，为了研究问题的方便，提出了理想气体概念。理想气体是一种实际上并不存在的假想气体，满足理想气体的两个假设条件为：

1）分子为不占有体积的质点。

2）分子之间不存在相互作用力。

凡是符合这两个条件的为理想气体；反之，则为实际气体。

二、理想气体状态方程

在任何平衡状态下，理想气体的三个状态参数满足这样的关系：压力和比体积的乘积与温度的比值是一个常量，即

$$\frac{pv}{T} = R \tag{1-7}$$

式中　p——绝对压力（Pa）；

　　　v——比体积（m^3/kg）；

　　　R——气体常数，与气体所处的状态无关，只与气体种类有关 [$J/(kg \cdot K)$]；

　　　T——热力学温度（K）。

此式称为理想气体状态方程式，式中的 R 是一个常数，称为气体常数，气体常数 R 与状态无关，只取决于气体的种类。不同的气体有不同的气体常数。不论在什么状态下，气体常数恒为常量。

由于理想气体 p、V、T 三个参数之间的关系，只适用于理想气体，故又称理想气体状态方程。

对于不同物量的气体，理想气体状态方程有下列几种形式：

$$pv = RT \qquad （对于 1kg 气体） \tag{1-8}$$

$$pV_m = R_m T \qquad （对于 1kmol 气体） \tag{1-9a}$$

$$pV = mRT = nR_m T \qquad （对于 m\ kg 或 n\ kmol 气体） \tag{1-9b}$$

式中　V_m——千摩尔容积，在标准状态（$T_0 = 273.16K$，$p_0 = 1.01325 \times 10^5 Pa$）下，各种理想气体的 V_m^0 均相同，都是 $22.4 m^3/kmol$；

　　　V——体积（m^3）；

　　　R_m——摩尔气体常数，不仅与气体所处的状态无关，而且与气体种类无关，因此又称为通用气体常数，R_m 值的大小可以根据标准状态参数由式（1-9a）确定，即

$$R_m = \frac{1.01325 \times 10^5 \times 22.4}{273.16} J/(kmol \cdot K) = 8314 J/(kmol \cdot K)$$

气体常数 R 与通用气体常数 R_m 的关系为

$$R_m = MR \tag{1-10}$$

式中　M——相对分子质量。

不同气体的 M 值不同，R 也不同。几种常用气体的 R 值见表 1-2。

表 1-2　常用气体的 R 值　　　　　　　　　　［单位：J/（kg·K）］

气体名称	化学式	相对分子质量	气体常数	气体名称	化学式	相对分子质量	气体常数
氢	H_2	2.016	4124.0	氮气	N_2	28.013	296.8
氦	He	4.003	2077.0	一氧化碳	CO	28.011	296.8
甲烷	CH_4	16.043	518.2	二氧化碳	CO_2	44.010	188.9
氨	NH_3	17.031	488.2	氧气	O_2	32.000	259.8
水蒸气	H_2O	18.015	461.5	空气		28.970	287.0

实际气体分子本身具有体积，分子间存在相互作用力（引力和斥力），这两项因素对于分子的运动状况均产生一定的影响。描述实际气体特性时，必须以正确的方式修正这两项因素的影响，如范德瓦耳斯方程等。但是，当气体的密度比较低，即分子间的平均距离比较大时，分子本身所占的体积与气体的总容积相比是微乎其微的，分子间的作用力也极其微弱，特别是当 $p \rightarrow 0$，$v \rightarrow \infty$ 时，上述两项因素的影响可以忽略不计。因此，可以认为理想气体是一种假想的气体，它的分子是一些弹性的、不占体积的质点，分子之间没有相互作用力。理想气体和实际气体无明显的界限，只是根据工程计算所允许的精度范围而定。在本书后续章节中，除特殊说明外，"气体"一般指理想气体，实际气体则根据其接近液态的程度，以"蒸气"或"汽体"来表述。

例 1-1　求下列情况下氧气的密度：

1）在绝对压力为 15MPa，温度为 200℃时。

2）在物理标准状况时。

解　氧气的气体常数为

$$R = \frac{R_m}{M} = \frac{8314}{32} J/(kg \cdot K) = 259.8 J/(kg \cdot K)$$

1）求 15MPa 及 200℃时氧气密度。

$$p = 15MPa = 15 \times 10^6 Pa$$

$$T = (273 + 200)K = 473K$$

由气态方程 $pv = RT$ 得到

$$\rho = \frac{1}{v} = \frac{p}{RT} = \frac{15 \times 10^6}{259.8 \times 473} kg/m^3 = 122.06 kg/m^3$$

2）求物理标准状况下的氧气密度。

物理标准状况：$p_0 = 101325 Pa$

$$T_0 = 273K$$

同样由气态方程得到

$$\rho_0 = \frac{1}{v_0} = \frac{p_0}{RT_0} = \frac{101325}{259.8 \times 273} kg/m^3 = 1.43 kg/m^3$$

思 考 题 与 习 题

1. 什么是工质？工质在能量转换中的作用是什么？

2. 什么是热力系统？什么是开口系统、闭口系统、绝热系统和孤立系统？

3. 什么是热力状态？

4. 什么是平衡状态？

5. 什么是状态参数？常用的基本状态参数有哪些？

6. 什么是绝对压力、表压力和真空度？三者有何关系？

7. 热力学温标和摄氏温标有何关系？

8. 用气压计测得大气压力为 $p_b = 10^5 Pa$，求：①表压力为 3.0MPa 时的绝对压力（MPa）；②真空度为 6kPa 时的绝对压力（kPa）；③绝对压力为 70kPa 时的真空度（kPa）；④绝对压力为 1.5MPa 时的表压力（MPa）。

单元二

热力学第一定律

【内容构架】

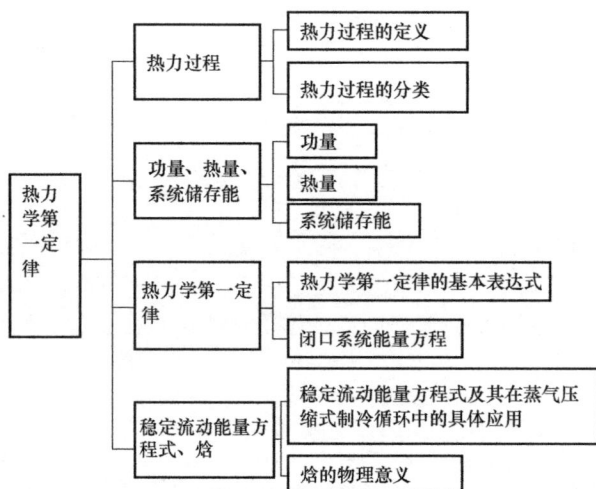

【学习引导】

目的与要求

1. 掌握热力状态和热力过程。
2. 理解功量和热量的定义。
3. 掌握热力学第一定律及其应用。
4. 掌握稳定流动能量方程的应用。
5. 理解焓的物理意义。

重点与难点

重点： 1. 热力学第一定律。

2. 热力过程。

难点： 1. 热力学第一定律。

2. 焓的定义。

【学习目标】

1. 掌握热力过程。
2. 理解准静态过程、可逆过程。

【相关知识】

一、热力过程的定义

当一个热力系统不具有任何不平衡势差时，必将永远保持其平衡状态，这时系统具有确定的状态参数。若系统界面上发生能量传递或系统内新的不平衡产生，会使系统偏离平衡状态而发生变化。在变化中随着系统内外不平衡势差的逐渐消失，最终达到新的平衡状态。这种由于系统与外界相互作用而引起的热力系统由一个平衡状态经过连续的中间状态变化到另一个新的平衡状态的全过程，称为热力过程，简称过程。

任何热力过程中的始态与终态都是平衡状态，如果中间状态也处处平衡，这就是平衡过程；如果中间状态中存在不平衡状态时，这就是不平衡过程。平衡过程中的每一热力状态都具有确定的状态参数，在热力状态图中可用一条确定的实线来描述其过程变化。在不平衡过程中，除了始态与终态可由确定的状态参数来表示外，中间状态无法用确定的状态参数来表示，那么在热力状态图中无法用确定的曲线来描述不平衡过程的中间状态。为了方便讨论不平衡过程的变化特性，则在始态与终态间用虚线连接来近似地描述。

严格地讲，系统经历的实际过程，由于不平衡势差的作用必将经历一系列非平衡状态。这些非平衡状态实际上已无法用少数几个状态参数描述，为此，研究热力过程时，需要对实际过程进行简化，建立某些理想化的物理模型。准静态过程和可逆过程就是两种理想化的模型。

二、准静态过程

图 2-1 是气体在活塞气缸装置中的变化过程。在初态下，气体的压力与外界力相平衡，系统具有确定的初态参数。若突然降低外界力，则气体压力大于外界力。在这个不平衡势差的作用下，气体突然膨胀推动活塞快速向上运动，直至系统压力与外界力间的不平衡势差消失，而达到新的平衡状态。显然这是一个不平衡过程，除了始态、终态可用状态参数确定外，中间状态难以用状态参数准确地表达。如果将外界力减少一个微量，系统压力与外界力间的不平衡势差为无限小，活塞仅向上膨胀微小的体积，几乎不影响系统内部的平衡性，所以在这微小的变化中，系统偏离平衡态的程度为无限小，一旦偏离平衡态就能极快地回复到新的平衡态。这样依次重复，使系统逐渐变化至终态。像这

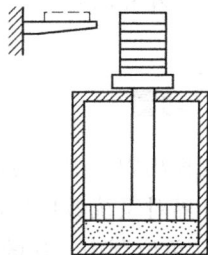

图 2-1　气体在活塞气缸装置中的变化过程

类系统在极小不平衡势差的作用下，极少偏离平衡态做连续变化的过程，称为准静态过程或准平衡过程，在热力状态图中仍用实线来描述。

准静态过程是一种理想化的过程，要求一切不平衡势差无限小，使得系统在任意时刻皆无限接近于平衡态，这就必须要求过程进行得无限缓慢。实际过程都不可能进行得无限缓慢，但为了方便分析，工程热力学中常将所研究的热力过程看作准静态过程，这是由于这些热力过程中系统平衡态从被破坏到恢复新的平衡态所需时间——变化时间极短，系统平衡回复率大于变化率。

三、可逆过程

可逆过程是热力学的又一理想模式，它是指无任何不可逆损失的过程。不可逆损失包括与系统状态有关的非平衡损失和与系统、外界条件有关的耗散损失。非平衡损失是由系统内不平衡势差引起的损失。耗散损失是由机械摩擦阻力、流体黏性阻力等作用而产生的不可逆损失。

当热力系统在变化中不存在任何不可逆损失时，系统及外界都能按原来变化路线逆行至初态，并能完全恢复到各自的初始状态，这就是可逆过程。实现可逆过程的条件：一是准静态过程，二是无任何耗散效应。否则就是不可逆过程。可见平衡过程和可逆过程都假定变化时，系统内、外都不存在耗散，所以两者是等效的。而准静态过程是仅考虑系统内部平衡性，是系统内部平衡过程，仍属于不可逆过程的范畴。由此可知：可逆过程必然是准静态过程；而准静态过程则未必是可逆过程，它只是可逆过程的必要条件之一。

可逆过程是理想过程，因为实际过程总是存在不平衡，能量的不可逆损耗和摩擦损耗。由于可逆过程的能量损耗为零，为了研究方便，理论上将热能转变为功的量最大，表示了一种极限，即可逆过程在状态变化中能达到最高效率。

课题二　功量、热量、系统储存能

【学习目标】

掌握功量、热量、储存能的基本概念，会运用各参数进行计算、分析。

【相关知识】

系统与外界之间在不平衡势差作用下会发生能量交换。能量交换的方式有两种——做功和传热。

一、功量

在工程热力学中，功定义为广义力与广义位移的乘积。并规定，系统对外界做功取为正值；而外界对系统做功为负值。

在 SI 单位制中，功的单位与热量、能量的单位相同，都用焦耳（J）表示，其定义为：1 焦耳 = 1 牛顿·米，即 $1J=1N \cdot m$。

在 SM 单位制中，功的单位是千克力·米（kgf·m）。单位换算见表 2-1。

表 2-1　功、热、能量单位换算表

名称	千焦 （kJ）	国际千卡 （kcal）	千克力·米 （kgf·m）	千瓦·时 （kW·h）	马力·时 （ps·h）
千焦	1	0.2388	101.972	2.777×10^{-4}	3.7777×10^{-4}
国际千卡	4.1868	1	426.94	1.163×10^{-3}	1.581×10^{-3}
千克力·米	9.807×10^{-3}	2.342×10^{-3}	1	2.724×10^{-6}	3.703×10^{-6}
千瓦·时	3600.65	860	367168.4	1	1.3596
马力·时	2648.278	632.53	270052.36	0.7355	1

注：1 国际千卡 = 1.0012 千卡（20℃）= 1.0003 千卡（15℃）。

在工程中，也常分析讨论单位时间的做功能力——功率。功率的单位是瓦特（W）：1 瓦特 = 1 焦耳/秒，即 1W = 1J/s。

功率的换算关系有：1 马力（ps）= 0.736 千瓦（kW）

1 千瓦（kW）= 1.36 马力（ps）

1. 准静态过程中的容积变化功——膨胀功和压缩功

系统容积变化所完成的膨胀功或压缩功统称容积变化功，是一种基本功量。如图 2-2 其值大小相当于 p-v 图中过程曲线与横坐标之间的阴影面积，即

W = 面积（1-2-n-m）。

所以也称 p-v 图为示功图。

可见，当气体膨胀时，积分为正值，表示系统膨胀对外做功；当气体被压缩时，积分为负值，表示外界对系统做压缩功。

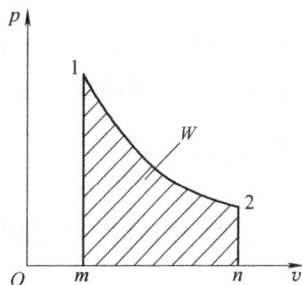

图 2-2　容积变化功

做功量不是状态参数，是与过程有关的过程函数，所以

$$W = W_2 - W_1$$

当气体质量为 m kg 时，系统体积：　$V = mv$

则功　　　　　　　　　　　　　$W = pV$ 　　　　　　　　　　（2-1）

2. 其他形式的准静态功

除容积变化功外，系统还可能有其他形式的准静态功。

（1）拉伸机械功　物体在外力的作用下被拉伸时外界消耗的功，或者系统对外界所做的功。

（2）表面张力功　液体的表面张力有使表面收缩的趋势。若要扩大其表面积，外界需克服表面张力而做功。

二、热量

当系统与外界之间存在温差时，热量是通过界面由温度高的系统向温度低的外界所传递的热能。热力学认为温差是热量传递的动力，一旦系统与外界间达到热平衡，相互间的热量传递随之停止。同时，热量与功量一样也是过程函数，即传热量的大小与热力过程有关，在相同的始态与终态之间，热力过程的路径不同，则传热量也不同。

在热力学中，以 q 表示质量为 1kg 系统的换热量；以 Q 表示质量为 $m$kg 系统的换热量。并常规定系统吸热量为正值，放热量为负值。在 SI 单位制中热量的单位同样是焦耳（J）。

三、系统储存能

系统储存能包括内部储存能和外部储存能，也是能量的一种表现形式。系统内部储存能即内能，它与系统内部粒子的微观运动和粒子的空间位置有关；系统外部储存能包括宏观动能和重力势能，也就是系统本身所储存的机械能。显然，系统总的储存能是内能、动能和重力势能之和。那么对于没有宏观运动和相对位置高度为零的系统，其总的储存能就等于其内能。

课题三　热力学第一定律

【学习目标】

1. 掌握热力学第一定律基本表达式。
2. 理解闭口系统能量方程。

【相关知识】

一、热力学第一定律的基本表达式

热力学第一定律是能量守恒定律在热力过程中的具体表述，并应用于确定各热力系统与外界交换能量的数量关系，包括热能与机械能转换或热能转移在内的能量方程式。

热力学第一定律的表述是：无论何种热力过程，在机械能与热能的转换或热能的转移中，系统和外界的总能量守恒。热力学第一定律也可以表述为：当热能与其他形式的能量相互转换时，能的总量保持不变。根据热力学第一定律，为了得到机械能，必须花费热能与其他形式能量。

其表达式为

$$Q = W$$

热力学第一定律是热力学的基本定律，它适用于一切工质和一切热力过程。当用于分析具体问题时，需要将它表述为数学解析式，即根据能量守恒的原则，列出参与过程的各种能量的平衡方程式。

对于任何系统，各种能量之间的平衡关系可一般地表示为

$$Q - W = \Delta U \tag{2-2}$$

即输入系统的能量-输出系统的能量=系统储存能量的变化

二、闭口系统能量方程

闭口系统的特征是与外界无质量交换，闭口系统对外做功或外界对系统做功只能是容积功，即 $\Delta W_{总} = \Delta W$；系统工质的动能与重力势能不会变化，因而闭口系统工质储存能量的变化只有内能的变化，即 $dE = dU$。

于是，由式（2-2）可得到闭口系统的能量方程为

$$Q = W + \Delta U \tag{2-3}$$

对闭口系统的有限热力过程则有

$$q = \Delta u + w \text{ 或 } Q = \Delta U + W \tag{2-4}$$

式（2-3）称为闭口系统能量方程的一般表达式，它对闭口系统内进行的一切（可逆或不可逆）过程都适用。应用时还应遵守下述符号规定：系统吸热 q 或 Q 为正，放热 q 或 Q 为负；系统对外做功（膨胀）w（或 W）为正，外界对系统做功（压缩）w（或 W）为负；系统内能增加 Δu（或 ΔU）为正，系统内能减少 Δu（或 ΔU）为负。式（2-3）表示了系统中工质膨胀对外所做功，都只能通过消耗工质的内能或从外界提供的热量转变而来，也就是说热与功的转换只能通过工质的膨胀（或压缩）来实现。

对于循环过程，工质经历一系列状态变化后又回复到初始状态，内能的变化量为零，此时有 $q = w$ 或 $Q = W$，其物理意义为循环对外输出的净功等于外界加给系统的净热。这表明循环工作的热机，要不断向外输出机械功，必须依靠外界不断给系统提供热量。历史上曾有人企图发明一种永动机，显然它违背了热力学第一定律，是不能实现的。

课题四　稳定流动能量方程式、焓

【学习目标】

1. 理解工质稳定流动及稳定流动的能量方程。
2. 理解状态参数焓的物理意义。

【相关知识】

一、稳定流动

制冷与空调设备中的工质流动可以视作稳定流动。也就是说工质的流动状况不随时间而改变，即任一流通截面上工质的各种参数（包括热力学状态参数）不随时间而变化，这种流动称为稳定流动。

工程上常用的热力设备除起动、停止或者加减负荷外，大部分时间是在稳定条件下运行的，即工质的流动状态是稳定的。

从热力学观点看，工质做稳定流动的特征是：

1）系统中任何位置上工质的热力状态参数（如 p，v，T，u，h，s）和宏观运动参数（如流速 c）及单位时间与外界交换的能量都保持一定，不随时间变化。

2）系统的总质量保持恒定，即入口和出口的质量流量相等：$dq_{m_1} = dq_{m_2} = dq_m$。

3）系统的总能量保持恒定，即系统储存的能量不变：$dE = 0$。

4）系统与外界通过做功交换的能量，一是通过机械轴传递的功，称为轴功，用 W_S 或 w_s 表示；二是由于工质流入或流出系统所做净流动功 W_f，因此，$\delta W_总 = W_S + W_f$。

二、稳定流动的能量方程

开口系统内任意一点的工质，其状态参数不随时间变化的流动过程称为稳定流动。实现

稳定流动的必要条件是：

1）进、出口截面的参数不随时间而变。

2）系统与外界交换的功量和热量不随时间而变。

3）工质的质量流量不随时间而变，且进、出口处的质量流量相等。

以上三个条件，可以概括为系统与外界进行物质和能量的交换不随时间而变。

制冷与空调设备中的工质可以视作稳定流动。

1kg 工质做稳动流动时的能量方程为

$$q = (u_2 - u_1) + (p_2 v_2 - p_1 v_1) + \frac{1}{2}(c_2^2 - c_1^2) + g(z_2 - z_1) + w_s \tag{2-5}$$

式中 u_1、u_2——系统内变化前能量和系统内变化后的能量；

$p_1 v_1$、$p_2 v_2$——工质在入口和出口处的推动功；

c_1、c_2——工质在入口和出口处的流速；

z_1、z_2——工质在入口和出口处相对零势能面的高度；

g——重力加速度；

w_s——通过机械轴传递的轴功。

式（2-5）表明，稳定流动工质从外界吸收热量，一部分用于增加系统的内能和推动功，一部分用于增加工质的宏观动能与重力势能，一部分通过机械轴传递对外做功。

对于周期性动作的热力设备，如果每个周期内，它与外界交换的热量和功量保持不变，与外界交换的质量保持不变，进、出口截面上工质参数的平均值保持不变，则仍然可用稳定流动能量方程分析其能量的转换关系，如压气机的能量转换分析等。

三、状态参数——焓

在热力工程计算中，经常地看到气体的热力学能 u 和推动功 pv 两项总是同时出现，稳定流动能量方程式可以变化成如下形式，即

$$q = (u_2 + p_2 v_2) - (u_1 + p_1 v_1) + \frac{1}{2}(c_2^2 - c_1^2) + g(z_2 - z_1) + w_s$$

为了计算方便，规定将 u 和 pv 两项合在一起，用一个新的物理量"焓"来表示，焓的符号用 H 表示。1kg 工质的焓称为比焓，简称为焓，用 h 表示，单位为 J/kg 或 kJ/kg。

焓的表示式为 $$h = u + pv \tag{2-6}$$

由焓的定义公式可知，焓是由状态参数 u、p、v 组成的。对于工质的某一状态，状态参数 u、p、v 都有确定的值，$h = u + pv$ 的值也就确定了，所以，焓也是状态参数。它取决于工质的状态，与热力过程无关。由于焓必须通过热力学能、压力和比体积来计算，所以，焓是导出状态参数。

焓的物理意义：焓是由 u（代表工质携带的微观能量）和 pv（代表 1kg 工质在流动情况下的推动功）组成的。当工质流入或流出系统时，携带四部分能量变化，即热力学能、推动功、动能、势能。在这四种能量中，只有 u 和 pv 取决于热力状态。所以，焓代表系统的工质获得的能量，取决于工质的热力状态的那一部分能量。如果系统中工质的动能和势能不进行研究计算，则焓就代表工质流动时的总能量。

焓在热力学中是一个重要的状态参数。使用它可以简化很多复杂的公式形式和许多热力工程的计算。

四、稳定流动能量方程的应用

制冷压缩机、蒸发器和冷凝器等热交换器、节流阀以及喷管和扩压管等是制冷与空调系统中常见的设备。稳定流动能量方程反映了工质在稳定流动过程中能量转换的一般规律，这个方程普遍适用。可将稳定流动能量方程应用于这些设备，从而确定这些设备中的能量转换关系。

1. 制冷压缩机

工质流入和流出这类设备时，宏观动能与重力势能的变化相对于外界提供的轴功 w_s 的量值来说很小，可以忽略不计；工质流经这类设备向外界的散热量也相对很小，可近似视为绝热的，即 $q = 0$。于是，由式（2-5）可得

$$-w_s = h_2 - h_1$$

制冷压缩机是消耗外界提供的轴功 w_s 来压缩气态工质的，按符号规定 $w_s < 0$。为方便起见，工程上用 $w_C = -w_s$ 表示制冷压缩机消耗的轴功（即取功的绝对值），则

$$w_C = h_2 - h_1 \tag{2-7}$$

式（2-7）表明，制冷压缩机消耗的外功大小等于工质在压缩机出口和入口的焓差，即等于工质焓的增加。

2. 热交换器

制冷设备中有各种热交换设备，如冷凝器、蒸发器、过冷器等，工质流经热交换器时，只有吸热或放热，而对外界未做轴功，即 $w_s = 0$；其宏观动能与重力势能的变化相对于传热的热量也很小，可忽略不计。由式（2-5）可得：$q = h_2 - h_1$。

对于制冷系统的蒸发器，液态制冷剂在其中吸收周围物体或介质的热量沸腾汽化，$q > 0$，焓值增加，即在蒸发器中工质吸收的热量等于其焓值的增加。制冷系统的冷凝器则与蒸发器恰好相反，气态制冷剂在其中向周围介质放热冷凝液化，$q < 0$，焓减少，即在冷凝器中工质放出的热量等于其减少的焓。

综合上述可以看出，流动工质的焓在能量转换或转移关系中的重要作用。焓是随工质流动转移的、并由工质热力状态所决定的能量。

思考题与习题

1. 什么是热力过程？可逆过程、平衡过程、准静态过程有何区别及联系？

2. 什么是热力循环？什么是正向循环？什么是逆向循环？

3. 热力学第一定律的内容是什么？它在热力学研究中有什么作用？

4. 什么是稳定流动？工质做稳定流动的特征是什么？

5. 什么是焓？比焓的物理意义是什么？

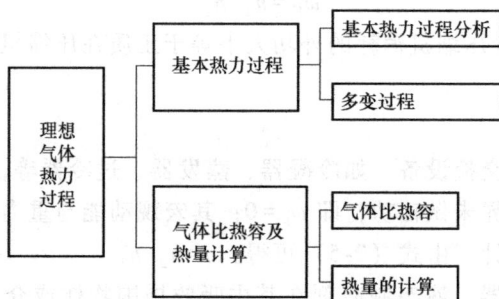

单元三
理想气体热力过程

【内容构架】

```
                        ┌─── 基本热力过程分析
              基本热力过程 ─┤
              │           └─── 多变过程
  理想        │
  气体   ─────┤
  热力        │
  过程        │           ┌─── 气体比热容
              气体比热容及 ─┤
              热量计算      └─── 热量的计算
```

【学习引导】

目的与要求

1. 掌握基本热力过程，理解多变过程。
2. 熟悉气体吸热与放热的计算。

重点与难点

重点： 1. 理想气体基本热力过程
   2. 基本热力过程中理想气体状态方程的应用。

难点： 1. 基本热力过程分析。
   2. 理想气体的热力过程。

课题一 **基本热力过程**

【学习目标】

1. 掌握定容过程、定压过程、定温过程、绝热过程，并能利用基本热力过程解决实际问题。

2. 理解多变过程，并能分析实际问题。

【相关知识】

系统与外界之间存在相互作用时，系统的状态将发生变化。系统从一个状态向另一个状态变化时，所经历的全部中间状态的集合，称为热力过程，简称过程。实际的热力过程，是一个非常复杂的热力过程，做功有摩擦，传热有温差，都是不可逆过程，理论上要对不可逆过程进行精确分析计算是非常困难的。为了便于分析、研究实际热力过程，只要实际的热力过程接近准静态过程，并且在过程的进行中，运动摩擦和传热温差相对很小可以忽略不计时，就可近似当作理想气体可逆过程进行研究。

理想气体不考虑分子本身的体积，分子之间无相互作用力，分子之间的碰撞为弹性碰撞，因此理想气体的热力过程是一种理想的过程。理想气体的基本热力过程包括定容过程、定压过程、定温过程和绝热过程。

一、定容过程

一定质量的理想气体，在状态变化时保持容积不变，因而比体积不变（$dv=0$），称为定容过程。其工作过程可以用方程式表示为

$$v_1 = v_2 = v = 常数$$

理想气体的状态方程式可以表示为：

$$\frac{p_1}{T_1} = \frac{p_2}{T_2} = 常数 \tag{3-1}$$

在定容过程中，压力与温度成正比。在定容加热时，压力随温度的升高而增大，定容放热时，压力随温度的降低而减小。

定容过程中，由于体积不变，$w_V = 0$，即无容积功。由闭口系统能量方程可得

$$q_V = \Delta u$$

即在定容过程中传递的热量，完全用于改变工质的内能。

定容过程的热量也可用比定容热容 c_V 计算：

$$q_V = c_V \Delta T$$

比较上面两式可得理想气体的内能变化计算通式为

$$\Delta u = c_V \Delta T \tag{3-2}$$

c_V 取定值时，则

$$\Delta u = u_2 - u_1 = c_V (T_2 - T_1)$$

可见，在定容过程中传递的热量完全用于改变工质的内能。即在定容过程中，没有热与功的能量转换，而仅有热量的传递。工质在受热后只是温度和压力上升。

二、定压过程

一定质量的理想气体，在状态变化时，如果保持压力不变（$dp=0$），称为定压过程。其工作过程可以用方程式表示为

$$p_1 = p_2 = p = 常数$$

理想气体的状态方程式可以表示为

$$\frac{v_1}{T_1} = \frac{v_2}{T_2} = 常数 \tag{3-3}$$

在定压过程中，工质的比体积与温度成正比。所以，定压加热过程为膨胀过程，定压放热过程为压缩过程。

定压过程的容积功 $w_p = p(v_2 - v_1)$。由闭口系统能量方程可得

$$q_p = \Delta u + w_p = (u_2 - u_1) + p(v_2 - v_1) = (u_2 + pv_2) - (u_1 + pv_1) = h_2 - h_1 \tag{3-4}$$

可见，在定压过程中传递的热量等于工质比焓差的变化。此结论对任何气体工质都适用。

定压过程的热量也可用定压比热容计算，即

$$q_p = c_p(T_2 - T_1) \tag{3-5}$$

三、定温过程

在状态变化中保持温度不变（$dT = 0$）的过程，称为定温过程。其工作过程可以用方程式表示为

$$T_1 = T_2 = T = 常数$$

理想气体的状态方程式可以表示为

$$p_1 v_1 = p_2 v_2 = 常数 \tag{3-6}$$

在等温过程中，工质的压力和比体积成反比。当工质的体积膨胀时，压力降低；当工质被压缩时，体积减小，压力增大。

定温过程的温度保持不变，内能和焓也都保持不变，由能量方程可得

$$q_T = w_T$$

即定温过程加给系统的热量，完全用于工质对外膨胀做功。

四、绝热过程

在状态变化过程中工质与外界没有热交换的过程（$dQ = 0$），称为绝热过程。

理论上可以证明，定熵过程的过程方程可表示为 $pv^\kappa = 常数$。

$$p_1 v_1^\kappa + p_2 v_2^\kappa = 常数 \tag{3-7}$$

可见，在定熵过程中，系统对外做容积功等于工质内能的减少，而外界对系统做容积功则完全用于工质内能的增加。

五、多变过程

实际的热力过程往往是工质的所有状态参数都在变化，也不可能是完全绝热的。人们在前述几个典型过程的特性的基础上，归纳出更为接近实际的多变过程方程，即

$$p_1 v_1^n = p_2 v_2^n = 常数 \tag{3-8}$$

式中　n——多变指数，它可以为 $-\infty$ 和 $+\infty$ 间的任意一个指定值。

当 $n = 0$ 时，$p = 常数$，为定压过程；当 $n = 1$ 时，$pv = 常数$，为定温过程；$n = \kappa$ 时，$pv^\kappa = 常数$，为绝热过程；将式（3-8）变形为 $p^{1/n}v = 常数$，当 $n = \pm\infty$ 时，$1/n = 0$，有 $v = 常数$，为定容过程。可见，前面讨论的几个典型过程可作为多变过程的几个特例。多变过程是更一般化的过程，任何复杂的热力过程都可看作是多个 n 不同的多变过程的组合。在制冷压缩中，多变指数一般介于 1 和 k 之间，即是介于定温压缩和绝热压缩之间的多变压缩过程。其 p-v 关系曲线也就是处于定温线和定熵线之间的高次双曲线。

与绝热过程类似，多变过程基本状态参数间的关系为

$$p_1/p_2 = (v_2/v_1)^n \tag{3-9}$$

$$T_1/T_2 = (v_2/v_1)^{n-1} \tag{3-10}$$

多变过程的容积功为

$$w_n = \frac{R_g}{n-1}(T_1 - T_2) = \frac{1}{(n)-1}(p_1 v_1 - p_2 v_2) \tag{3-11}$$

多变过程的热量为

$$
\begin{aligned}
q_n &= \Delta u + w_n = c_V(T_2 - T_1) + \frac{R_g}{n-1}(T_1 - T_2) \\
&= \left(c_V - \frac{R_g}{n-1}\right)(T_2 - T_1) \\
&= c_n(T_2 - T_1) \tag{3-12}
\end{aligned}
$$

式中 c_n——多变过程的比热容，且 $c_n = c_V - \dfrac{R_g}{n-1}$。将 $R_g = c_p - c_V$ 和 $c_p = \kappa c_V$ 代入得

$$c_n = \frac{n-\kappa}{n-1}c_V \tag{3-13}$$

当 $1<n<\kappa$ 时，$c_n<0$。可见对介于定温和定熵过程之间的多变压缩过程，工质温度上升，$T_2>T_1$，又 $c_n<0$，则 $q<0$，表明该过程工质向外界放热。

下面考察多变过程中功和热量的比值 w_n/q_n。

$$\frac{w_n}{q_n} = \frac{\dfrac{R_g}{n-1}(T_1 - T_2)}{c_V \dfrac{n-\kappa}{n-1}(T_2 - T_1)} = -\frac{R_g}{c_V(n-\kappa)} = -\frac{R_g}{\dfrac{R_g}{\kappa-1}(n-\kappa)} = \frac{\kappa-1}{\kappa-n}$$

对于理想气体，κ 恒大于 1，所以当多变指数 $n>\kappa$ 时，$\kappa-n<0$，即 $w_n/q_n<0$。表示气体膨胀做功同时向外界放热或气体被压缩同时自外界吸热。在压气机中常见的过程中，$1<n<\kappa$，此时 $\kappa-n>0$，$w_n/q_n>0$，w_n 与 q_n 同号，即气体被压缩时向外界放热，膨胀时自外界吸热。这是因为，当 $1<n<\kappa$，气体膨胀时，做功量大于吸热量，气体的热力学能减少；压缩时外界对气体做的功大于气体的放热量，热力学能增加，温度上升。

理想气体的多变过程公式汇编见表 3-1。

表 3-1 理想气体的多变过程公式汇编

	定容过程 $(n=\infty)$	定压过程 $(n=0)$	定温过程 $(n=1)$	定熵过程 $(n=\kappa)$	多变过程 (n)
过程特征	$v=$定值	$p=$定值	$T=$定值	$s=$定值	
T、p、v 之间的关系式	$\dfrac{T_1}{p_1} = \dfrac{T_2}{p_2}$	$\dfrac{T_1}{v_1} = \dfrac{T_2}{v_2}$	$p_1 v_1 = p_2 v_2$	$p_1 v_1^\kappa = p_2 v_2^\kappa$ $T_1 v_1^{\kappa-1} = T_2 v_2^{\kappa-1}$ $T_1 p_1^{\frac{\kappa-1}{\kappa}} = T_2 p_2^{\frac{\kappa-1}{\kappa}}$	$p_1 v_1^n = p_2 v_2^n$ $T_1 v_1^{n-1} = T_2 v_2^{n-1}$ $T_1 p_1^{\frac{n-1}{n}} = T_2 p_2^{\frac{n-1}{n}}$
热力学能变化 Δu	$c_V(T_2-T_1)$	$c_V(T_2-T_1)$	0	$c_V(T_2-T_1)$	$c_V(T_2-T_1)$
焓变化 Δh	$c_p(T_2-T_1)$	$c_p(T_2-T_1)$	0	$c_p(T_2-T_1)$	$c_p(T_2-T_1)$

例 3-1 定量气体在某一过程中吸入热量 12kJ，同时内能增加 20kJ，此过程是膨胀过程还是压缩过程？对外做功多少？

解 已知 $Q = 12kJ$，$\Delta U = 20kJ$，对闭口系统的有限热力过程

$$Q = \Delta U + W$$

即
$$W = Q - \Delta U = (12 - 20)kJ = -8kJ$$

因为 $W < 0$，表明是压缩过程，系统对外做负功 8kJ，实际上是外界压缩气体做功 8kJ。

课题二 气体比热容及热量计算

【学习目标】

1. 理解气体的质量比热容、体积比热容。
2. 熟悉气体的热量计算。

【相关知识】

一、气体比热容

在热工计算中，常常需要确定工质在热力过程中所吸收或放出的热量。热量的计算可以通过工质的状态参数变化，也可利用比热容（简称比热）进行。所谓比热容，就是在加热（或冷却）过程中，使单位物量的物质温度升高（或降低）1℃时所吸收（或放出）的热量。

比热容的单位取决于物量单位。我国单位制中，热量的单位用焦耳（J），而物量的单位可以采用质量（kg）、体积（m³）或摩尔（mol），因此有不同单位的比热容。

质量比热容是表示 1kg 质量的工质温度升高（或降低）1K 时所吸收（或放出）的热量，单位是 J/(kg·K)，常用符号 c 表示。

体积比热容是表示 1m³ 体积的工质温度升高（或降低）1K 时所吸收（或放出）的热量，单位是 J/(m³·K)，常用符号 c' 表示。

摩尔比热容是表示 1mol 质量的工质温度升高（或降低）1K 时所吸收（或放出）的热量，单位是 J/(mol·K)，常用符号 c_m 表示。

由于 1kmol 气体的质量为 m kg，体积为 22.414×10^{-3} m³。故三种比热容之间存在着下述的换算关系：$c_m = 0.022414c' = cm$

二、热量的计算

工质和外界进行热交换，其温度可能变化，也可能保持不变。与此相关，把热量区分为显热和潜热。工质吸收或放出热量，其温度上升或下降，但物质状态不变，这种传递的热量称为显热。例如，对水进行加热，水的温度升高，则水吸收的热量为显热。工质吸收或放出热量，如果温度不变，只是引起物质状态变化，即工质的状态发生变化，这种传递的热量称为潜热。例如，水沸腾时继续加热，水由液态变为气态，但温度不变，则所吸收的热量为潜热。

热量的计算方法很多，工程上用比热容计算显热和用汽化热计算工质汽化或冷凝时的潜热等。

1. 用比热容计算显热

单位质量工质温度变化 1K（或 1℃）所需吸收或放出的热量，称为工质的比热容，单位为 kJ/(kg·K) 或 kJ/(kg·℃)。

一定质量的某种气体，在不同的热力过程中做同样的温度变化所吸收或放出的热量不同。因此，比热容与热力过程的特性有关。工程上加热或放热的过程，最常见的是保持压力不变或容积不变的过程。工质在定压过程中的比热容称比定压热容，用 c_p 表示；在定容过程中的比热容称比定容热容，用 c_V 表示。在定容过程中，气态工质不能膨胀对外做功，吸收的热量只用来增加内能，使气体温度升高；在定压过程中，气态工质吸收的热量除用于增加内能升高温度外，还必须克服外力膨胀做功。因此，单位质量的气态工质温度升高 1K，在定压过程中吸收的热量较定容过程要多，即气体的比定压热容较比定容热容要大，两者的差值等于该气体的气体常数，可表示为

$$c_p = c_V + R \tag{3-14}$$

气体的比热容随温度的变化而变化。在温度变化不大，或只做近似计算时，可忽略比热容随温度变化的关系，把比热容当作常数，称为定值比热容。空气可视为双原子气体，其定值比热容为 $c_p = 1.012 \text{kJ}/(\text{kg·K})$，$c_V = 0.723 \text{kJ}/(\text{kg·K})$。

把比热容当作定值时，显热的一般计算式为

$$q = c(t_2 - t_1) \qquad （单位：kJ/kg） \tag{3-15}$$
$$Q = mq = mc(t_2 - t_1) \qquad （单位：kJ） \tag{3-16}$$

式中，比热容对于气态工质，应区别过程是定压的还是定容的，分别取 c_p 和 c_V。

2. 潜热计算

单位质量工质在某压力下沸腾汽化或冷凝时，需吸收或放出的热量 r，称为汽化潜热（简称汽化热）。常见工质在不同压力下（或不同沸点下）的汽化热值，可在有关手册列出的工质热力性质表中查到。工质汽化或冷凝时，所吸收或放出的潜热为 Q。

$$Q = mr \tag{3-17}$$

式中 r——单位工质汽化或冷凝时，所吸收或放出的潜热。

3. 多变过程的比热容

工质与外界交换的热量 q_n 可由第一定律解析式 $q = \Delta u + w$ 来计算，对理想气体，若比热容取定值，则

$$q_n = c_V(T_2 - T_1) + \frac{R_g}{n-1}(T_1 - T_2) = \left(c_V - \frac{R_g}{n-1}\right)(T_2 - T_1)$$

并考虑到

$$c_V = \frac{R_g}{\kappa - 1}$$

及

$$c_p = \frac{\kappa R_g}{\kappa - 1}$$

有

$$q_n = c_V \frac{n-\kappa}{n-1}(T_2 - T_1) = c_n(T_2 - T_1) \qquad (3-18)$$

其中
$$c_n = \frac{n-\kappa}{n-1}c_V \qquad (3-19)$$

就是多变过程的比热容。

思考题与习题

1. 什么是定温过程？什么是定压过程？

2. 什么是绝热过程？

3. 对于多变过程，当指数 $n = \kappa$ 和 $n = \pm\infty$ 时，所表示的过程有什么不同？

4. 什么是显热和潜热？二者有什么不同？

单元四

热力学第二定律

【内容构架】

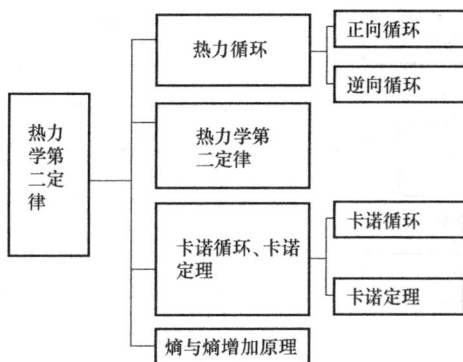

【学习引导】

目的与要求

1. 掌握热力循环的概念。

2. 理解并掌握热力学第二定律。

3. 掌握卡诺循环的工作系数，会使用卡诺定理。

4. 理解熵的概念。

重点与难点

重点： 1. 卡诺循环。

2. 卡诺定理。

难点： 1. 热力学第二定律。

2. 熵增加原理。

课题一　热力循环

【学习目标】

1. 掌握热力循环的概念。

2. 理解正向循环、逆向循环、可逆循环与不可逆循环。

【相关知识】

能量之间的转换，通常都是通过工质在相应的热力设备中进行循环来实现的。系统从某一初态开始，经过一系列的中间状态变化后重新回复到初始状态的全过程，称为热力循环，简称循环。

热力循环根据其方向可分为正向循环和逆向循环，根据可逆性可分为可逆循环和不可逆循环。

一、正向循环

使热能转换为机械能的循环称为热机循环或热动力循环，像蒸汽动力循环、气体动力循环等。由于热机循环在状态图中以顺时针方向描述，所以也称为正向循环，如图 4-1 所示。

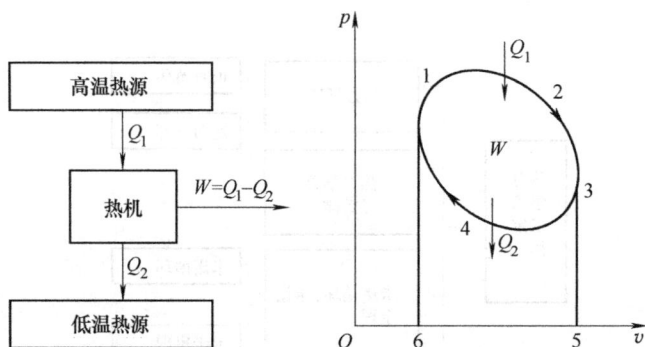

图 4-1　正向循环

在正向循环中，系统从高温热源 T_1 吸热 Q_1，对外做功 W。同时，为实现正向循环，系统还必须向低温热源 T_2 放热 Q_2。根据能量守恒定律

$$Q_1 - Q_2 = W \quad 或 \quad Q_1 = Q_2 + W$$

在工程中，将循环净功 W 与高温热源供热 Q_1 之比称为热效率，以 η_t 表示，用以衡量热机循环的经济性，即

$$\eta_t = \frac{收益}{代价} = \frac{W}{Q_1} = \frac{Q_1 - Q_2}{Q_1} = 1 - \frac{Q_2}{Q_1} \tag{4-1}$$

热效率 η_t 小于 1 说明高温热源向系统供热 Q_1 仅有部分转换为功 W 向外输出，而另一部分热 Q_2 不能转换为功，只是传向低温热源 T_2。

二、逆向循环

逆向循环是消耗机械能使热从低温热源传向高温热源的循环，在状态图中以逆时针方向描述，所以也称为逆向循环，如图 4-2 所示。

逆向循环包括以获得制冷量为目的的制冷循环和以获得供热量为目的的热泵循环。在循环中，系统消耗功 W 从低温热源 T_2 吸收热量 Q_2 并向高温热源 T_1 放热 Q_1。同样，由能量守恒定律得

$$Q_1 - Q_2 = W \quad 或 \quad Q_1 = Q_2 + W$$

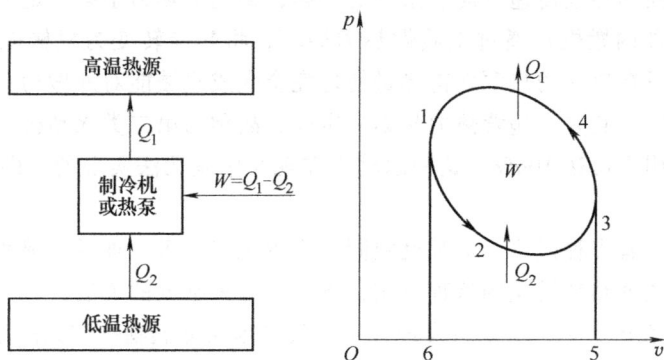

图 4-2 逆向循环

说明逆向循环中传向高温热源 T_1 的热量 Q_1 来自于从低温热源 T_2 吸收的热量 Q_2 和循环净耗能 W。逆向循环的经济性指标以制冷系数 ε_1 和供热系数 ε_2 表示。

制冷系数

$$\varepsilon_1 = \frac{收益}{代价} = \frac{Q_2}{W} = \frac{Q_2}{Q_1 - Q_2} \tag{4-2}$$

供热系数

$$\varepsilon_2 = \frac{收益}{代价} = \frac{Q_1}{W} = \frac{Q_1}{Q_1 - Q_2} \tag{4-3}$$

制冷系数 ε_1 有可能大于 1、等于 1 或小于 1，而供热系数 ε_2 总是大于 1。

三、可逆循环与不可逆循环

在整个循环中，若系统与外界或系统内部都不存在不可逆的损失，则这个循环是可逆的；若系统与外界，以及组成的循环各个过程中包含有不可逆的过程或不可逆的因素，则这个循环是不可逆的。全部由可逆过程组成的循环是可逆循环，一切可逆循环都是理想循环。可逆正向循环就是理想热动力循环，而可逆逆向循环就是理想制冷机循环和理想热泵循环。

在循环中如果有部分过程或全部过程是不可逆的，这样的热力循环就是不可逆循环。在现实生活中，可逆循环是理想的假设循环，是不存在的；不可逆循环则是实际中存在的。

| 课题二 | 热力学第二定律 |

【学习目标】

掌握热力学第二定律的本质，理解热力学第二定律的各种说法。

【相关知识】

热力学第一定律指出，任何能量转换和传递的热力过程必然遵守能量转换和守恒定律。根据热力学第一定律，可以确定热力过程中能量转换的数量关系。但是，遵守能量守恒的热力过程是否都能实现？热力学第一定律没有回答这个问题，即热力学第一定律没有指出能量转换的条件和方向。解决这一问题是热力学第二定律的任务。

热力学第二定律与热力学第一定律一样也是事实的总结。根据对热现象不同侧面的观察结果，解决热功转换和热量传递方向、条件的问题，得到的热力学第二定律。

热力发电机（如内燃机）通过工质做热力循环，将热能转变为机械能对外做功。工质做热力循环，能否只在单一的热源取得热量使之完全变成机械能对外做功？显然，这种热机与第一类永动机不同，它并不违背热力学第一定律，故称为第二类永动机。如果这种热机能够实现，其能量利用率可达100%，这种永动机在现实中是无法实现的，即第二类永动机也无法实现。

热力学第二定律有多种说法，但都反映同一客观规律，每一种说法都紧密地与自然界的具体现象相联系。依据热功转换的这种事实，下面有两种常见的说法：

（1）克劳修斯表述　热不可能自发地、不付代价地从低温物体传到高温物体。

（2）开尔文、普朗克表述　不可能制造只从一个热源取得热量，使之完全变成机械能而不引起其他变化的循环。

从传热的角度看，热量可以自发地、无任何条件限制地从高温物体传到低温物体。若要使热量由低温物体传向高温物体，必须消耗能量。例如，电冰箱若从箱内被冷藏的低温物体吸取的热量传给大气环境（相对箱内温度是高温热源），就要求冰箱压缩机工作，通过消耗压缩机提供的机械能才能实现。这表明热量的传递具有方向性。

尽管热力学第二定律还有其他表述方法，但各种表述在本质上都是一致的。各种表述都表明：能量的传递和转换过程是有方向性的，非自发过程必须在一定的条件下才能进行。自然界的自发过程具有一定的方向性和不可逆性，非自发过程的实现必须具备补充条件，并且自发过程中能量转换的有效利用有一定的限度。制冷循环以消耗外界提供的能量才能实现。为了认识制冷循环中能量有效利用可能达到的限度，下节将介绍理想的可逆热力循环——卡诺循环。

课题三　卡诺循环、卡诺定理

【学习目标】

1. 掌握卡诺循环的组成。
2. 掌握逆卡诺循环及制冷系数计算。
3. 理解卡诺定理。

【相关知识】

一、卡诺循环

1. 卡诺循环的组成

由热力学第二定律可知，工质通过热力循环实现热能和机械能之间的转换，至少应有两个温度不同的热源。所需热源越少，循环越简单。因此，理想循环只有一个高温热源（T_H）和一个低温热源（T_L），在循环中工质只和这两个热源交换热量。要求传热过程是可逆的，传热就应无温差。因此，理想的可逆循环要求工质从高温热源吸热时做定温膨胀；向低温热源放热时做定温压缩。要构成循环，在两个温度不同的定温过程之间，还必须有其他温度可变的过程相连接。由于只允许和两个热源交换热量，同时考虑可逆要求，则使工质温度由 T_H 降至 T_L 和由 T_L 回升到 T_H 的过程，只能是绝热定熵膨胀过程和绝热定熵压缩过程。于是，理想的可逆热力循环，应由定温膨胀、定熵膨胀、定温压缩和定熵压缩四个可逆分过程组成。可用温-熵图表示，如图 4-3a 所示，这就是正向卡诺循环，它是理想可逆热机的循环。

制冷循环是从低温热源吸热，向高温热源放热，使正向卡诺循环反向进行，即逆向卡诺循环便是理想的可逆制冷循环，其温-熵图如图 4-3b 所示。

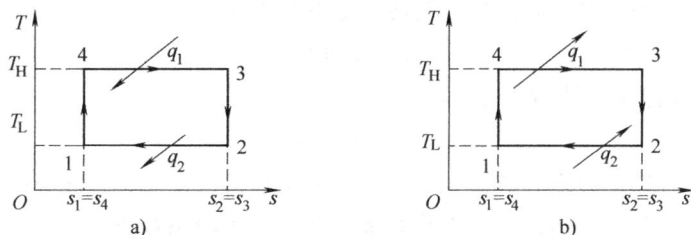

图 4-3 卡诺循环的温-熵图

2. 制冷系数和供热系数

逆卡诺循环是制冷循环，应用制冷循环的目的有两个：一是制冷，即获得需要的低温环境，如电冰箱、冷库及空调用冷水机组生产 5~7℃ 的冷水等；二是从低温热源吸热，向高温热源供热，这种供热装置称为热泵。如在冬季使用的热泵型房间空调器，就是利用制冷循环，从温度相对较低的室外大气环境吸热，向温度相对较高的室内供热，以达到取暖的目的。第一种以制冷为目的的制冷循环性能系数，称为制冷系数，用 ε_1 表示；第二种以供热为目的的制冷循环性能系数，称为供热系数，用 ε_2 表示。它们都是利用制冷循环所得收获与消耗之比，用于衡量能量有效利用程度的高低。

制冷循环从低温热源吸收的热量用 q_2 表示，向高温热源放出的热量用 q_1 表示，消耗的外功用 w 表示。为简便起见，q_1 和 w 都代表放热和外功的绝对值。在制冷循环中，输入系统的能量为 (q_2+w)，输出系统的能量为 q_1，并且由于通过循环工质回复到初态，系统储存的能量不变。根据热力学第一定律应有

$$q_1 = q_2 + w \tag{4-4}$$
$$或 \ w = q_1 - q_2$$

制冷循环用于制冷时，收获是从低温热源吸收的热量 q_2，消耗是外功 w，因此制冷系数的计算通式为

$$\varepsilon_1 = \frac{收益}{代价} = \frac{q_2}{w} = \frac{q_2}{q_1 - q_2} \tag{4-5}$$

对于逆卡诺循环，由图 4-3b 可见，$q_1 = T_H(s_b - s_a)$，$q_2 = T_L(s_b - s_a)$，代入上式可得逆卡诺循环制冷系数为

$$\varepsilon_{1C} = \frac{q_2}{q_1 - q_2} = \frac{T_L}{T_H - T_L} \tag{4-6}$$

可见，提高低温热源的温度和降低高温热源的温度，都可提高逆卡诺循环的制冷系数。

制冷循环用于供热时，收获是向高温热源放出的热量 q_1，消耗仍然是外功 w，因此供热

系数的计算通式为

$$\varepsilon_2 = \frac{收益}{代价} = \frac{q_1}{w} = \frac{q_1}{q_1 - q_2} \tag{4-7}$$

对于逆卡诺循环，同样有 $q_1 = T_H(s_b - s_a)$，$q_2 = T_L(s_b - s_a)$。代入上式可得逆卡诺循环的供热系数为

$$\varepsilon_{2C} = \frac{q_1}{q_1 - q_2} = \frac{T_H}{T_H - T_L} \tag{4-8}$$

对于同一制冷循环，其供热系数与制冷系数有如下关系

$$\varepsilon_2 = \varepsilon_1 + 1$$

此关系对逆卡诺循环同样成立，即

$$\varepsilon_{2C} = \varepsilon_{1C} + 1$$

可见，制冷循环的制冷系数越高，其供热系数也越高。提高低温热源的温度和降低高温热源的温度同样可提高逆卡诺循环的供热系数。并且，制冷系数不一定大于1，供热系数总是大于1。热泵将从低温热源吸收的热量及消耗外功的热量一同排放给高温热源，因此供热系数恒大于1。热泵是一种很经济的供热方式。

逆卡诺循环是一种理想的制冷循环。可以证明：在给定的 T_H 和 T_L 温度范围内，一切实际的制冷循环的制冷系数和供热系数都小于逆卡诺循环的制冷系数和供热系数。因此，改进一切制冷循环的方向是使它们尽量接近逆卡诺循环，具体途径是尽量提高低温热源的温度和降低高温热源的温度。

例 4-1 若家用冰箱在 -1℃ 的低温热源和 21℃ 的高温热源之间工作，并假定其循环为逆卡诺循环，求它的制冷系数。

解 $\varepsilon_{1C} = \dfrac{T_L}{T_H - T_L} = \dfrac{-1 + 273}{(21 + 273) - (-1 + 273)} = 12.36$

此例中所用的两个温度和家用冰箱一般情况下的工作温度较为接近。而且性能优良的家用冰箱，其制冷系数实际上只有5左右，远小于12.36，这表明家用冰箱的性能，至少在理论上还有相当大的改进余地。

例 4-2 冬天用一热泵对房屋供热，若房屋热损失是每小时 50000kJ，室外环境温度为 -10℃，要使房屋内部保持室温为 20℃，则带动该热泵所需的最小功率是多少？若直接采用电炉采暖，则需消耗多少功率？

解 当热泵按逆卡诺循环工作时，其供热系数最高，带动热泵所需功率最小。因此，应按逆卡诺循环计算。

现热泵工作于 -10℃ 和 20℃ 两个热源之间，当它按逆卡诺循环工作时，其供热系数为

$$\varepsilon_{2C} = \frac{T_H}{T_H - T_L} = \frac{20 + 273}{(20 + 273) - (-10 + 273)} = 9.77$$

又由 $\varepsilon_{2C} = q_1/w = Q_1/W$ 知，带动此热泵每小时需消耗的外功为

$$W = \frac{Q_1}{\varepsilon_{2C}} = \frac{50000}{9.77} kJ = 5118 kJ$$

因此，带动该热泵所需最小功率为

$$P = \frac{W}{\tau} = \frac{5118}{3600}\text{kW} = 1.42\text{kW}$$

若直接采用电炉采暖，电炉每小时电流所做的功应为 50000kJ，则电炉所需功率为

$$P' = \frac{W'}{\tau} = \frac{50000}{3600}\text{kW} = 13.89\text{kW}$$

$$\frac{P'}{P} = 9.77$$

可见，用热泵供暖较之电炉要经济得多。

二、卡诺定理

热力学第二定律否定了第二类永动机，效率为 100% 的热机是不可能实现的，那么热机的最高效率可以达到多少呢？从热力学第二定律推出的卡诺定理正是解决了这一问题。卡诺认为："所有工作于同温热源与同温冷源之间的热机，其效率都不能超过可逆机"（换言之，即可逆机的效率最大）。这就是卡诺定理。

设在两个热源之间，有可逆机 R（即卡诺机）和任意的热机 1 在工作，如图 4-4 所示。调节两个热机使所做的功相等。可逆机 R 从高温热源吸热 Q_1，做功 W，放热 (Q_1-W) 到低温热源，其热机效率为 $\eta_k = W/Q_1$（图中所示是可逆机 R 倒开的结果）。

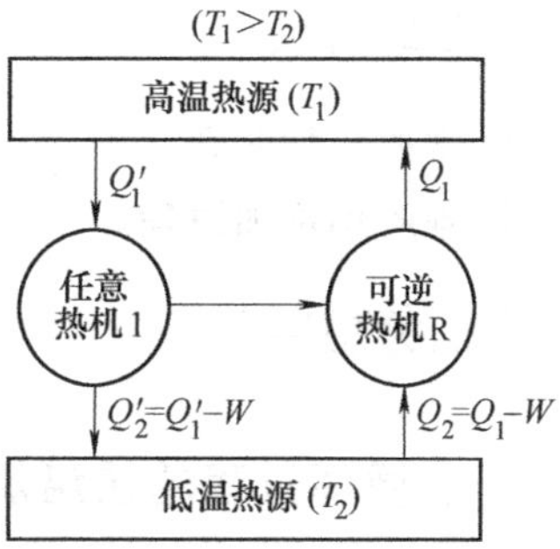

图 4-4 卡诺定理的证明

另一任意热机 1，从高温热源吸热 Q_1'，做功 W，放热 $(Q_1'-W)$ 到低温热源，其效率为 $\eta_1 = W/Q_1'$。

先假设热机 1 的效率大于可逆机 R（这个假设是否合理，要根据这个假定所得的结论是否合理来检验），即 $\eta_1 > \eta_k$，因此得 $Q_1 > Q_1'$。

若以热机 1 带动卡诺可逆机 R，使 R 逆向转动，卡诺机成为制冷机，所需的功 W 由热机 1 供给，如图 4-4 所示：即从低温热源吸热 (Q_1-W)，并放热 Q_1 到高温热源。整个复合机循环一周后，在两机中工作的物质均恢复原态，最后除热源有热量交换外，无其他变化。

从低温热源吸热：$(Q_1-W)-(Q_1'-W) = Q_1-Q_1' > 0$

高温热源得到的热为 Q_1-Q_1'。

结果是热能从低温传到高温而没有发生其他变化。这违反热力学第二定律的克劳修斯说法。所以最初的假设 $\eta_1 > \eta_k$ 不能成立。因此应有

$$\eta_1 \leqslant \eta_k$$

这就证明了卡诺定理。

由卡诺定理可以得出两个推论：

推论一：在两个不同温度的恒温热源间工作的一切可逆热机，具有相同的热效率，且与工质性质无关。

推论二：在两个不同温度的恒温热源间工作的任何不可逆热机，其热效率总小于在这两个热源间工作的可逆热机的热效率。

卡诺定理虽然讨论的是可逆机与不可逆机的热机效率问题，但它具有非常重大的意义。

它在公式中引入了一个不等号。前已述及所有的不可逆过程是互相关联的。由一个过程的不可逆性可以推断到另一个过程的不可逆性，因而对所有的不可逆过程就可以找到一个共同的判别准则。由于热功交换的不可逆，而在公式中所引入的不等号，这对于其他过程（包括化学过程）同样可以适用。就是这个不等号解决了化学反应的方向问题。同时，卡诺定理在原则上也解决了热机效率的极限值问题。

卡诺循环和卡诺定理在历史上首次奠定了热力学第二定律的基本概念，对提高各种热动力机的效率指出了重要方向——尽可能提高工质吸热时的温度及尽可能使工质膨胀到较低的温度才对外放热——对热力学及热机的发展起了极为重要的作用。

课题四　熵与熵增加原理

【学习目标】

1. 掌握熵的概念。
2. 理解熵增加原理。

【相关知识】

一、循环过程的热温熵 $\dfrac{Q}{T}$

据卡诺定理知：卡诺循环中热温熵的代数和为

$$\frac{Q_L}{T_L}+\frac{Q_H}{T_H}=0$$

对应于无限小的循环，则有

$$\frac{\delta Q_L}{T_L}+\frac{\delta Q_H}{T_H}=0 \tag{4-9}$$

对任意可逆循环过程，可用足够多且绝热线相互恰好重叠的小卡诺循环逼近。对每一个卡诺可逆循环，均有

$$\frac{\delta Q_{L,j}}{T_{L,j}}+\frac{\delta Q_{H,j}}{T_{H,j}}=0 \tag{4-10}$$

对整个过程，则有

$$\sum_j\left(\frac{\delta Q_{L,j}}{T_{L,j}}+\frac{\delta Q_{H,j}}{T_{H,j}}\right)=\sum_j\left(\frac{\delta Q_j}{T_j}\right)_R=0 \tag{4-11}$$

由于各卡诺循环的绝热线恰好重叠，方向相反，正好抵消。在极限情况下，由足够多的小卡诺循环组成的封闭曲线可以代替任意可逆循环。即在任意可逆循环过程中，工作物质在各温度所吸的热（Q）与该温度之比的总和等于零。

二、熵的定义——可逆过程中的热温熵

在可逆循环过程中，该过程曲线中任取两点 A 和 B，则可逆曲线被分为两条，每条曲线

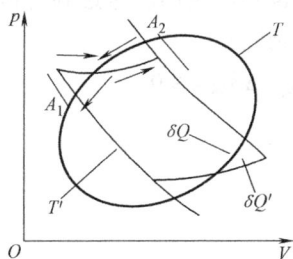

图 4-5　循环过程的 p-v 图

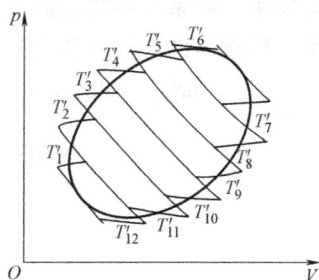

图 4-6　无限多循环过程总和的 p-v 图

所代表的过程均为可逆过程。从状态 A 到状态 B，经由不同的可逆过程，它们各自的热温商的总和相等。由于所选的可逆循环及曲线上的点 A 和 B 均是任意的，故上列结论也适合其他任意可逆循环过程。任意可逆循环过程中，根据热力学第二定律可知，热温商 $\left(\dfrac{\delta Q}{T}\right)$ 沿封闭路径循环一周其数值为零，由数学分析知，热温商具有状态函数特征。

用可逆的微元过程中所吸收的热量与热源中绝对温度的比值称为热温商的微小增量，也称为熵的增量，用符号 S 表示，单位是 J/K。

其公式表示有：

$$\mathrm{d}S = \frac{\delta Q}{T} \tag{4-12}$$

熵与质量之比称为比熵，简称熵，用 s 表示，单位是 J/（kg·K）。

熵是一个状态参数，表征工质状态变化时，其热量传递的程度。对于熵的概念，说明以下几点：

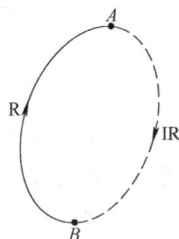

图 4-7　可逆循环
过程示意图

1）熵是一个状态参数，与通过什么路径或者过程改变无关。当系统平衡状态确定了，熵也就确定了。

2）由于熵的改变量只取决于初始状态、终了状态，与过程无关，所以计算两个状态的熵的差值时，可选取任一连接两个状态的过程，只要初、终两态为平衡状态，就可进行熵的计算。

3）系统的熵等于系统内各个部分熵的总和。

三、熵增加原理

对绝热体系中发生的过程，因 $\delta Q = 0$，所以

$$\mathrm{d}S \geqslant 0 \quad 或 \quad \Delta S \geqslant 0$$

即在绝热可逆过程中，只能发生 $\Delta S \geqslant 0$ 的变化。在绝热可逆过程中，体系的熵不变；在绝热不可逆过程中，体系的熵增加。体系不可能发生熵减少 $\Delta S < 0$ 的变化，故可用体系的熵函数判断过程的可逆与不可逆。

在绝热可逆条件下，趋向于平衡的过程使体系的熵增加，这就是熵增加原理。

应该注意：自发过程必定是不可逆过程。但不可逆过程可以是自发过程，也可以是非自发过程。若不可逆过程是由环境对体系做功形成的，则为非自发过程；若环境没有对体系做功而发生了一个不可逆过程，则该过程必为自发过程。

对隔离体系，体系与环境之间没有热和功的交换，当然也是绝热的。考虑到与体系密切相关的环境，即将体系与环境作为一个整体，则可用下式来判断：

$$dS_{隔离} = dS_{体系} + dS_{环境} \geq 0 \ 或 \ \Delta S_{隔离} = \Delta S_{体系} + \Delta S_{环境} \geq 0$$

$$dS_{sur.} = \frac{\delta Q_{real}}{T} dS_{sys} = \frac{\delta Q_{rever.}}{T}$$

$$dS_. = \frac{\delta Q_{rever.}}{T} + \frac{\delta Q_{real}}{T} \tag{4-13}$$

由于外界对隔离体系无法干扰，任何自发过程都是由非平衡态趋向于平衡态的。达到平衡时，其熵值达到最大值。

思 考 题 与 习 题

1. 什么是热力循环？什么是正向循环？什么是逆向循环？工作系数如何确定？

2. 某冷库的制冷装置在-10℃的低温热源和30℃的高温热源之间工作，其制冷系数最大为多少？

3. 假定利用逆卡诺循环作为一位宅采暖设备，室外环境温度为-15℃，为使室内保持20℃，每小时需供给100000kJ的热量，则该热泵每小时从室外吸取多少热量？带动该热泵所需的功率为多少？若直接用电炉采暖，需多大功率？

4. 什么是制冷系数？如何提高制冷系数？

5. 热力学第二定律的内容是什么？

6. 卡诺循环包括哪几个热力过程？试用温-熵图表示出来。

7. 卡诺定理的内容是什么？

单元五

蒸气的性质及蒸气的热力过程

【内容构架】

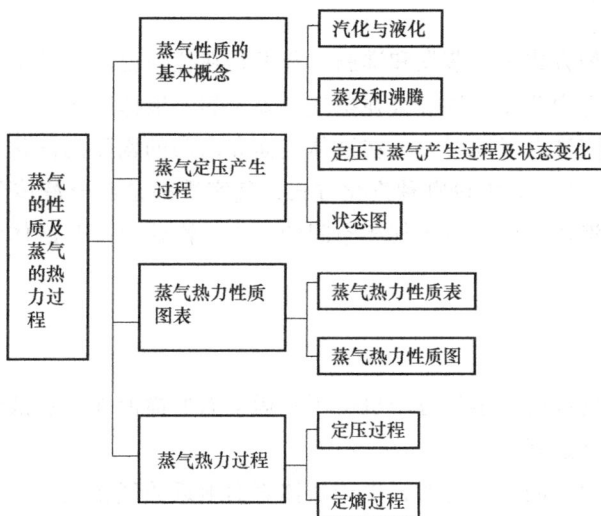

【学习引导】

目的与要求

1. 掌握液体的汽化方式。

2. 掌握液体定压加热条件下可能呈现的三个阶段、五种状态的变化。

3. 了解常用蒸气图的构成。

重点与难点

重点：定压下蒸气产生过程。

难点：1. 定压下蒸气产生过程。

2. 蒸气图表的使用。

【学习目标】

掌握物质状态的变化过程及各状态对应的性质、热力参数。

【相关知识】

一、汽化与液化

在一定条件下，物质的宏观状态可以在固态、液态与气态间发生相互转换。其中，物质由液态转变为气态，称为物质的汽化；由气态转变为液态，称为物质的液化（或凝结）。物质在汽化时需要吸收热量，而在液化时则需放出热量。

二、蒸发和沸腾

液体的汽化有两种方式——蒸发和沸腾。蒸发是在任何温度条件下发生在液体表面的汽化过程，如酒精在常温中蒸发，湿衣服在空气中晾干等。液体在蒸发中从周围介质中吸取热量；而沸腾则是在相应沸点下同时发生在液体表面和内部的剧烈的汽化过程，如水在常压下温度达到100℃时产生沸腾。无论哪种汽化方式，其实质都是部分液体分子吸收足够的热能而获得逸出功并脱离液体表面，进入气相空间的过程。汽化速度与液体温度、气相蒸气压力等因素有关。

三、饱和状态

实际上，在汽化的同时，蒸气分子也会不断运动而冲撞液面，被液体分子重新捕获，即汽化的同时还伴有凝结过程。

有限量液体在自由空间中汽化时，由于液体表面附近的气相蒸气压力低，汽化速度总是大于凝结速度，所以经过一定时间后，液体就会全部汽化。

在一定温度下，若将液体放置于密闭的容器中，刚开始时气相中蒸气浓度低，汽化速度必然大于凝结速度。随着汽化的分子增多，空间中蒸气的浓度增大，同时返回液体表面的蒸气分子也不断增多，即凝结过程加剧。这时，汽化速度逐渐减小，凝结速度逐渐增大，当汽化速度与凝结速度相同时，虽然汽化和凝结都在进行，但汽化的分子数与凝结的分子数处于动态平衡，容器中的宏观汽化现象就会停止，这种动态平衡状态称为饱和状态。

在饱和状态下的温度称为饱和温度（t_s），由于饱和状态的蒸气分子动能和分子总数不再改变，因此，饱和状态有确定的蒸气压力，称为饱和压力（p_s）。并且，饱和温度与饱和压力是一一对应的，即

$$t_s = f(p_s) \tag{5-1}$$

处于饱和状态下的液体称为饱和液体；处于饱和状态下的气态蒸气称为干饱和蒸气，简称饱和蒸气。

四、汽化热与凝结热

物质在加热或冷却过程中，其分子的动能发生变化，温度升高或降低而不改变其原来状态，这时所需吸收或放出的热量称为显热。它有明显的冷热变化感觉，通常可用温度计测量出来，如将水从20℃加热到100℃所吸收的热量。显然热量用代数式 $Q=cm(t_2-t_1)$ 计算。在物质吸收或放出热量过程中，其分子的动势能发生变化，而温度不变，仅使物质的状态发生变化，这时吸收或放出的热量称为潜热。潜热不能用温度计测量出来，但可通过实验计算出来。如继续加热100℃的水，使之变为100℃的水蒸气，此时，水所吸收的热量即为潜热。通常，一个热力过程的换热量既包括显热又有潜热。

液体与气体在相变过程中，以潜热的方式与外界进行热量的交换。1kg液体在一定温度下全部转变为同温度的蒸气所吸收的热量称为汽化潜热或汽化热，以符号 r 表示，单位为 kJ/kg。反之，1kg蒸气完全凝结成同温度的液体所放出的热量称为凝结潜热或凝结热。同温度下的汽化热与凝结热在数值上是相等的。汽化热与凝结热与工质的种类、饱和温度（或饱和压力）有关。

课题二　蒸气定压产生过程

【学习目标】

1. 了解定压下蒸气产生过程及状态变化。
2. 理解热力过程在状态图中的表示方法。

【相关知识】

为了更好地了解蒸气的性质，以常用的水和水蒸气为例介绍蒸气的热力性质。

一、定压下蒸气产生过程及状态变化

工程中常用的蒸气（例如，水蒸气、制冷剂蒸气等）常在压力不变的情况下产生，其状态变化如图5-1所示。

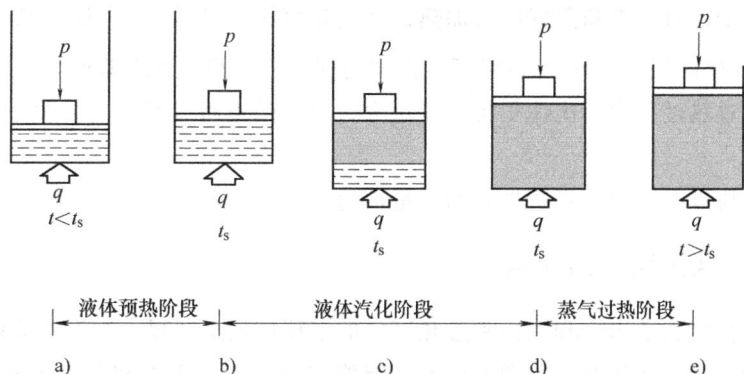

图5-1　蒸气定压产生过程及状态变化

假设在容器中盛有 1kg 的液体，在容器的活塞上加载重物，这时容器内液体承受了相应的压力 p，液体的温度低于该压力对应的饱和温度。对液体加热，观察液体在定压下变为蒸气的过程及某些状态参数的变化特点，可能呈现三个阶段、五种状态的变化。

1. 液体预热阶段

开始加热时，由于容器内的液体温度低于该压力对应的饱和温度，处于未饱和状态，称为未饱和液体或过冷液体（图 5-1a）。饱和温度 t_s 与液体温度 t 之差称为过冷度或过冷温差。未饱和液体被定压加热后，温度逐渐升高，比体积 v 稍有增大，熵 s 增大，焓 h 增大，直至液体温度被加热至该压力所对应的饱和温度的瞬间——饱和液体（图 5-1b）为止，这就是液体的预热阶段。饱和液体的状态参数分别为 v'、s'、h' 及 t_s、p，可见，未饱和液体的状态参数 $t<t_s$、$v<v'$、$s<s'$、$h<h'$。

在预热阶段中，以显热的方式加热液体的热量称为液体热。

2. 液体汽化阶段

在定压下，饱和液体继续加热就会定温汽化，形成饱和液体和饱和蒸气的混合物——湿饱和蒸气或湿蒸气（图 5-1c）。

一定量的湿蒸气中所含干饱和蒸气的质量与总质量之比称为干度，用符号 x 表示，即

$$x = \frac{干饱和蒸气的质量}{湿蒸气的总质量} \tag{5-2}$$

干度是饱和状态下工质的特有参数，它表示湿蒸气的干燥程度。湿饱和蒸气中的饱和液体与饱和蒸气的比例随汽化程度而变化，其中所含干饱和蒸气的质量成分用干度 x 表示；而所含饱和液体的质量成分用湿度 y 表示，显然 $x+y=1$。随着汽化的进行，湿饱和蒸气的干度会逐渐增大，比体积也随之增大，最后饱和液体全部汽化成干饱和蒸气（图 5-1d）。那么，饱和液体的干度 $x=0$，湿度 $y=1$；干饱和蒸气的干度 $x=1$，湿度 $y=0$。干度 x 只在湿蒸气区才有意义，且 $0 \leqslant x \leqslant 1$。干饱和蒸气的状态参数分别用 v''、s''、h'' 及 t_s、p 表示。而湿饱和蒸气由于气液含量的比例不同，所以有不同的状态参数，但它们一定介于饱和液体和干饱和蒸气的同名参数值之间，如 $s'<s<s''$、$h'<h<h''$、$v'<v<v''$ 等。

在饱和液体全部汽化成干饱和蒸气这一阶段中所定压加入的热量就是汽化热。

3. 蒸气过热阶段

保持压力不变，对干饱和蒸气继续加热，蒸气温度将上升，$t>t_s$。温度高于饱和温度 t_s 的蒸气称为过热蒸气（图 5-1e）。过热蒸气温度与同压下饱和温度之差称为蒸气的过热度或过热温差。蒸气过热过程中，比体积将继续增大，焓、熵也将继续增大。显然 $v>v''$、$h>h''$、$s>s''$。

蒸气过热阶段以显热的方式所加入的热量称为过热量。

二、过程在状态图中的表示

上述三个阶段完成了未饱和液体到过热蒸气的定压加热全过程。过程中液体及蒸气经历了五种状态，即未饱和液体态、饱和液体态、湿饱和蒸气态、干饱和蒸气态和过热蒸气态。为便于进一步分析过程与循环的需要，现将过程中的状态变化描述在如图 5-2 所示的 p-v 图

和如图 5-3 所示的 T-s 图上。

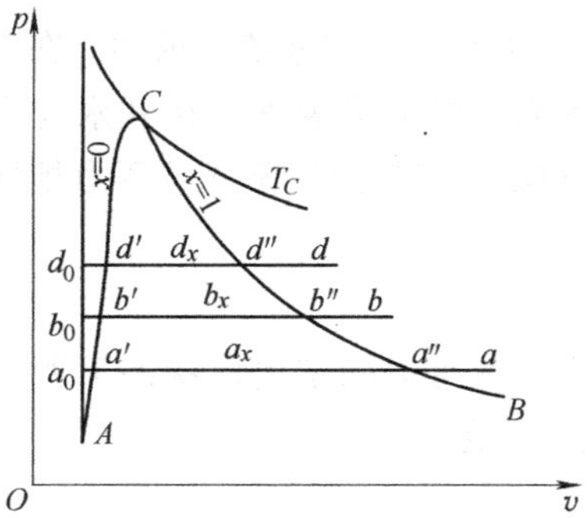

图 5-2　蒸气 p-v 图

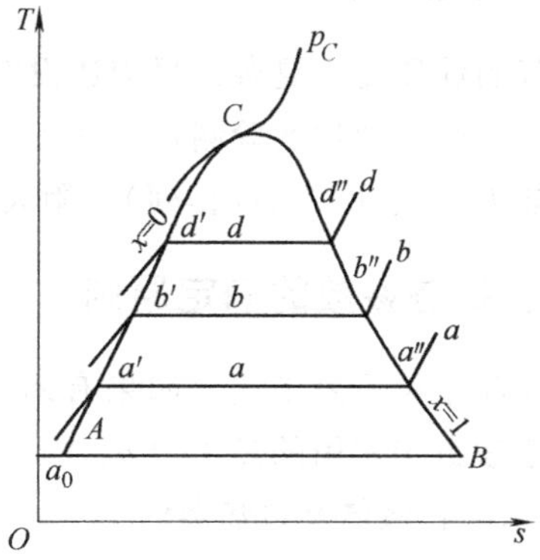

图 5-3　蒸气 T-s 图

在 p-v 图中，作一水平线即为定压线，并以 a_0、a'、a_x、a''、a 分别表示该压力下相应各状态点。改变压力值，根据实验同样可做出相应等压线 b_0-b'-b_x-b''-b、d_0-d'-d_x-d''-d……随着压力的升高，汽化过程缩短。压力越高，饱和液体与干饱和蒸气的参数越接近。当到达某一确定压力时，它们的区别完全消失，这一状态就是临界状态 C。

在 p-v 图上，连接不同压力下的饱和液体状态点 a'、b'、d'……得到曲线 CA，称为饱和液体线（$x=0$）或下界线；连接不同压力下的干饱和蒸气状态点 a''、b''、d''……得到曲线 CB，称为干饱和蒸气线（$x=1$）或上界线，上界线与下界线的交点是临界点。临界点、饱和液体线（$x=0$）及干饱和蒸气线（$x=1$）将 p-v 图分成三个状态区域，即饱和液体线左侧的未饱和液体区（或过冷液体区）、饱和液体线与干饱和蒸气线之间的湿饱和蒸气区（或两相区）、干饱和蒸气线右侧的过热蒸气区。

同样在 T-s 图中也可表示这种变化特性。不过未饱和液体区密集于饱和液体线的左上方，近似计算时可用饱和液体线代替。而定压过热线近似为一上凹的对数曲线。

为了方便记忆，将蒸气的 p-v 图、T-s 图总结为一点、二线、三区、五态。一点为临界点；二线为饱和液体线与干饱和蒸气线，或上界线与下界线；三区为未饱和液体区、湿饱和蒸气区、过热蒸气区；五态为未饱和液体、饱和液体、湿饱和蒸气、干饱和蒸气和过热蒸气状态。

如上所述，未饱和液体定压变化至过热蒸气过程可分为三个阶段，即液体预热阶段、汽化阶段和蒸气过热阶段，所以整个过程的热量应是液体热、汽化热与过热量之和。

课题三　蒸气热力性质图表

【学习目标】

1. 掌握状态参数确定原则。
2. 了解蒸气热力性质表及蒸气热力性质图。

【相关知识】

蒸气的性质比较复杂，目前还没有一个纯理论的状态方程可以用来统一描述。在实际工程中，通常查用通过实验测定推算而列成的热力性质图表。参见附表 A-2 饱和水与干饱和水蒸气热力性质（按温度排列），附表 A-2 饱和水与饱和水蒸气热力性质（按压力排列）。

一、状态参数的确定原则

对于简单可压缩工质，如果有两个独立的状态参数，就可以确定出此状态下所有的参数。状态参数中常用的是压力 p、温度 t、比体积 v、焓 h、熵 s。

1. 未饱和液体及过热蒸气

未饱和液体是液相，过热蒸气是气相，两者都是单相物质。所以 p、t、v、h、s 等参数中，只要已知任意两个参数，其他参数就能确定。

2. 饱和液体及干饱和蒸气

饱和液体及干饱和蒸气虽然也都是单相，但又都处于饱和状态下，压力和温度一一对应而不是互相独立。因此，只要压力或温度确定，就可以确定其他参数，例如饱和液体的 v'、h'、s' 及干饱和蒸气的 v''、h''、s'' 等。

3. 湿饱和蒸气

湿饱和蒸气是干饱和蒸气与饱和液体共存的状态，压力和温度也是一一对应的。而 v、h、s 却与湿蒸气中液体和气体的含量有关。

如果湿饱和蒸气的干度为 x，则 1kg 湿蒸气中应有 $x$kg 的干饱和蒸气和 $(1-x)$ kg 的饱和液体，那么湿蒸气的任一比参数 z 有下列关系：

$$z = xz'' + (1-x)z' \tag{5-3}$$

式中　　z'、z''——某一压力（或温度）下的饱和液体和干饱和蒸气的同名参数。

当已知湿蒸气的压力（或温度）及某一比参数 z 时，便可确定其干度，即

$$x = \frac{z - z'}{z'' - z'} \tag{5-4}$$

根据干度 x、饱和液体及干饱和蒸气的参数，就可以确定湿蒸气的其他状态参数。

二、蒸气热力性质表

1. 零点的规定

一般工程计算中，通常需要计算工质的 u、h、s 的增量，而不必求其绝对值，故可任意选择一个基准点，即所谓的零点。

对于水蒸气图表，1963 年的国际会议规定，水三相点的液相水作为基准点，该基准点的参数为

$p_0 = 0.0006112\text{MPa}$　　　　　　　　　$T_0 = 273.16\text{K}$

$v_0' = 0.00100022\text{m}^3/\text{kg}$

$u_0' = 0\text{kJ/kg}$

$s_0' = 0\text{kJ/(kg · K)}$

$h_0' = u_0' + p_0 v_0' = 0.0006113\text{kJ/kg} \approx 0\text{kJ/kg}$

2. 常用蒸气热力性质表

常用的蒸气热力性质表有三种：①未饱和液体与过热蒸气热力性质表；②以温度为排序的饱和液体与干饱和蒸气热力性质表；③以压力为排序的饱和液体与干饱和蒸气热力性质表。

附表 A-1 是未饱和水与过热水蒸气性质表。在未饱和液体与过热蒸气性质表中，粗线上方是未饱和液体的参数值，粗线下方是过热蒸气的参数值。此表中所列参数间隔中的数据与其他表使用一样，可以通过直线内插法求得。但是，因为表中粗线在坐标图上代表着一个湿蒸气区，因此，粗线上下左右的数据不能内插。

附表 A-2 是按温度排列的饱和水与干饱和水蒸气热力性质表。

附表 A-3 是按压力排列的饱和水与干饱和水蒸气热力性质表。

例 5-1 利用水蒸气表确定下列各点所处的状态及其他各参数。

1）$p=0.1\text{MPa}$，$t=40℃$。

2）$p=1\text{MPa}$，$t=200℃$。

3）$p=0.9\text{MPa}$，$v=0.18\text{m}^3/\text{kg}$。

解 1）查饱和水与干饱和水蒸气热力性质表（附表 A-2），$p=0.1\text{MPa}$ 时，$t_s=99.634℃$，由于 $t<t_s$，所以该状态为未饱和水。查未饱和水与过热水蒸气热力性质表（附表 A-1），当 $p=0.1\text{MPa}$，$t=40℃$ 时，未饱和水的其他各参数为

$v=0.0010078\text{m}^3/\text{kg}$；　　$h=167.59\text{kJ/kg}$；　　$s=0.5723\text{kJ/(kg·K)}$；

$u=h-pv=(167.59-0.1\times10^3\times0.0010078)\text{kJ/kg}=167.49\text{kJ/kg}$

2）查饱和水与干饱和水蒸气热力性质表（附表 A-2），$p=1\text{MPa}$ 时，$t_s=179.916℃$，由于 $t>t_s$，所以该状态为过热水蒸气。查未饱和水与过热水蒸气热力性质表（附表 A-1），当 $p=1\text{MPa}$，$t=200℃$ 时过热水蒸气的其他各参数为

$v=0.20590\text{m}^3/\text{kg}$；　　$h=2827.3\text{kJ/kg}$；　　$s=6.6931\text{kJ/(kg·K)}$；

$u=h-pv=(2827.3-1\times10^3\times0.20590)\text{kJ/kg}=2621.4\text{kJ/kg}$

3）查饱和水与干饱和水蒸气热力性质表（附表 A-2），$p=0.9\text{MPa}$ 时，有

$v'=0.0011212\text{m}^3/\text{kg}$，　　$v''=0.21491\text{m}^3/\text{kg}$，

$h'=742.9\text{kJ/kg}$，　　$h''=2773.59\text{kJ/kg}$，

$s'=2.0948\text{kJ/(kg·K)}$，　　$s''=6.6222\text{kJ/(kg·K)}$

由于 $v=0.18\text{m}^3/\text{kg}$，介于饱和水与干饱和水蒸气之间，即 $v'<v<v''$，故该状态为湿饱和水蒸气。根据式（5-4）可得干度为

$$x=\frac{v-v'}{v''-v'}=\frac{0.18-0.0011212}{0.21491-0.0011212}=0.837$$

该状态下其他各参数为

$$t=t_s=175.389℃$$

$$h=xh''+(1-x)h'=[0.837\times2773.59+(1-0.837)\times742.9]\text{kJ/kg}=2442.59\text{kJ/kg}$$

$$s=xs''+(1-x)s'=[0.837\times6.6222+(1-0.837)\times2.0948]\text{kJ/(kg·K)}=5.8842\text{kJ/(kg·K)}$$

$$u=h-pv=(2442.59-0.9\times10^3\times0.18)\text{kJ/kg}=2280.59\text{kJ/kg}$$

三、蒸气热力性质图

由于蒸气热力性质表是不连续的，而且表不如图一目了然，因此，根据需要将蒸气热力

性质表作成状态图。工程上常用的蒸气图有 $h\text{-}s$ 图、$T\text{-}s$ 图和 $\lg p\text{-}h$ 图。

1. 焓-熵（$h\text{-}s$）图

$h\text{-}s$ 图以焓 h 为纵坐标，以熵 s 为横坐标（图 5-4）。图中绘有下列线簇：

1）定焓线簇。定焓线是水平线。

2）定熵线簇。定熵线是垂直线。

3）定压线簇。在湿饱和蒸气区内压力与温度对应，所以定压线也是定温线，并是一组倾斜的直线；在过热蒸气区，定压线的斜率随温度的升高而增大，为自干饱和蒸气点起向右上方伸展的曲线。

4）定温线簇。在湿饱和蒸气区，定温线与定压线重合；在过热蒸气区，定温线斜率小于定压线，故比较平坦地自左向右延伸，并且随熵增大而斜率减小。当温度越高，压力越低时，蒸气越接近于理想气体，其焓值是温度的单值函数。因此，远离饱和态的过热区中定温线接近于定焓线。

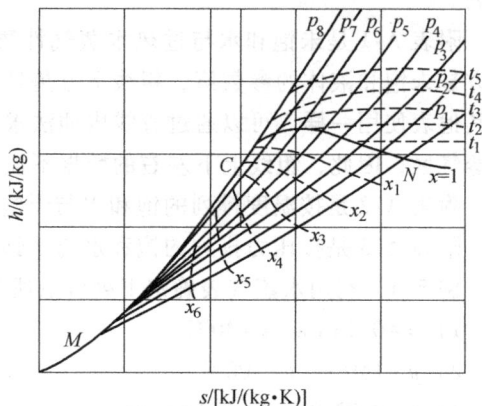

图 5-4 水蒸气 $h\text{-}s$ 图

5）定干度线簇。定干度线是一簇自临界点起向右下方发散的曲线，干度 x 值的变化范围，从 $x=0$ 的下界线开始到 $x=1$ 的上界线为止。

6）定比体积线簇。定比体积线斜率比定压线斜率大，通常在 $h\text{-}s$ 图中用红线表示定比体积线。

工程中所遇到的水蒸气参数干度大多数在 0.5 以上，所以实用的水蒸气 $h\text{-}s$ 图只绘出靠近干饱和蒸气的那部分。

2. 温-熵（$T\text{-}s$）图

$T\text{-}s$ 图以温度 T 为纵坐标，以熵 s 为横坐标。其中未饱和液体区密集于 $x=0$ 线的左上方，故近似计算时可用 $x=0$ 线代替（图 5-5）。图中绘有下列线簇：

1）定温线簇。定温线是水平线。

2）定熵线簇。定熵线是垂直线。

3）定压线簇。在湿饱和蒸气区内，定压线与定温线一样都是水平线；过热蒸气区内的定压线是一簇向上倾斜的曲线。

4）定焓线簇。定焓线是一簇向右下方倾斜的曲线。

5）定干度线簇。定干度线在湿饱和蒸气区内是一簇自临界点起向下方发散的曲线。

6）定比体积线簇。定比体积线在湿饱和蒸气区内是比定温线略向右上方倾斜的直线，经干饱和蒸气线后迅速向右上方倾斜。

3. 压-焓（$p\text{-}h$ 或 $\lg p\text{-}h$）图

$p\text{-}h$ 图是普遍应用于制冷工程中的蒸气图。为提高精度，工程中常采用 $\lg p\text{-}h$ 图，即以 $\lg p$ 为纵坐标，以 h 为横坐标（图 5-6）。图中绘有下列线簇：

1）定压线簇。定压线是水平线。

2）定焓线簇。定焓线是垂直线。

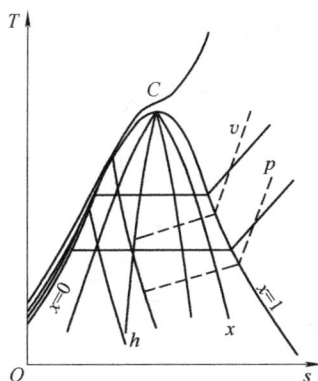

图 5-5　蒸气 T-s 图

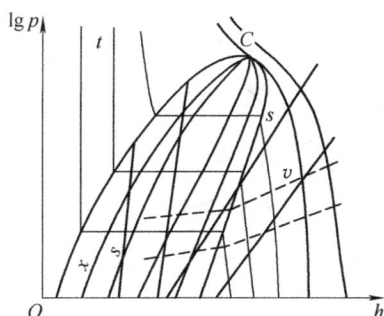

图 5-6　蒸气 $\lg p$-h 图

3）定温线簇。在未饱和液体区是平行于定熔线略向左上方倾斜的直线，近似计算时用相应的定熔线代替；在湿饱和蒸气区内，定温线是水平线；在过热蒸气区内，定温线是一簇向右下方弯曲的倾斜线。

4）定干度线簇。定干度线在湿饱和蒸气区内是一簇自临界点起向下方发散的曲线。

5）定比体积线簇。在湿饱和蒸气区内是向右上方倾斜的曲线；经干饱和蒸气线后，以更大的斜率向右上方倾斜。

6）定熵线簇。定熵线是一簇向右上方倾斜的比定比体积线陡的曲线。

课题四　蒸气的热力过程

【学习目标】

理解蒸气的定压过程、定熵过程，并能用蒸气图进行热力分析。

【相关知识】

对蒸气热力过程的分析计算，其目的与理想气体的基本相同，即确定热力过程中工质状态变化规律及能量转换情况。区别理想气体的状态参数可以通过简单计算得到，而蒸气的状态参数却要利用蒸气图表，但有关热力学第一定律和热力学第二定律的普适方程及熵定义式，同样适用于蒸气。

蒸气热力性质的分析也与理想气体一样，归纳出定压过程、定容过程、定温过程和绝热过程四种基本热力过程。其中定压过程和绝热过程在实际应用中出现比较多。

一、定压过程

实际工程中，定压过程是十分常见的过程，许多设备在正常运行状态下，工质经历的是稳定流动定压过程。例如，锅炉内水定压吸热汽化；制冷循环中蒸发器内工质的定压吸热汽化，以及冷凝器内工质定压冷却冷凝过程等。定压过程曲线与始点、终点状态参数确定如图 5-7 所示。

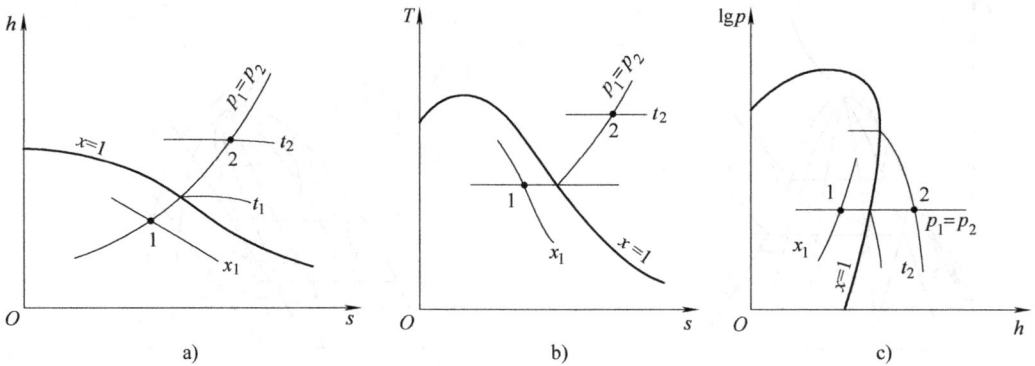

图 5-7 蒸气定压过程

定压过程热力性质分析：由初态已知参数值在蒸气图中确定初态点 1，查得参数 h_1、s_1、v_1、x_1 等。在状态图中作定压线，确定终态点 2，查得终态参数 h_2、s_2、v_2、x_2 等。

定压过程的换热量

$$q = h_2 - h_1 \tag{5-5}$$

轴功

$$w_s = q - \Delta h = 0 \tag{5-6}$$

二、定熵过程

在理想循环中，蒸气可逆压缩或膨胀过程常是可逆绝热过程，即定熵过程。蒸气定熵过程曲线和始态点、终态点状态参数确定如图 5-8 所示。

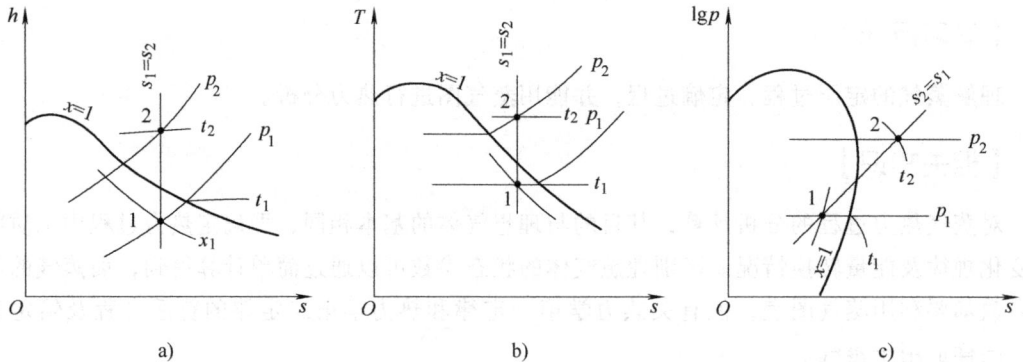

图 5-8 蒸气定熵过程

定熵过程热力性质分析：由初态已知参数值在蒸气图中确定初态点 1，查得参数 h_1、v_1、x_1 等。在状态图中作定熵线，确定终态点 2，查得终态参数 h_2、v_2、x_2 等。

定熵过程的换热量

$$q = 0 \tag{5-7}$$

轴功

$$w_s = q - \Delta h = -\Delta h \tag{5-8}$$

实际工程中，蒸气的绝热压缩或膨胀必存在不可逆耗散损失，所以不可逆绝热过程是一个增熵过程。

思 考 题 与 习 题

1. 液体的汽化有哪两种方式？其间有何区别？

2. 标准压力下，20℃的水为什么状态？为什么？

3. 标准压力下，120℃的水蒸气为什么状态？为什么？

4. 蒸气定压产生过程分为哪三个阶段？工质分别呈现哪五种状态？

5. 利用水蒸气表判定下列各点状态，并确定 h、s、x 的值：

1）$p = 20\text{MPa}$，$t = 300℃$。

2）$p = 9\text{MPa}$，$v = 0.0185\text{m}^3/\text{kg}$。

3）$p = 4\text{MPa}$，$t = 350℃$。

6. 利用水蒸气表，填充下表空白：

p/MPa	$t/℃$	$h/(\text{kJ/kg})$	$t_s/℃$	$x(\%)$	工质状态
0.1	30				
0.2		504.78			
2		2776.5			
1				0.85	
	20	2436.8			

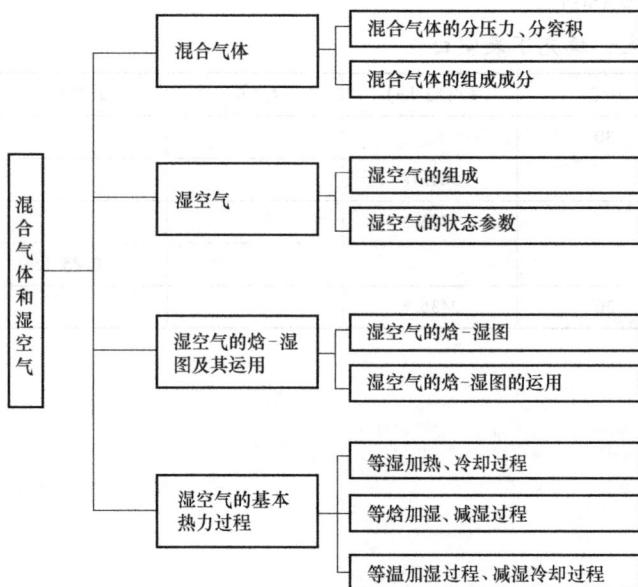

单元六

混合气体和湿空气

【内容构架】

```
混合气体和湿空气 ┬ 混合气体 ┬ 混合气体的分压力、分容积
               │         └ 混合气体的组成成分
               │
               ├ 湿空气 ┬ 湿空气的组成
               │        └ 湿空气的状态参数
               │
               ├ 湿空气的焓-湿图及其运用 ┬ 湿空气的焓-湿图
               │                        └ 湿空气的焓-湿图的运用
               │
               └ 湿空气的基本热力过程 ┬ 等湿加热、冷却过程
                                     ├ 等焓加湿、减湿过程
                                     └ 等温加湿过程、减湿冷却过程
```

【学习引导】

目的与要求

1. 了解混合气体各组成成分的表示方法、计算方法。

2. 掌握湿空气的组成和性质及状态参数。

3. 能画湿空气焓-湿图，利用焓-湿图确定湿空气的状态点及状态参数、湿空气的变化过程及两种空气的混合。

重点与难点

重点： 1. 湿空气的组成。

　　　　2. 焓-湿图及其应用。

难点：1. 湿空气的性质。
　　　2. 焓-湿图及应用。

课题一　混合气体

【学习目标】

1. 掌握混合气体分压力、分容积的概念。
2. 理解混合气体组成成分的表示方法。

【相关知识】

一、混合气体的概念

工程中实际应用的气体往往不是单一成分的，而是由几种不同的气体组成的混合物。我们把两种或两种以上的不发生化学反应的气体组成的混合物称为混合气体。如空气调节中的湿空气主要是由干空气和水蒸气所组成的，是一种混合气体。由于混合气体的各组分都远离液体状态，并且相互间不发生化学反应，因此工程上常将混合气体看成理想气体。混合气体具有理想气体的一切特性。

二、混合气体的分压力

混合气体的各组分均匀分布在整个容器中，而且具有相同的温度，系统所呈现的压力是混合气体的总压力，如图 6-1a 所示。所谓混合气体的分压力，是假定混合气体中各组分气体单独存在，并具有混合气体相同的温度及容积时，给予容器壁的压力，如图 6-1b、c、d 所示。

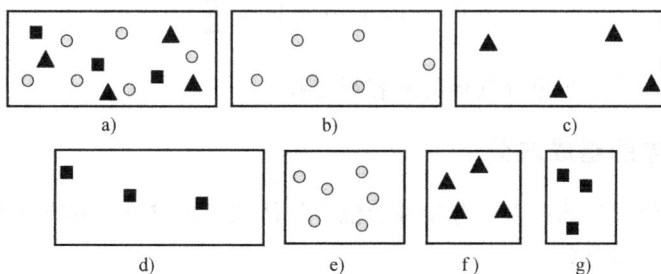

图 6-1　混合气体的分压力与容积

道尔顿定律规定：假设某种混合气体由若干气体组成，组成的气体单独存在，其温度都等于混合气体的温度，其所占容积都等于混合气体的容积，这时作用于容器壁的压力称为各组成气体的压力，混合气体的压力等于各组分分压力之和。

根据道尔顿分压定律可知：混合气体的总压力应等于各组分气体分压力之和，即

$$p = p_1 + p_2 + p_3 + \cdots + p_n = \sum_{i=1}^{n} p_i \tag{6-1}$$

式中　　　　　　　p——混合气体总压力；

p_1、p_2、p_3、…、p_n——各组分气体分压力。

三、混合气体的分容积

一定量混合气体放置于容器内所具有的容积称为混合气体的容积或总容积，如图6-1a所示，所谓混合气体分容积，则是假定混合气体中每一组分单独存在，并保持与混合气体相同的温度和压力时所占有的容积。

根据理想气体性质，由图6-1b、e可列出理想气体状态方程式，即

$$p_1 V = m_1 R_1 T$$
$$p V_1 = m_1 R_1 T$$

即　　　　　　　　　　　　$p_1 V = p V_1$ 　　　　　　　　　　　　　（a）

同理由图6-1c、f列状态方程式，即

$$p_2 V = m_2 R_2 T$$
$$p V_2 = m_2 R_2 T$$

即　　　　　　　　　　　　$p_2 V = p V_2$ 　　　　　　　　　　　　　（b）

同理可得：图6-1d、g式子　　　　$p_3 V = p V_3$ 　　　　　　　　　　　（c）

（a）+（b）+（c）得

$$V_1 + V_2 + V_3 = \frac{p_1}{p}V + \frac{p_2}{p}V + \frac{p_3}{p}V = \frac{p_1 + p_2 + p_3}{p}V$$

根据道尔顿定律，有

$$p = p_1 + p_2 + p_3$$

所以　　　　　　　　　　$V_1 + V_2 + V_3 = V$

若由 n 种气体组成，则有

$$V = V_1 + V_2 + \cdots + V_n = \sum_{i=1}^{n} V_i \qquad (6\text{-}2)$$

即混合气体的总容积等于各组分气体的分容积之和。

四、混合气体的组成成分

混合气体中各组成气体所占的分量称为混合气体的组成成分。其有三种表示方法：质量分数、体积分数和摩尔分数。

1. 质量分数

混合气体中某一组分气体的质量与混合气体总质量之比称为质量分数，用符号 w 表示，即

$$w_1 = \frac{m_1}{m}; \quad w_2 = \frac{m_2}{m}; \quad \cdots; \quad w_n = \frac{m_n}{m}$$

式中　w_1、w_2、…、w_n——各组成气体的质量分数；

m_1、m_2、…、m_n——各组成气体的质量；

m——混合气体的总质量。

由于

$$m = m_1 + m_2 + \cdots + m_n$$

因此

$$\sum_{i=1}^{n} w_i = w_1 + w_2 + \cdots + w_n = \frac{m_1 + m_2 + \cdots + m_n}{m} = 1 \tag{6-3}$$

表明：混合气体中各组分的质量分数之和等于 1。

2. 体积分数

混合气体中各组分分体积与混合气体总体积的比值称为体积分数，用符号 φ 表示，即

$$\varphi_1 = \frac{V_1}{V}; \quad \varphi_2 = \frac{V_2}{V}; \cdots; \quad \varphi_n = \frac{V_n}{V}$$

式中　φ_1、φ_2、$\cdots$、φ_n——各组成气体的体积分数；

$\quad\quad V_1$、V_2、$\cdots$、V_n——各组成气体的体积；

$\quad\quad V$——混合气体的总体积。

由式（6-2）

$$V = \sum_{i=1}^{n} V_i$$

故

$$\sum_{i=1}^{n} \varphi_i = \varphi_1 + \varphi_2 + \cdots + \varphi_n = \frac{V_1 + V_2 + \cdots + V_n}{V} = 1 \tag{6-4}$$

表明：混合气体中各组分的体积分数之和等于 1。

3. 摩尔分数

混合气体中各组分的物质的量与混合气体总物质的量的比值称为摩尔分数，用符号 x 表示，即

$$x_1 = \frac{n_1}{n}; \quad x_2 = \frac{n_2}{n}; \cdots; x_n = \frac{n_n}{n}$$

式中　x_1、x_2、$\cdots x_n$——各组成气体的摩尔分数；

$\quad\quad n_1$、n_2、$\cdots$、n_n——各组成气体物质的量；

$\quad\quad n$——混合气体的物质的量。

显然

$$n_1 + n_2 + \cdots + n_n = \sum_{i=1}^{n} n_i$$

$$\sum_{i=1}^{n} x_i = x_1 + x_2 + \cdots + x_n = \frac{n_1 + n_2 + \cdots + n_n}{n} = 1 \tag{6-5}$$

表明混合气体中各组成气体的摩尔分数之和等于 1。

五、混合气体的平均相对分子质量与气体常数

混合气体是多种气体的混合物，无固定的分子式，没有相对分子质量。但是为了计算方便，把混合气体看作理想的单一组分气体，由此可得出混合气体的相对分子质量和气体

常数。

若气体是由 n 种气体混合而成，则有混合气体平均相对分子质量：

$$M = \frac{R_M}{R} = \frac{8314}{R} \tag{6-6}$$

已知混合气体平均相对分子质量 M，就可求得混合气体的气体常数为

$$R = \frac{R_M}{M} = \frac{R_M}{\sum\limits_{i=1}^{n} \varphi_i M_i} = \frac{8314}{\sum\limits_{i=1}^{n} \varphi_i M_i} \ \mathrm{J/(kg \cdot K)} \tag{6-7}$$

课题二　湿空气

【学习目标】

1. 掌握湿空气的性质。
2. 理解湿空气的焓-湿图。
3. 了解焓-湿图在热力过程中的运用。

【相关知识】

一、湿空气的组成

人们所说的空气，是由数量基本稳定的干空气和数量经常变化的水蒸气组成的混合物。即通常所说的空气为湿空气。在人的生活环境中，空气中水蒸气的含量对人类生活的舒适度会产生很大的影响。

1. 干空气

干空气是由氮、氧及稀有气体（氖、氩、氦）组成的混合物，其组成成分见表 6-1。

表 6-1　干空气的组成成分

气体名称	质量分数	体积分数
氮气（N_2）	0.7555	0.7813
氧气（O_2）	0.2310	0.2090
二氧化碳（CO_2）	0.0005	0.0003
其他稀有气体	0.0130	0.0094

2. 水蒸气

水蒸气在空气中的含量不是固定的，自然界中的空气都含有一些水蒸气，因此，自然界中的空气都是湿空气。绝对的干空气是不存在的。空调工程中所研究的空气都是湿空气。

二、湿空气的状态参数

湿空气是由干空气和水蒸气组成的混合气体。其状态通常可以用压力、温度、湿度等参数来表示，这些参数称为湿空气的状态参数。

热力学中可以将常温常压下干空气视为理想气体。存在于湿空气中的水蒸气一般情况下处于过热状态，其压力低，比体积大，数量少，也可以近似地当作理想气体来对待。因此，湿空气具有理想气体的一切特性。也遵循理想气体的规律，其状态参数之间的关系，可以应用下列理想气体方程式表示，即

$$pV=mRT \qquad 或 \qquad pv=RT \qquad\qquad (6\text{-}8)$$

式中　p——空气的绝对压力（Pa）；

　　　V——空气的总体积（m^3）；

　　　m——空气的总质量（kg）；

　　　T——空气的绝对温度（K）；

　　　v——空气的比体积（m^3/kg）；

　　　R——气体常数 [$J/(kg \cdot K)$]，取决于气体的性质。

对于干空气，$R=287J/(kg \cdot K)$

对于水蒸气，$R=461J/(kg \cdot K)$

1. 压力

（1）大气压力　地球表面的空气层在单位面积上所形成的压力即为大气压力，通常用 p 或 B 来表示。大气压力通常不是定值，它随海拔不同而存在差异。通常以北纬45°处海平面的全年平均气压作为一个标准大气压力，其数值为 101325Pa。海拔越高的地方，大气压力越低。

常用的大气压力单位有三种：工程制单位 kgf/cm^2；国际制单位 Pa 或 MPa；液柱高单位 mmHg 或 mH_2O。

（2）水蒸气分压力　根据道尔顿分压定律，湿空气的总压力 p 应该等于干空气的分压力 p_g 与水蒸气的分压力 p_q 之和，即

$$p=p_g+p_q \qquad\qquad (6\text{-}9)$$

在通风与空调工程中的湿空气的压力 p 就是当地的大气压力。水蒸气的分压力的大小直接反映了湿空气中水蒸气的含量的多少。空气中水蒸气的含量越多，水蒸气的分压力就越大。

当温度一定时，如果湿空气中水蒸气含量不断增大，达到一定程度时，水蒸气就会从湿空气中凝结成水而析出，可见，水蒸气在空气中是有一定的饱和度的。在一定的温度条件下，湿空气中水蒸气含量达到最大限度时，湿空气处于饱和状态，也称为饱和空气，此时相应的水蒸气分压力称为饱和水蒸气分压力，用 $p_{q,b}$ 表示。在大气压力不变时，$p_{q,b}$ 只由温度决定，温度越高，$p_{q,b}$ 值越大。

2. 温度

温度是描述空气冷热程度的物理量。由于混合气体具有相同的温度，所以湿空气的温度与组成它的干空气的温度和水蒸气的温度三者均相同，即

$$T=T_a=T_v$$

3. 湿度

（1）绝对湿度　即每立方米空气中含有水蒸气的质量，也就是湿空气中水蒸汽的密度。用符号 ρ_q 表示，单位为 kg/m^3。即

$$\rho_q = \frac{m}{V} = \frac{p_q}{R_q T} \tag{6-10}$$

如果在某一温度下，水蒸气的含量达到了最大值，此时的绝对湿度，为饱和空气的绝对湿度，用 ρ_b 表示。空气的绝对湿度只能表示在某一温度下每立方米空气中水蒸气的实际含量，不能准确地说明空气的干湿程度。

（2）相对湿度　相对湿度就是空气的绝对湿度 ρ_q 与同温度下饱和空气的绝对湿度 ρ_b 的比值，用符号 ϕ 表示。相对湿度一般用百分比表示，即

$$\phi = \frac{\rho_q}{\rho_b} \times 100\% = \frac{p_q}{p_{q,b}} \times 100\% \tag{6-11}$$

相对湿度也称为饱和度，反映了湿空气中水蒸气含量接近饱和的程度。ϕ 值越小，表明吸收水蒸气的能力越强，空气越干燥；反之，ϕ 值越大，表明空气越潮湿，吸收水蒸气的能力越弱。相对湿度 ϕ 的取值范围在 $0 \sim 100\%$ 之间。如果 $\phi = 0$，表示空气中不含有水蒸气，是干空气；如果 $\phi = 100\%$，表示空气中水蒸气含量达到最大值，成为饱和空气。因此，只要知道 ϕ 值的大小，即可知道空气的干湿程度。

4. 含湿量

湿空气的含湿量是指湿空气中含有水蒸气的质量 m_q 与干空气的质量 m_g 的比值，也可以看作是 1kg 干空气所对应的水蒸气的质量，用符号 d 表示，单位是 g/kg 干空气（或 kg/kg 干空气），即

$$d = 1000 \times \frac{m_q}{m_g} \quad \text{g/kg 干空气} \tag{6-12}$$

利用干空气和水蒸气的理想气体状态方程：

$$p_g V = m_g R_g T$$

$$p_q V = m_q R_q T$$

可得

$$d_q = 622 \times \frac{p_q}{B - p_q} = 622 \times \frac{\phi p_{q,b}}{B - p_q} \quad \text{g/kg 干空气} \tag{6-13}$$

5. 湿空气的密度和比体积

由于湿空气是干空气与水蒸气的混合气体，两者均匀混合并占有相同的体积。因此，湿空气的密度等于干空气的密度和水蒸气的密度之和。

$$\rho = \rho_g + \rho_q \tag{6-14}$$

空气的比体积是指单位质量空气所占容积，用符号 v 表示，单位是 m^3/kg，从数量的角度来说比体积和密度两者互为倒数。

6. 湿空气的焓

湿空气的焓是指 1kg 干空气和它所对应的水蒸气的焓总和。用 h 来表示，单位为 kJ/kg。计算公式为

$$h = 1.01t + 0.001d(2500 + 1.84t) \tag{6-15}$$

可见湿空气的焓值随着温度和含湿量的增大而增大，反之亦然。

在空调工程中，焓很有用处，可以根据一定量空气在处理过程中空气的焓的变化，来判断空气是得到热量还是失去热量。空气的焓增加表示空气得到热量；反之，为失去热量。利

用这一原理，可以根据熵的变化值来计算空气在处理前后得到或失去热量的多少。

在空气处理过程中，需要考虑的是空气熵值的变化量而不是空气在某一状态下的熵值。所以，一般规定 0℃时 1kg 干空气的熵值为 0。

7. 露点温度

当含湿量保持不变时，湿空气达到饱和状态时的温度称为露点温度，用符号 t_L 来表示。它与 p_q 或 d 有关。当大气压力不变时，空气的露点温度只取决于空气的含湿量。

由此可知，当 d 不变时，湿空气降到 t_L 后达到饱和状态（$\phi = 100\%$），若继续对空气进行冷却，则湿空气会有水蒸气凝结成水析出，这种现象称为结露。所以 t_L 是判断空气是否结露的参数。在制冷空调工程中，常利用这个原理来达到除湿的效果。

课题三　湿空气的含湿图及其运用

在实际工程中使用湿空气时，经常需要知道湿空气的某些状态参数，以及湿空气在设备中的变化过程，使用公式来计算和分析比较复杂。为了方便，常将湿空气的有关参数绘制成图表，称为熵-湿图。利用熵-湿图分析问题比较方便，也较为直观。参见附图 B-1 湿空气熵-湿图。

空气的主要状态参数有温度（t）、含湿量（d）、相对湿度（ϕ）、熵（h）、水蒸气分压力（p_q）及密度（ρ）。其中温度（t）、含湿量（d）和大气压力（B）为基本参数，它们决定了空气的状态。

一、坐标选择

一般平面图形只能有两个独立的坐标，但是湿空气的状态取决于 t、d、B 三个基本状态参数。为了在平面图形上能确定空气状态，必须假设已知一基本状态。我们选定大气压力 B 为已知，这样，只剩下 t、d 两个参数，就可以进行图形的绘制了。因熵 h 与温度 t 有关，为了图形使用方便，用 h 代替 t，选定以 h、d 为坐标轴构成熵-湿图。

图的横坐标为含湿量 d，纵坐标为熵 h。为了使图面开阔，又规定两坐标轴之间夹角大于或等于 135°。在确定坐标比例尺以后，就可以在图上绘出一系列与纵坐标平行的等湿线和与横坐标平行的等熵线。为了避免图面过长，常取一水平线代替实际的 d，如图 6-2 所示。

二、等温度线 t

等温度线是根据公式 $h = 1.01t + (2500 + 1.84t)d$ 绘制而成的。当 t 是定值时，h 和 d 为直线关系，因而等温线为直线。

如图 6-3 所示，先绘制 $t = 0℃$ 的等温线：取 $t = 0℃$，$d = 0$，则 $h = 0$，这点正是坐标原点。再取 $t = 0℃$，$d = d_1$，则 $h = 2500d_1$。由等湿线 d_1 与 $h = 0$ 的交点 D，向上取 $h = 2500d_1$，得到点 A，再连接 A、D，即为 $t = 0$ 的等温线。同法可作 $t = t_1$ 的等温线：由 $d = 0$，$h = 1.01t_1$，可确定 B 点，当 $d = d_1$ 时，则 $h_C = 1.01t_1 + (2500 + 1.84t_1)d_1$，可求得 C 点，连接 B、C 即为 $t = t_1$ 的等温线，同理可画出其他等温线。

等温线不是互相平行的，随温度上升，等温线越来越倾斜，即每一条等温线的斜率都不

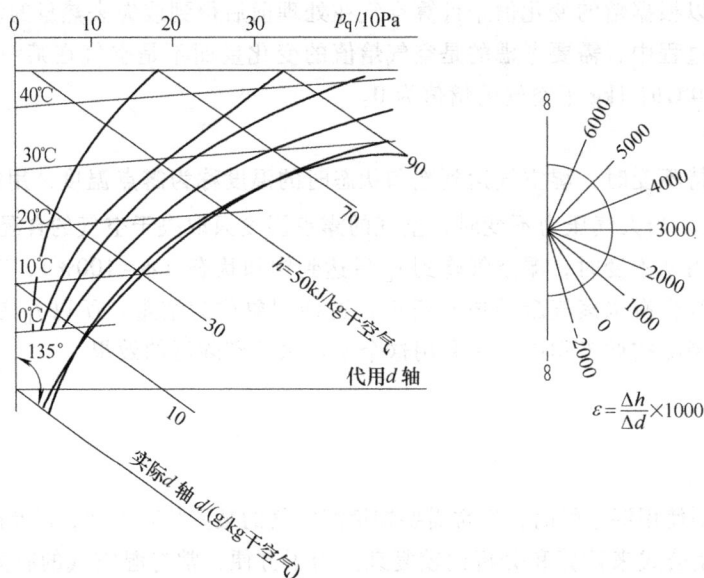

图 6-2　空气的焓-湿图

相同。实际绘图中，可近似地将其看成一组平行线。

三、含湿量 d 与水蒸气分压力线 p_q 的绘制

先作若干垂直线，相邻两条垂直线的距离约为 A，令 $A=0.001\text{kg/kg}$ 干空气。这些垂直线被称为等 d 线，如图 6-4 所示。根据公式 $d=622\dfrac{p_q}{B-p_q}$，可换成 $p_q=\dfrac{Bd}{622+d}$。当大气压力为定值时，p_c 和 d 互为函数，近似可看成直线关系。

取 $d=d_1$、d_2、d_3、d_4、$\cdots$、d_n，可求出 p_{q1}、p_{q2}、p_{q3}、p_{q4}、$\cdots$、p_{qn}。根据 d_1 及 p_{q1}、d_2 及 p_{q2}、d_3 及 p_{q3} $\cdots$ 在 h-d 图右下方求出 1、2、3$\cdots$各点，连接 1、2、3$\cdots$各点，即为某大气压力下水蒸气分压力线，如图 6-5 所示。

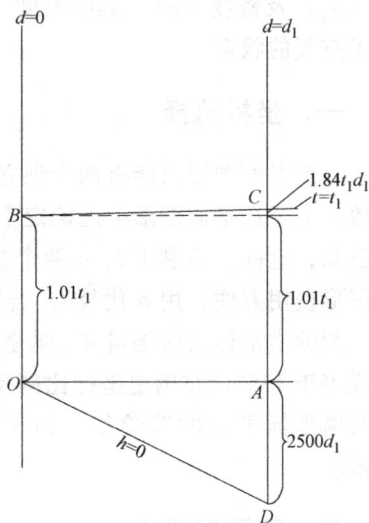

图 6-3　等温线的绘制

四、等相对湿度线 φ 的绘制

绘制等湿度线 φ 是根据公式 $d=622\dfrac{p_q}{B-p_q}$ 进行的。从式中可以看出，在一定大气压力下，当 $\phi=50\%$ 一定时，d 与 $p_{q,b}$ 有一系列对应值，而 $p_{q,b}$ 又与 t 有关，则 t 值就和 d 值对应。求出 t 及 d 后在 h-d 图上可求出其交点。以此类推，将所有的交点连成一条平滑的曲线，即得等相对湿度线，如图 6-6 所示。

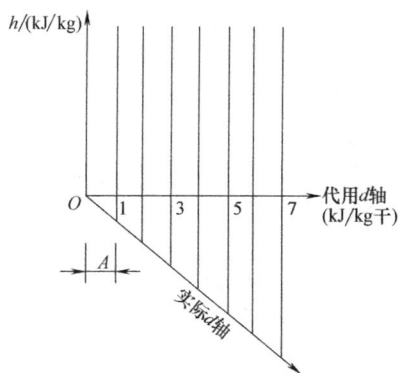

图 6-4　等 d 线的绘制

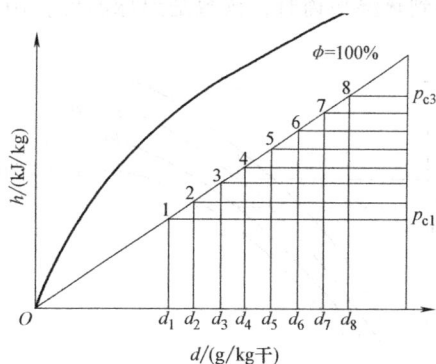

图 6-5　水蒸气分压线的绘制

将上述绘制的等 d 线、等 h 线、等 t 线、等 ϕ 线及水蒸气分压力线画在一个图面上就成了湿空气的焓-湿图，如图 6-7 所示。

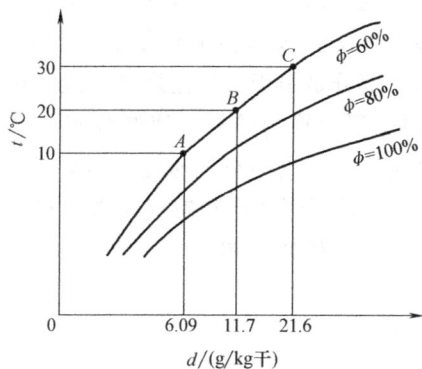

图 6-6　等 ϕ 线的绘制

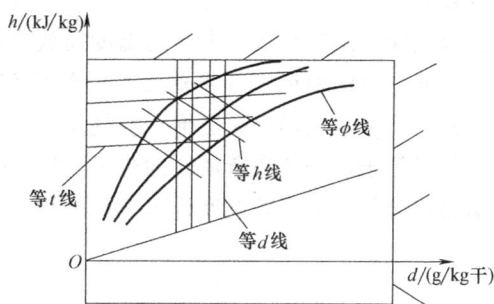

图 6-7　湿空气 h-d 图

五、焓湿图的运用

1. 湿空气状态参数的确定

从图 6-8 中看到，将空气温度降温冷却到饱和线上（这是一个极限点）以后，如果降温冷却，由于空气的相对湿度不能大于 100%，这时空气的水蒸气将会有一部分凝结成水，可见 L 点的温度就是该空气的露点温度。图 6-8 表明，含湿量不变，露点温度也不变。

例 6-1　求状态为 $\phi = 60\%$，$t = 26℃$ 的空气的露点温度（大气压力 $B = 101325Pa$）。

解　大气压力为 101325Pa 的焓-湿图如图 6-9 所示。

温度 $t = 26℃$ 与相对湿度 $\phi = 60\%$ 相交于 A 点，从点 A 作等含湿量线 d 与饱和线 $\phi = 100\%$ 相交 l 点，查得 l 点的温度为 $t_L = 17.8℃$，t_L 即露点温度。

由此例可知，只要能够在焓-湿图上确定某一空气状态点，就可以查得该空气的其他状态参数。

2. 干球温度与湿球温度

图 6-10 所示为两只水银温度计组成的干湿球温度计。一支不包纱布的温度计是干球温度计，读数就是湿空气的温度 t。另一支温度计用纱布包起来，置于通风良好的湿空气中，

当达到热湿平衡时，读数是湿球温度，用 t_w 来表示。

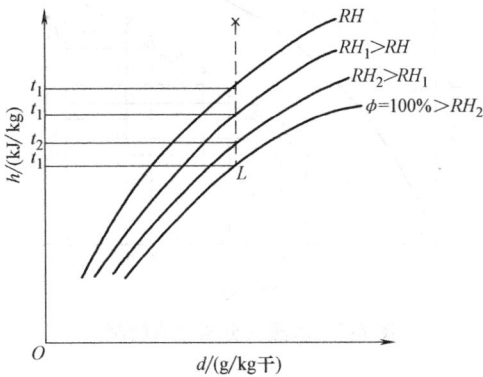

图 6-8　降温冷却 h-d 图

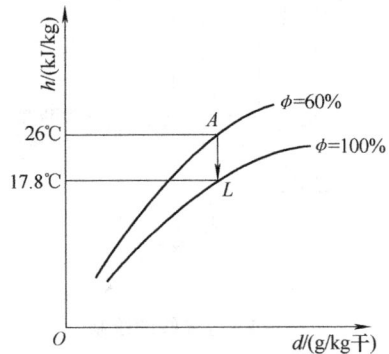

图 6-9　例 6-1 的 h-d 图

当干湿球温度计的湿纱布中的水分未蒸发时，两温度计的读数是相等的。若干湿球温度计放置在未饱和空气中，湿球纱布中的水分就会蒸发。水分蒸发所需的热量来自于两部分：一部分是降低湿纱布水分本身的温度而放出热量；另一部分是由于空气温度高于湿纱布表面温度，通过对流换热空气将热量传递给湿球。这种热、湿交换的结果，使湿纱布上水分蒸发，紧贴湿球附近形成一层饱和空气层。当达到湿球温度时，周围空气通过饱和空气层传给水的热量等于水分蒸发所消耗的热量，此时可近似看作湿球周围的饱和空气与未饱和空气的焓值是相等的。故湿球温度线可近似地用过 2 点的等焓线来代替（图 6-11）。

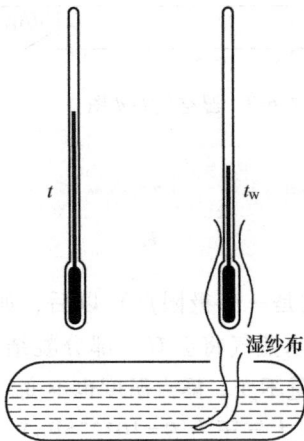

图 6-10　干湿球温度计

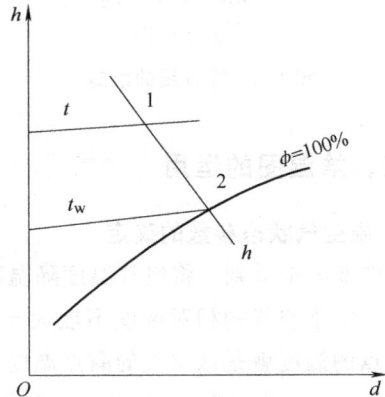

图 6-11　干湿球温度焓-湿图

同时，干湿球温度计上的干湿球温差表示了湿空气接近饱和空气的程度，即差值越小，湿空气的 ϕ 值越大；差值越大，湿空气的 ϕ 值越小；当两者相等时，湿空气达到饱和状态，所以，已知湿空气的干球温度和湿球温度，也可确定湿空气的状态和状态参数。

例 6-2　已知大气压力为 101325Pa，湿空气温度 $t=25℃$，相对湿度 $\phi=60\%$，求湿球温度 t_w。

解　由 $t=25℃$，$\phi=60\%$ 在 h-d 图上确定点 1（参照图 6-11），过 1 点作等焓线与 $\phi=$

100%线相交于点 2 ，查得湿球温度

$$t_w = 19.6℃$$

六、大气压力对焓-湿图的影响

焓-湿图是以标准大气压力 $B_0 = 101325Pa$ 作出的，若某地区的海拔与海平面有较大差别时，使用此图会产生误差。因此，不同地区应使用符合本地区大气压力的焓-湿图。

课题四 湿空气的热力过程

【学习目标】

1. 理解热湿比线。
2. 掌握湿空气的基本热力过程。

【相关知识】

一、热湿比线

为了说明空气的热湿状态变化过程，在焓-湿图的周边或右下角还会给出热湿比线（或称角系数）ε 线。

假设焓-湿图上有 A、B 两状态点，如图 6-12 所示，若被处理的空气由状态 A 变为状态 B，整个过程中，可视为空气的热、湿变化是同时、均匀发生的，那么，由 A 到 B 的直线即代表了空气状态的变化过程线。为了说明空气状态变化的方向和特征，常用湿空气状态变化前后的焓差比含湿量差来表示，称为热湿比 ε，即

$$\varepsilon = \frac{h_B - h_A}{d_B - d_A} = \frac{\Delta h}{\Delta d} \tag{6-16}$$

总空气量 G 所得到（或失去）的热量 Q 和湿量 W 的比值，与相应 1kg 空气的 ε 完全一致，因此又可写成

$$\varepsilon = \frac{\Delta h}{\Delta d} = \frac{G\Delta h}{G\Delta d} = \frac{Q}{W} \tag{6-17}$$

以上两式中 Δd 和 W 均以 kg 作为单位。

由上述可知，ε 就是直线 AB 的斜率，反映了过程线的倾斜角度，又称"角系数"。斜率与起始位置无关，因此，起始状态不同的空气只要斜率相同，其变化过程必定互相平行。由这一特征，就可在焓-湿图上以任意点为中心作出一系列不同值的 ε 线，如图 6-13 所示。实际应用时，只需把等值的 ε 线平移到空气状态点，就可绘出该空气状态的变化过程线。

二、湿空气的基本热力过程

1. 等湿加热、冷却过程

利用表面式加热器、电加热器等设备处理空气时，空气通过加热器时获得了热量，温度升高，但含湿量并没有变化。因此状态变化是等湿增焓升温过程，在图 6-14 中过程线为

$A \to B$。等湿加热过程中，$d_A = d_B$，$h_B > h_A$，故其热湿比 ε 为

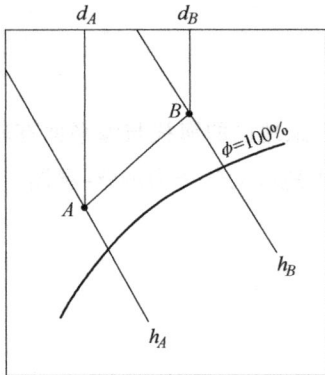

图 6-12 空气状态变化在焓-湿图上的表示

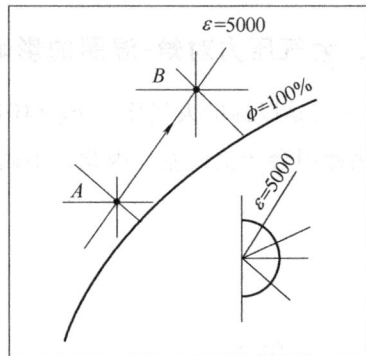

图 6-13 用 ε 线确定空气终状态

$$\varepsilon = \frac{\Delta h}{\Delta d} = \frac{h_B - h_A}{d_B - d_A} = \frac{h_B - h_A}{0} = +\infty$$

与上述过程相反，利用表面式冷却器处理空气，其表面温度比空气露点温度高，则空气将在含湿量不变的情况下被冷却，焓值减少。因此空气状态为等湿、减焓、降温，如图 6-14 中 $A \to C$ 所示。由于 $d_A = d_B$，$h_C < h_A$，故其热湿比 ε 为

$$\varepsilon = \frac{\Delta h}{\Delta d} = \frac{h_C - h_A}{0} = -\infty$$

2. 等焓加湿、减湿过程

利用喷水室处理空气时，水吸收空气的热量而蒸发为水蒸气，空气失掉显热热量，温度降低，水蒸气到空气中使含湿量增加，潜热也增加。由于空气失掉显热，得到潜热，因此空气的焓值基本不变，所以称此过程为等焓加湿过程。此时，水的温度将稳定在空气的湿球温度上，如图 6-14 中 $A \to E$ 所示。由于状态变化前后空气焓值相等，因此 ε 为

$$\varepsilon = \frac{\Delta h}{\Delta d} = \frac{h_E - h_A}{d_E - d_A} = \frac{0}{d_E - d_A} = 0$$

以固体吸湿剂（如硅胶）处理空气时，水蒸气被吸附，空气的含湿量降低，空气失掉潜热，而得到水蒸气凝结时放出的汽化热使其温度升高，但是焓值基本没变，空气近似按照等焓减湿升温过程变化。如图 6-14 中 $A \to D$ 所示，ε 为

$$\varepsilon = \frac{\Delta h}{\Delta d} = \frac{h_D - h_A}{d_D - d_A} = \frac{0}{d_D - d_A} = 0$$

3. 等温加湿过程

向空气中喷蒸气可以实现湿空气的等温加湿过程，如图 6-14 中 $A \to F$ 所示。空气中的水蒸气量增加后，其焓值和含湿量都增加，焓的增加值（kJ/kg 干空气）为加入蒸气的全热量，即

$$\Delta h = \Delta d \cdot h_q$$

式中　Δd——每千克干空气增加的含湿量（kg/kg 干空气）；

h_q——水蒸气的焓，其值由 $h_q = 2500 + 1.84 t_q$ 计算。

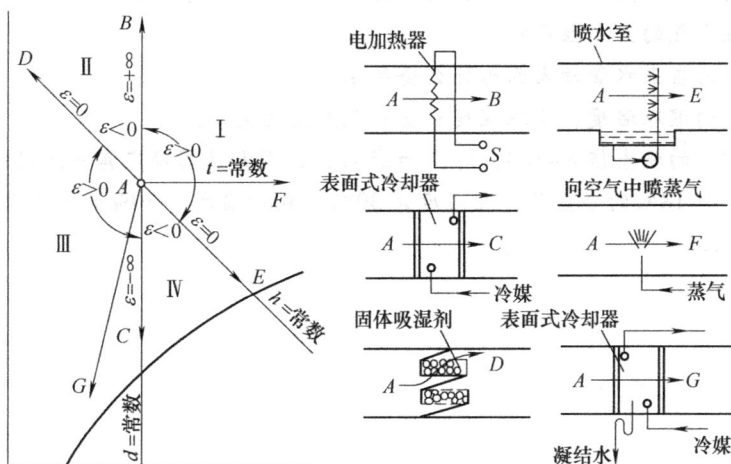

图 6-14　几种典型的湿空气状态变化过程

此过程的 ε 为

$$\varepsilon = \frac{\Delta h}{\Delta d} = \frac{\Delta d \cdot h_q}{\Delta d} = h_q = 2500 + 1.84 t_q$$

4. 减湿冷却过程

利用表面式冷却器处理空气，当表冷器的表面温度低于空气的露点温度时，空气中的水蒸气将凝结为水，从而使得空气减湿，变化过程为减湿冷却，如图 6-14 中 $A \rightarrow G$ 所示，空气的焓值及含湿量都减少，故此过程的 ε 为

$$\varepsilon = \frac{\Delta h}{\Delta d} = \frac{h_G - h_A}{d_G - d_A} = \frac{-\Delta h}{-\Delta d} > 0$$

综合以上几种典型的空气状态变化过程，从图 6-14 中可以看出代表四种过程的 $\varepsilon = \pm \infty$ 和 $\varepsilon = 0$ 的两条线将焓-湿图平面分成了四个象限，每个象限内的空气状态变化过程都有各自的特征，详见表 6-2。

表 6-2　四象限空气状态变化过程的特征

象限	热湿比线 ε	状态变化的特征
Ⅰ	$\varepsilon > 0$	增焓加湿升温（或等温、降温）
Ⅱ	$\varepsilon < 0$	增焓减湿升温
Ⅲ	$\varepsilon > 0$	减焓减湿降温（或等温、升温）
Ⅳ	$\varepsilon < 0$	减焓加湿降温

思考题与习题

1. 什么是混合气体的分压力与分容积？它们与混合气体总压力及总容积间存在何种关系？

2. 湿空气的主要参数有哪些？列出它们的名称、表示符号及单位。

3. 什么是湿空气的露点温度？

4. 夏季室内的自来水管外表面为什么会结露？

5. 比较空气的湿球温度、干球温度和露点温度值的大小。

6. 已知湿空气的状态值 $h=60\text{kJ/kg}$，$t=25℃$，试用 $h\text{-}d$ 图确定其露点温度和湿球温度。

7. 表面温度为 18℃ 的冷壁面，在温度为 30℃，相对湿度为 30% 的湿空气中会不会出现结露现象？为什么？

第二篇　流体力学、传热学基础

单元七

流体及其主要物理性质

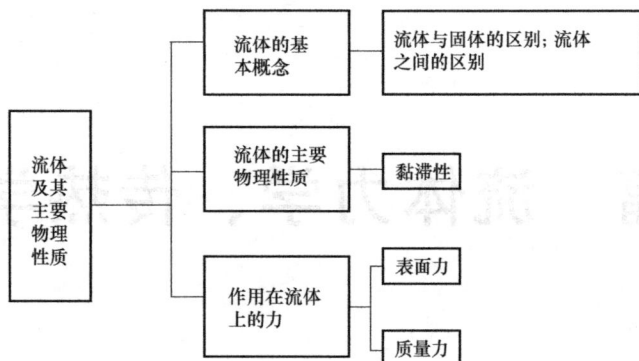

【学习引导】

目的与要求

1. 掌握流体的基本概念和主要物理性质。

2. 会分析作用在流体上的力。

重点与难点

重点：1. 流体的主要物理性质。

2. 作用在流体上的力。

难点：黏滞性的概念，黏滞力的影响因素。

课题一　流体的基本概念及主要物理性质

【学习目标】

1. 掌握流体的概念。

2. 掌握流体的主要物理性质。

【相关知识】

一、流体的概念

液体和气体统称为流体。在物理性质方面流体与固体之间存在很大差异。主要表现在：固体具有一定的抗压、抗拉、抗切能力；而流体只具有较强的抗压能力，它的抗拉、抗切能力极小，只要流体受到微小的拉力和切力作用，就会发生连续不断地变形，使各质点间产生不断的相对运动。流体的这种性质称为流动性。这是它便于用管道输送，适宜在制冷和空调系统中作为工质的主要原因之一。

上述为流体的共同特征，此外液体和气体还具有一些不同特征：液体没有固定形状，有固定体积，能形成自由表面，难以压缩；气体既没有固定形状，也没有固定体积，不能形成自由表面，易于压缩。

从微观上理解，流体都由大量分子组成，分子间有一定的间隙，即流体实质上是不连续的。如果从每一个分子的运动出发，进而研究整个流体平衡与运动的规律，将十分复杂。为简化分析问题，在流体力学中引入了"连续介质"这一力学模型，即将流体看成是一种假想的由无限多个流体质点组成的稠密而无间隙的连续介质，这在应用上既方便，又有足够的精确度。

二、流体的主要物理性质

1. 黏滞性

当流体内各部分之间有相对运动时，接触面之间存在内摩擦力，阻碍流体的相对运动，这种性质称为流体的黏滞性或黏性，流体的内摩擦力称为黏滞力。

1686 年，牛顿在大量实验的基础上，提出了牛顿内摩擦定律：当流体做层状流动时，内摩擦力的大小与两流层间的速度差 dv 成正比，与距离 dy 成反比；与流层间的接触面积 A 成正比；与流体的种类有关；与流体的压力大小无关。内摩擦力的数学表达式为

$$F = \mu A \frac{dv}{dy} \tag{7-1}$$

单位面积上的内摩擦力为

$$\tau = \frac{F}{A} = \mu \frac{dv}{dy} \tag{7-2}$$

式中　F——流体的内摩擦力（N）；

　　　τ——单位面积上的内摩擦力，又称切应力（N/m²）；

　　　$\dfrac{dv}{dy}$——速度梯度 [m/(s·m) 或 s⁻¹]；

　　　A——流层间的接触面积（m²）；

　　　μ——动力黏滞系数或动力黏度（N·s/m²）。

在流体力学中，经常出现运动黏滞系数或运动黏度 ν，单位是 m²/s 或 cm²/s。它是动力黏滞系数 μ 与流体密度 ρ 的比值，即

$$\nu = \frac{\mu}{\rho} \tag{7-3}$$

表 7-1 列举了不同温度时水的黏滞系数。

表 7-2 列举了一个大气压下不同温度时空气的黏滞系数。

由表 7-1 及表 7-2 可以看出，水和空气的黏滞系数随温度变化规律不同。液体的黏滞性随温度升高而减小，气体的黏滞性随温度升高而增大。

表 7-1 水的黏滞系数

$t/℃$	$\mu/$ $(10^3 N \cdot s/m^2)$	$\nu/$ $(10^6 m^2/s)$	$t/℃$	$\mu/$ $(10^3 N \cdot s/m^2)$	$\nu/$ $(10^6 m^2/s)$
0	1.792	1.792			
10	1.308	1.308	60	0.469	0.477
20	1.005	1.007	70	0.406	0.415
30	0.801	0.804	80	0.357	0.367
40	0.656	0.661	90	0.317	0.328
50	0.549	0.556	100	0.284	0.296

表 7-2 一个大气压下不同温度时空气的黏滞系数

$t/℃$	$\mu/$ $(10^3 N \cdot s/m^2)$	$\nu/$ $(10^6 m^2/s)$	$t/℃$	$\mu/$ $(10^3 N \cdot s/m^2)$	$\nu/$ $(10^6 m^2/s)$
0	0.0172	13.7			
10	0.0178	14.7	60	0.0201	19.6
20	0.0182	15.7	70	0.0204	20.5
30	0.0187	16.6	80	0.0210	21.7
40	0.0192	17.6	90	0.0216	22.9
50	0.0196	18.6	100	0.0218	23.8

实际流体由于黏滞性的存在，使分析变得极为困难。为了简化分析，流体力学中引入了理想流体这一力学模型。所谓理想流体，是一种假想的无黏性流体。在流体力学研究中，当流体的黏性不起作用或不起主要作用时，可将其视为理想流体；当流体的黏性不能忽略时，可先按理想流体进行分析，得出主要结论，然后再考虑黏性的影响，对分析结果加以修正。

2. 压缩性和膨胀性

流体的压缩性是指在一定温度下，流体体积随压强增大而减小的性质；而膨胀性是指在一定压强下，流体体积随温度升高而增大的性质。

大量实验表明，液体的压缩性和膨胀性都非常小，因此，在大多数实际工程计算中认为液体是不可压缩流体。只在某些特殊情况下（如水击、热水采暖等），才需考虑液体的压缩性和膨胀性。气体则具有显著的压缩性和膨胀性，其温度和压强的变化对体积影响很大。

3. 表面张力

在液体的自由表面中，每个分子都受到垂直指向液面的不平衡力。在这种力的作用下，液体表面中的分子有尽量挤入液体内部的趋势，从而使液面尽可能地收缩成最小面积。使液体表面有收缩倾向的力称为液体的表面张力。气体不能形成自由表面，所以不存在表面张力。

课题二　作用在流体上的力

【学习目标】

了解作用在流体上的表面力和质量力。

【相关知识】

作用在流体上的力分为表面力和质量力两种。

表面力是指作用在流体表面上的力，与作用面积大小成正比，包括与表面相垂直的压力和与表面相切的切向力（摩擦力）。对于静止流体，表面上不存在切向力，只受压力作用。

质量力是作用在流体内部每一个质点上的力，与流体质量成正比，包括重力和惯性力。静止流体所受的质量力只有重力。

思考题与习题

1. 什么是流体？流体与固体有何区别？

2. 什么是黏滞性？它对液体运动起什么作用？

3. 作用在流体上的力有哪几种？

单元八

流体静力学

【内容构架】

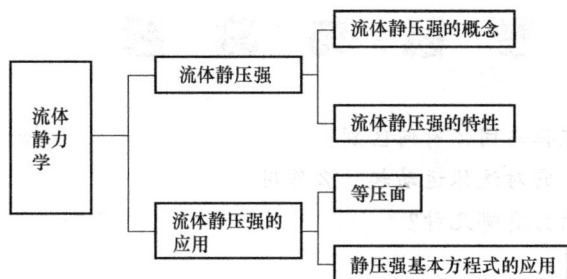

【学习引导】

目的与要求

掌握流体静压强的概念、特性及计算方法，会分析、计算实际工程中流体静压强的大小。

重点与难点

重点： 1. 流体静压强的概念及特性。

　　　　2. 流体静压强的计算。

难点： 流体静压强的概念。

课题一　　流体静压强及其特性

【学习目标】

1. 掌握流体静压强的概念及特性。

2. 掌握流体静压强基本方程式。

【相关知识】

一、流体静压强的概念及其特性

流体质点之间、流体与容器壁之间都有相互作用力。将静止流体单位面积上的作用力称为流体静压强，单位是帕（Pa）。

流体静压强有两个重要特性：

其一，流体静压强的方向必然垂直于作用面，并指向作用面。

其二，静止流体内任一点各方向的静压强均相等。

二、流体静压强基本方程式

如图 8-1 所示，设在静止液体中取一铅直放置的微小圆柱体，横截面面积为 A，高度为 h，上表面与自由表面重合，压强为 p_0，下底面静压强为 p。

现以圆柱体为研究对象，分析它沿 y 轴方向的受力平衡情况。圆柱体受到的表面力有：①上表面压力 p_0A，方向垂直向下；②下底面总静压力 pA，方向垂直向上。圆柱体受到的质量力只有重力 $G = \gamma hA$，方向垂直向下。

根据力的平衡条件 $\sum F_y = 0$，则得　$pA - p_0A - \gamma hA = 0$，整理得

$$p = p_0 + \gamma h \tag{8-1}$$

式中　p——静止流体内某点的压强（N/m^2）；

p_0——液面压强（N/m^2）；

γ——液体重度（N/m^3）；

h——某点在液面下的深度（m）。

式（8-1）就是流体静压强基本方程式，又称液体静力学基本方程式。它表明：

1）在静止液体中，静压强的分布规律随深度按直线规律变化。

2）在同种、静止、连续的液体中，位于同一深度各点的静压强值均相等。

3）流体静力学基本方程式只适用于不可压缩的流体，即流体密度为常数的情况。

流体静压强基本方程式还有另外一种表示形式。图 8-2 所示为一静止水箱，水箱下任选基准面 0-0，水面压强为 p_0，水中任选的 1、2 两点，压强分别为 p_1 和 p_2，距离基准面的高度分别为 Z_0、Z_1 和 Z_2，由式（8-1）可得

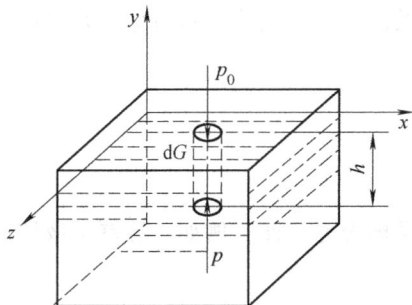

图 8-1　静止液体中微小圆柱体平衡

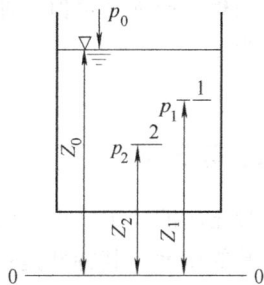

图 8-2　静止水箱

$$p_1 = p_0 + \gamma(Z_0 - Z_1)$$
$$p_2 = p_0 + \gamma(Z_0 - Z_2)$$

两式同除以重度 γ，联立整理得 $\quad Z_1 + \dfrac{p_1}{\gamma} = Z_2 + \dfrac{p_2}{\gamma} = Z_0 + \dfrac{p_0}{\gamma}$

上述关系式可推广到整个液体，得出具有普遍意义的规律，即

$$Z + \frac{p}{\gamma} = C（常数） \tag{8-2}$$

式中　Z——单位重量流体的势能；

$\dfrac{p}{\gamma}$——单位重量流体的压强能。

两项之和为常数，表明在不同位置处单位重量流体所具有的能量总和是相等的。

课题二　流体静压强的应用

【学习目标】

1. 掌握绝对压强和相对压强，掌握绝对压强、大气压、相对压强三者之间的公式。
2. 掌握等压面及其特性，能用等压面分析实际问题。

【相关知识】

一、绝对压强和相对压强

流体静力学中，压强的表述有两种方法，即绝对压强和相对压强。

绝对压强就是以完全没有任何气体存在的绝对真空下为零点的压强表示方法，用"p"表示。绝对压强表示的是气体的真实压强。

地球表面是大气层，大气层具有一定的压强，简称大气压，用"p_a"表示。以大气压 p_a 为零点的压强表示方法称为相对压强，通常使用的测量压强仪器测出的压强值是相对压强的数值，即所处位置的压强与当地大气压的差值，也称为表压强，用"p_x"表示。

绝对压强、大气压、相对压强三者之间的关系为

$$p = p_a + p_x \tag{8-3}$$

如果相对压强为负值，即相对压强低于大气压强，这个负值的绝对值称为真空度。则上式表示为

$$p = p_a - p_x \tag{8-4}$$

二、等压面

在静止的液体中，由压强相等的各点所组成的面称为等压面。例如，容器中液体的自由表面就是等压面。其特性是：

1）等压面与质量力相互垂直。

2）等压面不能相交。

3）两种互不掺混的液体，其交界面必为等压面。

等压面对解决许多流体平衡问题很有用处，正确地选择等压面可以简化计算。选择等压面必须满足三个条件，即液体必须是仅受重力作用的静止、同种、连续流体。

三、静压强基本方程式的应用

1. 连通器

所谓连通器就是指互相连通的两个或两个以上容器的组合体。按液体重度和液面压强的不同分三种情况来讨论连通器内液体的平衡。

（1）第一种情况　液体重度 γ 相同，且液面压强相等为 p_0，如图 8-3a 所示。

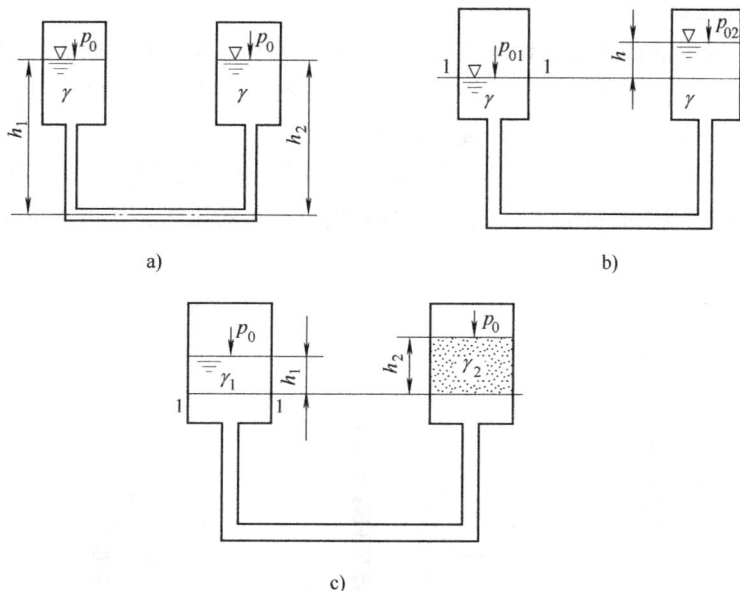

图 8-3　连通器

a）装有同种液体且液面压强相等　b）装有同种液体但液面压强不等

c）液体重度不同但液面压强相等

根据静压强基本方程式可得

$$p_0 + \gamma h_1 = p_0 + \gamma h_2$$

整理得
$$h_1 = h_2$$

这种情况表明，若连通器装有同种液体且液面压强相等，那么其液面高度相等。这是工程上广泛应用的液位计的基本原理。

（2）第二种情况　液体重度 γ 相同，但液面压强不等，分别为 p_{01}、p_{02}，且 $p_{01} > p_{02}$，如图 8-3b 所示。取等压面 1-1，可得

$$p_{01} = p_{02} + \gamma h$$

整理得
$$p_{01} - p_{02} = \gamma h$$

这种情况表明，若连通器装有同种液体但液面压强不等，那么液面上的压强差等于液体重度与两液面高度差的乘积。这是工程上各种液柱式测压计的基本原理。

（3）第三种情况　液体重度不同，分别为 γ_1、γ_2，且互不掺混，但液面压强 p_0 相等，

如图 8-3c 所示。

通过容器互不掺混的液体分界面取等压面 1-1，可得

$$p_0+\gamma_1 h_1 = p_0+\gamma_2 h_2$$

整理得

$$\gamma_1 h_1 = \gamma_2 h_2 \tag{8-5}$$

或

$$\frac{\gamma_1}{\gamma_2} = \frac{h_2}{h_1} \tag{8-6}$$

这种情况表明，若连通器装有两种互不掺混的液体，且液面压强相等，那么液体重度之比等于自分界面液面高度的反比。这是工程上测定液体重度和进行液柱高度换算的基本原理。

2. 液柱式测压计

工程上广泛采用液柱式测压计测量压缩机、泵、风机、某些管道断面的流体压强。

（1）测压管 测压管是一根两端开口的玻璃直管或 U 形管，管内采用水或水银、酒精等作为测量介质。应用时一端连接在被测容器或管道上；另一端开口，直接与大气相通，液面相对压强为零。如图 8-4 所示，根据管中液面上升的高度可以得到被测点的流体相对压强值，另外如果待测流体为气体，可以忽略气柱高度所产生的压强，认为静止气体充满的空间各点压强相等。

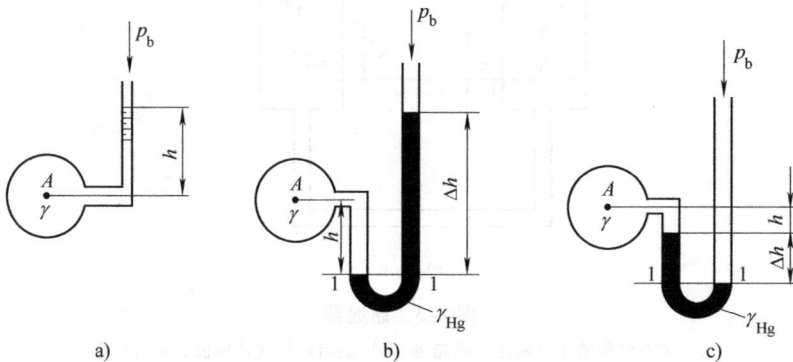

图 8-4 测压管

在图 8-4a 中，$p_{gA} = \gamma h$；

在图 8-4b 中，取 1-1 面为等压面，如待测流体为液体，则 $p_{gA} = \gamma_{Hg}\Delta h - \gamma h$；如待测流体为气体，则 $p_{gA} = \gamma_{Hg}\Delta h$。

在图 8-4c 中，显然 A 点的压强小于大气压强，为负压。取 1-1 面为等压面，如待测流体为液体，则 $p_{vA} = \gamma_{Hg}\Delta h + \gamma h$；如待测流体为气体，则 $p_{vA} = \gamma_{Hg}\Delta h$。

（2）压差计 压差计又称为比压计，用来测量流体两点间压强差。如图 8-5 所示，应用时接于被测流体 A、B 两处，按 U 形管中水银的高度差可计算出 A、B 两处的压强差。

（3）微压计 在测定微小压强或压强差时，为了提高测量精度，可以将直管测压计的细管根据需要与水平方向成 α 角放置，成为一台倾斜式微压计，如图 8-6 所示。当容器中液面与测压管液面的高度差为 h、测量读数为 l 时，容器中液面的相对压强为

$$p_g = \gamma l \sin\alpha \tag{8-7}$$

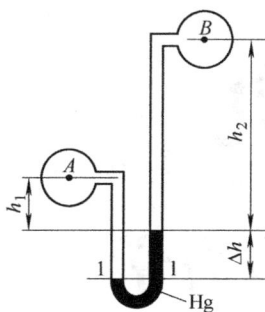

图 8-5　压差计

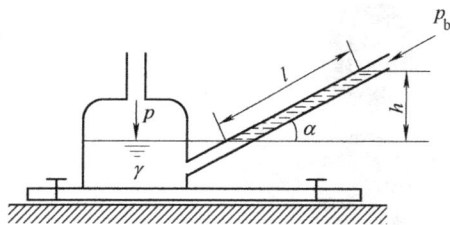

图 8-6　微压计

可见，当 α 为定值时，只要测取 l 值，就可测出压强或压强差，而且改变测压管的倾角 α 或测量介质重度 γ，可提高测量精度。

思 考 题 与 习 题

1. 什么是流体静压强？它有哪些特性？

2. 什么是绝对压强、相对压强？

3. 什么是等压面？等压面的特性和确定条件是什么？

4. 水管上安装一复式水银测压计，如图 8-7 所示，1、2、3、4 各点所在的水平面是不是等压面？

5. 试求图 8-8 中 A、B、C 各点的相对压强。已知当地大气压 $p_b = 98.1\text{kN/m}^2$，水的重度为 9.81kN/m^3。

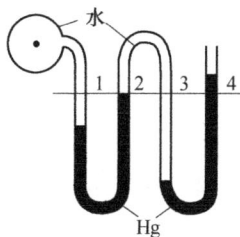

图 8-7　第 4 题图

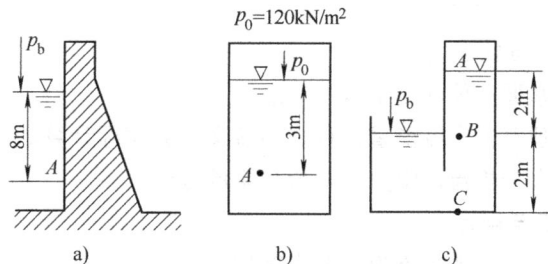

图 8-8　第 5 题图

单元九

流体动力学

【内容构架】

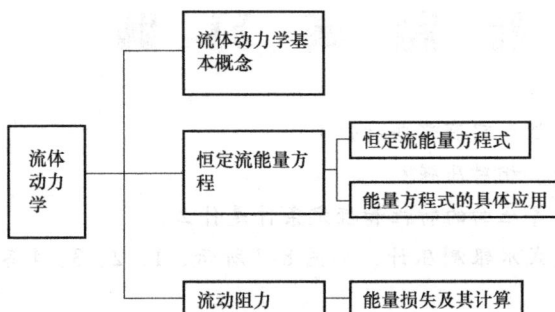

【学习引导】

目的与要求

1. 掌握流体动力学基本概念。

2. 理解恒定流能量方程式的意义，会实际计算。

3. 会分析流动阻力，知道减阻的方法。

重点与难点

重点：1. 能量方程式的实际应用。

2. 减少流动阻力的方法。

难点：恒定流能量方程式。

课题一　流体动力学基本概念

【学习目标】

1. 掌握恒定流与非恒定流的概念。

2. 理解渐变流与急变流、过流断面、流量和平均流速的概念。

【相关知识】

一、流体运动规律的研究方法

在实际工程中，流体通常是处于运动状态中的，如制冷中的工质在系统中处于流动状态。流体具有流动性，所以其运动规律与固体运动规律有很大的区别。但流体的运动属于机械运动范围，故其运动符合质量守恒定律、能量守恒定律及动量守恒定律。

研究流体运动规律一般有两种方法，即拉格朗日法和欧拉法。

拉格朗日法是以个别流体质点为研究对象，通过追踪每个质点的运动，来确定整个流体的运动规律。但是这种描述方法过于复杂，实际上很难实现。绝大多数工程问题不是以个别流体质点为研究对象，而是要分析经过固定点、固定断面或固定区间内流体质点的运动，这种通过描述物理量在空间的分布来研究流体运动规律的方法称为欧拉法。

二、恒定流与非恒定流

描述流体运动特征的物理量，如压强、流速等称为流体的运动要素。按流体的运动要素是否随时间变化，可以把流体的流动分为恒定流和非恒定流。当流体流动时，如果液体中任意一点处的压强、速度和密度都不随时间的变化而变化，则这种流体称为恒定流动，简称恒定流。反之则为非恒定流。

在制冷和空调工程中大多数流动，流速、压强等运动要素变化不大，可按恒定流处理。

三、渐变流与急变流

渐变流又称为缓变流，是指流速变化比较缓慢，流线近似于平行线的流动形式。由于渐变流流速变化比较小，所以在分析其运动规律时，可以不考虑惯性力和黏滞力的影响，那么对于渐变流，只考虑重力与压力的作用，这与静止流体所考虑的一致。

急变流是指流速沿流向变化显著的流动。显然惯性力和黏滞力均不能忽略，流动情况比较复杂，工程中只讨论渐变流问题。

四、流线和迹线

流线是指某一瞬时流体质点的切线方向与该点的速度方向相重合的空间曲线，它是流体质点的流动方向线，是欧拉法对流体运动的描述。流线是一条光滑的曲线或直线，不能折转，且两条流线不可能相交。流线的疏密程度可以反映流速的大小，流线密集处流速大，流线稀疏处流速小。

迹线是指在一段时间内同一流体质点所处位置连成的空间曲线，是拉格朗日法对流体运动的描述。

流线和迹线是完全不同的两个概念，但是，在恒定流中，由于流速不随时间变化，流线与迹线必定完全重合。

五、过流断面、流量和平均流速

在流动流体中，与流线处处垂直的断面称为过流断面，其面积用符号 A 表示，单位为

m^2。当流线相互平行，则过流断面为一平面；当流线互不平行时，过流断面为一曲面。

单位时间内通过过流断面的流体的体积称为体积流量，用符号 q_V 表示，单位是 m^3/s。工程中，有时也采用重量流量 G，是指单位时间内通过过流断面的流体的重量，单位是 N/s，工程单位是 kgf/s，因此有

$$G = \gamma q_V \tag{9-1}$$

有时也采用质量流量 q_m，是指单位时间内通过过流断面的流体的质量，单位为 kg/s，因此有

$$q_m = \rho q_V \tag{9-2}$$

由于流体具有黏性，使过流断面上的流速分布不均匀，因此计算流量有一定困难。为便于分析，根据流量相等原则定义了断面平均流速。

$$v = \frac{q_V}{A} \tag{9-3}$$

课题二　能量方程式

【学习目标】

1. 掌握恒定流能量方程。
2. 能应用恒定流能量方程解决实际问题。

【相关知识】

一、恒定流连续性方程

恒定流连续性方程是质量守恒定律在流体力学中的具体表现形式。

在恒定流中任取两个过流断面，其面积和平均流速分别为 A_1，v_1 和 A_2，v_2，则体积流量分别为 $q_{V1} = v_1 A_1$，$q_{V2} = v_2 A_2$。对于不可压缩流体，其密度不变，而且管段固体边界没有流体的流入、流出，因此，这两个过流断面的流量应该是相等的，即

$$q_{V1} = q_{V2} \tag{9-4}$$

或 $$v_1 A_1 = v_2 A_2 \tag{9-5}$$

式（9-5）为不可压缩流体的连续性方程式。

恒定流连续性方程确立了各断面上的平均流速沿流向的变化规律，当已知流量或某一断面平均流速时，可根据连续性方程求得任意断面上的平均流速。

二、恒定流能量方程及应用

恒定流能量方程（又称伯努利方程）是能量转换与守恒定律在流体力学中的一种表现形式。

1. 能量方程式及意义

流体的各种流动过程实际上也就是流体能量的转换过程。流体具有动能与势能，其中流体的势能又分为位置势能和压力势能（简称压能）。流体在各种流动过程中的能量不断转

换，但转换过程符合能量守恒定律。从动能原理出发，推导恒定流能量方程式为

$$Z_1+\frac{p_1}{\gamma}+\frac{a_1 v_1^2}{2g}=Z_2+\frac{p_2}{\gamma}+\frac{a_2 v_2^2}{2g}+h_w \tag{9-6}$$

式中　　Z——过流断面距基准面的高度，表示单位重量的流体所具有的位置势能（m）；

$\dfrac{p}{\gamma}$——过流断面压强作用使流体沿测压管所能上升的高度，表示单位重量流体所具有的压力势能（m）；

$\left(Z+\dfrac{p}{\gamma}\right)$——过流断面测压管液面相对于基准面的高度，表示单位重量流体所具有的总势能（m）；

$\dfrac{v^2}{2g}$——以流速 v 为初始速度，铅直向上射流所能达到的理论高度的平均值，表示单位重量流体所具有的动能平均值（m）；

a——动能修正系数，其大小与流速在断面上分布的均匀程度有关，流速分布越不均匀，其值越大，对于一般管流取 1.05~1.10，工程为方便计算，常取 $a_1=a_2=1$；

$\left(Z+\dfrac{p}{\gamma}+\dfrac{av^2}{2g}\right)$——表示单位重量流体所具有的总机械能（m）；

h_w——两断面上的液柱差，表示单位重量流体从一个断面流至另一个断面，因克服流动阻力所产生的能量损失（m）。

式（9-6）的物理意义是：流动过程中具有位置势能、压力势能和动能三种能量，这三种能量可以互相转换，但其总和保持不变。

2. 能量方程式的应用

（1）应用能量方程式的步骤　首先需确定流体的流动必须是恒定流且为不可压缩流体；然后在渐变流断面上选取两个断面为研究对象，并将通过两断面中较低断面的中心点的水平面确定为基准面；列写能量方程式，如果两端面之间流体有机械能输入（+H）或输出（-H），则能量方程式可改写为：$Z_1+\dfrac{p_1}{\gamma}+\dfrac{a_1 v_1^2}{2g}\pm H=Z_2+\dfrac{p_2}{\gamma}+\dfrac{a_2 v_2^2}{2g}+h_w$；根据已知条件并结合恒定流连续性方程确定方程的各项；最后得出结论。

（2）应用实例

1）文丘里（Venturi）流量计。文丘里流量计是根据伯努利方程设计的一种测量管路流量的装置，属于差压式流量计。它由前段圆锥面（渐缩管）、中段圆柱面（喉管）、尾段圆锥面（渐扩管）三部分组成，如图 9-1 所示。它是通过测量收缩管段（喉管）与进口管道（渐缩管）之间的压差来推算管道流量的仪器。

2）毕托（Pitot）管。毕托管是测量流体某点流速的仪器，如图 9-2 所示，由一个测压管和一个测速管组成。使用毕托管时，将毕托管下部小孔正对来流方向放入流体中，测得测压管与测速管高度差，即可计算出该点流速。

3）可以确定设备的安装高度。

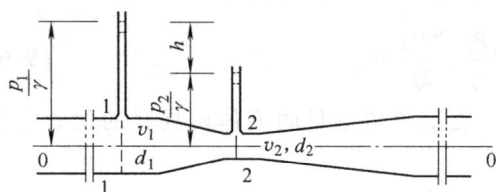

图 9-1 文丘里流量计

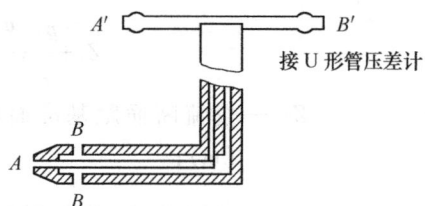

接 U 形管压差计

图 9-2 毕托管

4）可以确定流体输送机械所提供的机械能及功率。流体输送过程中，常需要使用泵和风机等流体输送机械，对系统提供必要的机械能，以推动流体流动。运用伯努利方程可以方便地确定流体输送机械所提供的机械能及功率。

课题三 流动阻力

【学习目标】

1. 掌握流态及其判别准则。
2. 掌握能量损失计算方法。
3. 会分析减小能量损失的各种途径。

【相关知识】

一、流态及其判别准则

实际液体流动具有两种流动形态（简称流态），并且能量损失的规律与流态密切相关。1883 年，英国物理学家雷诺在图 9-3 所示的实验装置上进行了大量实验：水箱 A 上进水管和溢流结构用于保证水位恒定，消除水位变化对流速的影响，这样水箱中的水可以经玻璃管 B 恒定流出，阀门 C 用以调节流量，从而实现流速调节。在 B 管上 1、2 两处分别安装测压管，由伯努利方程可知两测压管的高度差即为 1-2 之间的能量损失。容器 D 为色液箱，有色液体可以经细管 E 流入玻璃管 B 中，阀门 F 用来调节色液箱流量。

当玻璃管 B 中水的流速很小时，可以观察到其内部呈现出一条细直而又鲜明的有色流束，如图 9-4a 所示，这种流体质点互不混杂、有规则流动，称为层流，显然层流只存在由黏性引起的层间滑动摩擦阻力。当阀门 C 继续开大，流速增加到一定值时，有色流束发生波动，但仍不与周围的清水掺混，如图 9-4b 所示，这是由层流向湍流转变的过渡流。继续开大阀门 C，会发现有色流束进入玻璃管后，迅速扩散与周围清水混合，以至全部清水染色，如图 9-4c 所示，这种流体质点相互混杂、无规则的流动，称为湍流，显然湍流各流层间，除了黏性阻力，还存在惯性阻力，因此，湍流比层流阻力大得多。

若实验时将阀门 C 逐渐关小，进行反方向的实验，上述现象将以相反程序重演。

雷诺进一步的实验表明，流态不仅与流速有关，还与管径、流体密度和动力黏滞系数有关，把这些影响因素组合成一个量纲为一的数，称为雷诺数，用 Re 表示，即

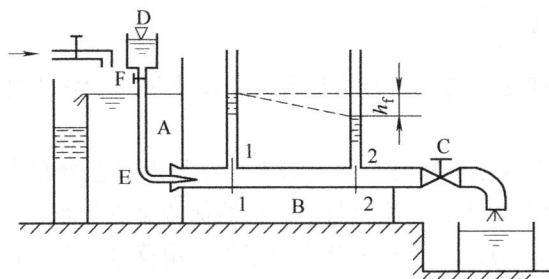

图 9-3 雷诺实验装置示意图

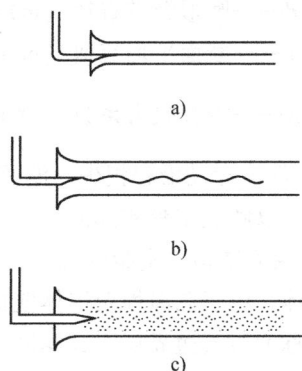

图 9-4 雷诺实验装置流速示意图

$$Re = \frac{vd\rho}{\mu} = \frac{vd}{\nu} \tag{9-7}$$

这样，流态的判别条件是

层流： $\qquad Re = \dfrac{vd}{\nu} < 2300$

湍流： $\qquad Re = \dfrac{vd}{\nu} > 2300$

工程上的大多数流体流动为湍流，而层流一般发生在小管径低流速的管路中或黏性较大的机械润滑系统和输油管路中。

二、能量损失及其计算

1. 能量损失的定义及分类

流体在流动过程中由于存在黏滞性和惯性，从而受到阻力，使一部分机械能不可逆地转化为热能而散失掉，这种机械能损失称为能量损失。根据流体流动时的边界条件不同，把能量损失分为两类：在边界沿程不变的区域，如直管段，为克服摩擦阻力而损失的能量称为沿程损失，用符号 h_f 表示；在管道的弯头、三通、阀门、突然扩大或突然缩小等局部位置，流体的流动状态发生急剧变化，流速重新分布，并有旋涡产生，为克服局部阻碍而造成的能量损失称局部损失，用符号 h_j 表示。

2. 能量损失计算

（1）沿程阻力损失的计算

1）层流运动沿程损失。圆管层流运动时，在管壁处切应力最大、流速最小；而在管轴处切应力最小、流速最大。通过理论推导可知过流断面上的切应力按直线规律分布，流速按抛物线规律分布，且断面的平均流速是最大流速的一半。

流体层流运动时，沿程损失与管长、管径、断面平均流速及雷诺数有关，计算公式为

$$h_f = \lambda \frac{L}{d} \frac{v^2}{2g} \tag{9-8}$$

式中 h_f——沿程损失（m）；

L——管道长度（m）；

d——圆形管道直径（m）；

v——断面平均流速（m/s）；

λ——沿程阻力系数，量纲为一，$\lambda = \dfrac{64}{Re}$。

2）湍流运动沿程损失。湍流运动规律比较复杂，分析计算时主要采用实验法来加以归纳总结，以解决工程实际问题。

① 湍流结构。实验发现，管内湍流并不是全部处于湍流状态，在靠近管壁处存在着一薄层流体，由于黏滞性及固体壁面粗糙度的影响，其流速很小，仍然保持层流状态，这一流体薄层称为层流边界层。其厚度一般只有几分之一至几十分之一毫米，用符号 δ 表示，随雷诺数的增大而减小。管流中心部分，壁面对流体质点的影响逐渐减小，质点横向混杂能力逐渐增强，称为湍流核心。湍流核心与层流边界层之间的区域称为过渡区。层流边界层与过渡区内，流速按抛物线规律分布；而在湍流核心，流速按对数曲线规律分布，断面的平均流速与最大流速的比值为 0.80~0.85。

② 水力光滑与水力粗糙。工程上采用的管道内壁面并非绝对光滑，而是存在着不同程度的凸凹不平。将凸出管壁的平均高度称为绝对粗糙度 ε，而绝对粗糙度与管径的比值 ε/d 称为管壁的相对粗糙度。

层流边界层的厚度 δ 和管壁绝对粗糙度 ε 之间的大小关系，对能量损失的影响较大：

当 $\delta>\varepsilon$ 时，如图 9-5a 所示，管壁凸起部分完全被淹没在层流边界层中，这时湍流核心不受管壁粗糙度的影响，就像在完全光滑的管子中流动，因而沿程损失与 ε 无关，只与 Re 有关，这种情况称为水力光滑，相应的管道称为水力光滑管。

当 $\delta<\varepsilon$ 时，如图 9-5b 所示，管壁凸起部分伸入到层流边界层之外，当流速较大的液体流过粗糙凸起的部分时，在其后面就会形成旋涡，使能量损失增加，这种情况称为水力粗糙，相应的管道称为水力粗糙管。

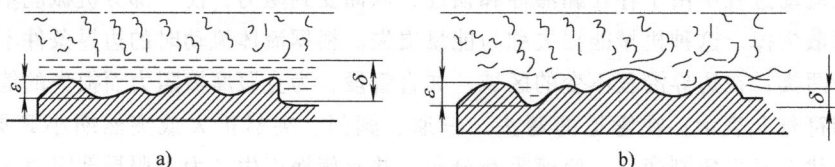

图 9-5　管壁水力光滑与水力粗糙示意图

a）水力光滑　b）水力粗糙

③ 能量损失。湍流能量损失计算公式形式与层流相同，关键在于沿程阻力系数 λ 的确定。对于湍流，沿程阻力系数 λ 是雷诺数 Re 和相对粗糙度 ε/d 的函数，即

$$\lambda = f\left(Re, \frac{\varepsilon}{d}\right) \tag{9-9}$$

由于湍流的复杂性，式（9-9）的具体形式很难从纯理论的数学分析中导出，通常由实验曲线确定或由实验提出的各种经验公式计算。

对于水力光滑，沿程阻力系数只与雷诺数有关，在 $4000<Re<10^5$ 范围内，λ 值可采用公式计算，即

$$\lambda = \frac{0.3164}{Re^{0.25}} \qquad (9-10)$$

对于水力粗糙，可采用阿里特苏里公式，又被称为 $Re > 2300$ 全部湍流区的通用计算公式，它形式简单，计算方便。

$$\lambda = 0.11\left(\frac{\varepsilon}{d} + \frac{68}{Re}\right)^{0.25} \qquad (9-11)$$

在计算实际管道 λ 值时，各经验公式中的 ε 指的是当量粗糙度，见表 9-1。

表 9-1　常用管道的当量粗糙度 ε 值

管材	ε/mm	管材	ε/mm
新铜管	0.0015~0.01	新铸铁管	0.20~0.30
无缝钢管	0.04~0.17	旧铸铁管	1.0~3.0
普通钢管	0.2	普通铸铁管	0.5
新焊接钢管	0.06~0.33	橡皮软管	0.01~0.03
旧钢管	0.5~1.0	混凝土管	0.30~3.0
白铁皮管	0.15	钢板制风管	0.15

（2）局部阻力损失的计算　局部阻力损失的普遍计算公式为

$$h_j = \zeta \frac{v^2}{2g} \qquad (9-12)$$

式中　ζ——局部阻力系数，主要与局部阻碍形状有关；

v——断面平均流速（m/s）。

可见，计算局部阻力损失的关键在于确定局部阻力系数 ζ。多数局部阻碍的 ζ 值，是通过实验测定的。现将常见各种局部阻力系数 ζ 的计算公式或实测数据综合列于表 9-2 中，供计算时查用。

表 9-2　常见各种局部阻碍的 ζ 值

名称	简　图	局部阻力系数 ζ
突然扩大		$\zeta_1 = \left(1 - \frac{A_1}{A_2}\right)^2$（应用公式 $h_j = \zeta_1 \frac{v_1^2}{2g}$） $\zeta_2 = \left(\frac{A_1}{A_2} - 1\right)^2$（应用公式 $h_j = \zeta_2 \frac{v_2^2}{2g}$）
突然缩小		$\zeta = 0.5\left(1 - \frac{A_2}{A_1}\right)$
渐扩管		$\zeta = \frac{\lambda}{\delta \sin\frac{\theta}{2}}\left[1 + \left(\frac{A_1}{A_2}\right)^2\right] + k\left(1 - \frac{A_1}{A_2}\right)$ 当 $\frac{A_1}{A_2} = \frac{1}{4}$ 时

$\theta/(°)$	2	4	6	8	10	12	14	16	20	25
k	0.022	0.048	0.072	0.103	0.138	0.177	0.221	0.270	0.386	0.645

（续）

名称	简 图	局部阻力系数 ζ			
渐缩管		$\zeta = \dfrac{\lambda}{\delta \sin \dfrac{\theta}{2}} \left[1 - \left(\dfrac{A_2}{A_1} \right)^2 \right]$（应用公式 $h_j = \dfrac{\zeta v^2}{2g}$）			

名称		简图	局部阻力系数 ζ
管子进口	修圆		0.05～0.10
	稍修圆		0.20～0.25
	锐缘		0.5
管子出口	（流入大容器）		1.0

三通（等径）			直流	汇流	分流	转弯流
		流向	②→③ ②←③			
		ζ	0.1	3.0	1.5	1.5

斜三通			直流		转弯流		
		流向	②→③	②←③			
		ζ	0.05	0.15	0.5	1.0	3.0

分支管			分流	汇流
		流向		
		ζ	1.0	1.5

90°弯管		d/R	0.2	0.4	0.6	0.8	1.0	1.2	1.4	1.6	1.8	2.0
		ζ	0.13	0.14	0.16	0.21	0.29	0.44	0.66	0.98	1.41	1.98

折管		$\theta/(°)$	20	40	60	80	90	100	110	120	130	140
		ζ	0.046	0.139	0.364	0.741	0.985	1.260	1.560	1.861	2.150	2.431

（续）

名称	简图	局部阻力系数 ζ
闸阀		开度 h/d(%) 10 20 30 40 50 60 70 80 90 100 ／ ζ 60 16 6.5 3.2 1.8 1.1 0.60 0.30 0.18 0.10
截止阀（全开）		4.3~6.1
碟阀（全开）		0.10~0.30
滤水网 无底阀		2~3
滤水网 有底阀		d/mm 40 50 75 100 150 200 250 300 350 400 ／ ζ 12 10 8.5 7.0 6.0 5.2 4.4 3.7 3.4 3.1

三、减小能量损失的途径

在实际工程中，应设法减小流动阻力，以减小能量损失，它对于节能、提高系统的经济性有着十分重大的意义。根据式（9-8）与式（9-12）可知减阻的主要方法有：

1）在满足工程需要和安全性的前提下，尽量缩短管长。

2）可以适当加大管径 d。

3）尽量减小管壁的绝对粗糙度 ε。

4）可以考虑用柔性边壁代替刚性边壁。

5）在流体内壁投加极少量的高分子聚合物、金属皂或分散的悬浮物等添加剂，使其影响流体运动的内部结构来实现减阻。

6）在允许的条件下，尽量减少使用局部阻碍以减小整个系统的 ζ 值。若必须采用，可从改善其形状入手，并且为了避免局部阻碍之间的相互干扰而引起的 ζ 值增大，在管道设计和安装中，各局部阻碍之间的距离应大于管径的三倍。

① 对于管子进口，如图 9-6 所示，采用流线型进口可将能量损失降到最低。

② 对于弯管，如图 9-7 所示，可以减小转角 θ，或在弯道内安装导流叶片，如图 9-8

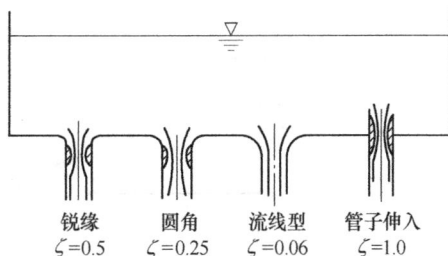

锐缘　　　圆角　　　流线型　　管子伸入
$\zeta=0.5$　$\zeta=0.25$　$\zeta=0.06$　$\zeta=1.0$

图 9-6　几种不同管道进口

所示。通过实验可知，一般没有安装导流叶片的直角弯头，$\zeta = 1.1$，安装薄钢板弯成的导流叶片后，$\zeta = 0.4$，安装呈流线月牙型的导流叶片后，$\zeta = 0.25$。

③ 如图 9-9 所示，常用渐扩管代替突扩管，一般可使 ζ 值减小一半左右。实验表明：扩张角越小能量损失越少，但渐扩管的长度相应就要加长，这将会给加工安装造成困难，通常取 $\alpha = 8° \sim 20°$。

④ 对于三通，如图 9-10 所示，第一，可将支管与合流管连接处的折角改缓，第二，可以减小总管与支管之间的夹角，第三，在总管中根据流量安装合流板或分流板，这样都可以起到减阻的目的。

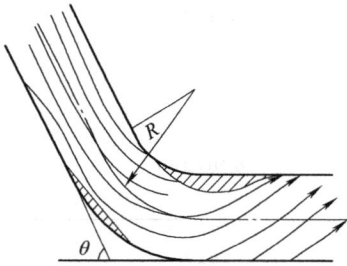

图 9-7　弯管

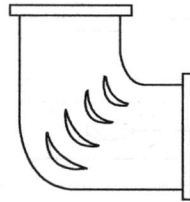

图 9-8　安装导流叶片的弯管

图 9-9　突扩与渐扩

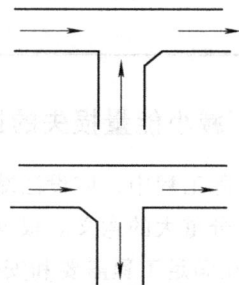

图 9-10　三通

思考题与习题

1. 什么是恒定流与非恒定流？图 9-11 中分别为什么流动？

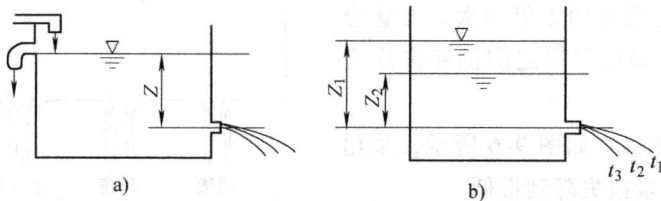

图 9-11　第 1 题图

2. 什么是体积流量、重量流量？什么是断面平均流速？平均流速与流量有何关系？

3. 恒定流连续性方程怎样表达？意义如何？

4. 恒定流能量方程式反映了什么规律？方程及方程中各项的物理意义是什么？

5. 层流和湍流有何不同？如何判别流体的流态？

6. 当输水管径一定时，流量增大，雷诺数如何变化？当流量一定时，管径加大，雷诺数又如何变化？

7. 什么是能量损失？产生能量损失的根本原因是什么？怎样减小能量损失？

单元十

稳 态 导 热

【内容构架】

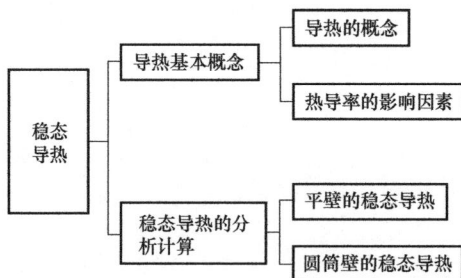

【学习引导】

目的与要求

1. 掌握导热的基本概念及影响因素。

2. 会利用导热知识分析实际热量传递问题。

重点与难点

重点：1. 导热的基本概念。

2. 热导率的影响因素。

难点：热导率的影响因素。

传热学是研究热能传递的科学。凡是存在温度差的地方，就有热量自发地从高温物体向低温物体传递。热量传递可以分为三种方式进行，导热、对流换热和热辐射。学习传热学的目的在于分析和认识传热规律，掌握增强或削弱传热过程的方法。

课题一　　导热基本概念

【学习目标】

1. 掌握导热、温度场的基本概念。

2. 理解导热的基本定律。

3. 了解热导率及其影响因素。

【相关知识】

一、导热

导热（又称为热传导）是指发生在物体本身各部分之间或直接接触的物体与物体之间的热量传递现象。它是依靠物质的分子、原子及自由电子等微观粒子的热运动来传递热量的。所以，导热现象可以发生在固体、液体和气体中。但是，单纯的导热现象只能发生在密实的固体中。因为在液体和气体中只要存在温差，就会出现对流现象，很难维持单纯的导热。

二、温度场

物体内部产生导热的起因在于物体内部之间存在温度差，导热过程中热量的传递与物体内部温度分布状况密切相关，因此在研究导热规律之前需先研究温度分布。

在某一时刻，物体内各点的温度分布称为温度场。例如，教室中各点在某一时刻的温度是不同的，其温度分布状况就称为温度场。在一般情况下，温度 t 是空间坐标（x，y，z）和时间（τ）的函数，即

$$t = f(x, y, z, \tau) \tag{10-1}$$

若温度场随时间 τ 变化，则称为非稳态温度场，在这种温度分布情况下发生的导热现象称为非稳态导热。例如，各种热力设备在起动、停机过程中所经历的热传递过程属于非稳态导热。

若温度场不随时间 τ 变化，则称为稳态温度场，在这种温度分布情况下发生的导热现象称为稳态导热。例如，热力设备在持续稳定运行时的热传递过程。

物体温度仅沿一个方向变化的一维稳态温度场，可以表示为 $t = f(x)$，实际工程中许多情况都可以看作是一维稳态导热。

三、导热基本定律

法国数学物理学家傅里叶在研究固体导热现象时指出：单位时间内传递的热量 Q 与温度降度及垂直于导热方向的截面面积 A 成正比，设比例系数为 λ，则

$$Q = -\lambda \frac{\partial t}{\partial n} A \tag{10-2}$$

式中　Q——单位时间导热量（W）；

　　　A——垂直于热流方向的截面面积（m^2）；

　　　$\dfrac{\partial t}{\partial n}$——温度梯度，即法向单位距离温度的改变量（K/m）；

　　　λ——热导率［W/(m·K)］。

负号表示热流方向是沿着温度下降的方向。

单位时间内通过单位面积所传递的热量称为面积热流量，又称为热流密度，用符号 q 表示，单位为 W/m^2，即

$$q = \frac{Q}{A} = -\lambda \frac{\partial t}{\partial n} \tag{10-3}$$

式（10-2）与式（10-3）均为导热基本定律——傅里叶定律的数学表达式。反映了影响导热的各种物理量之间的关系，是研究导热的重要基础。

对于一维稳定温度场，傅里叶定律的数学表达式为

$$Q = -\lambda \frac{\mathrm{d}t}{\mathrm{d}x} A \qquad (10\text{-}4)$$

或

$$q = -\lambda \frac{\mathrm{d}t}{\mathrm{d}x} \qquad (10\text{-}5)$$

四、热导率（导热系数）及其影响因素

热导率 λ 是物质的一个重要物理参数，它表明了物质导热能力的大小。数值就是物体的温度降度为 1℃/m 时，单位时间内通过单位面积的导热量。

实验表明，不同的物体 λ 值不同，即使是同一种物质，λ 还与物质的温度、湿度、密度成分和结构状态等有关。

（1）温度影响 对于许多工程材料，当温度变化范围不大时，可认为热导率与温度呈直线关系，即

$$\lambda = \lambda_0 (1 + bt) \qquad (10\text{-}6)$$

式中 λ——温度为 t℃时的热导率；

λ_0——温度为 0℃时的热导率；

b——由实验确定的常数。

一般来说，气体、造型材料、建筑材料和保温材料，b 值为正，λ 随温度上升而增加。大多数液体（水和甘油除外）和金属材料，b 值为负，λ 随温度上升而减小。

在工程计算中，热导率按式（10-6）取两极端温度时 λ 的算术平均值，并将其作为常数处理。

（2）湿度影响 建筑材料和保温材料在自然环境下，内部总含有一定的水分。随着湿度的增加，材料的热导率会显著增大，保温性能将明显下降。因为材料的孔隙中渗入水分时，水的 λ 比空气的 λ 大 20~30 倍，更重要的是在导热过程中，随着热量传递，水分会迁移，因此湿材料的 λ 比纯水的 λ 还要大。如干砖的热导率为 0.35W/(m·K)，水的热导率为 0.51W/(m·K)，而湿砖的热导率却高达 1.0W/(m·K)。因此，对于建筑物的围护结构，特别是冷、热设备的保温层表面，都应采取适当的防潮措施。

（3）密度影响 一般情况下，材料的热导率随密度增大而增大，其大小按金属、非金属、液体、气体的次序排列。导电性能良好的金属中存在较多的自由电子，因此导电性能好的金属导热性也好。纯金属 λ 大于合金，且合金中杂质含量越多，λ 值就越小，因为杂质影响自由电子的能量传递。工程上通常把室温条件下热导率小于 0.2W/(m·K) 的材料称为绝热材料或保温材料，也称隔热材料。例如，岩棉、泡沫塑料、膨胀珍珠岩等绝热材料孔隙内充满了热导率小的空气，所以良好的绝热材料一般都是孔隙多、密度小的轻质材料。

总之，影响热导率的因素很多，故工程上常用材料的热导率一般都是用实验方法测得的。各种材料的热导率值可以从有关手册中查到，在选用时，应注意影响材料热导率的各有关因素的实际情况。表 10-1 列出了一些材料的密度及热导率值。

表 10-1 一些材料的热导率

材料名称	温度 t/℃	密度 ρ/ kg/m³	热导率 λ/ W/(m·℃)	材料名称	温度 t/℃	密度 ρ/ kg/m³	热导率 λ/ W/(m·℃)
膨胀珍珠岩散料	25	60~300	0.021~0.062	硬泡沫塑料	30	29.5~56.3	0.041~0.048
岩棉制品	20	80~150	0.035~0.038	软泡沫塑料	30	41~162	0.043~0.056
膨胀蛭石	20	100~130	0.051~0.07	铝箔间隔层(5层)	21		0.042
石棉绳	30	590~730	0.10~0.21	红砖(营造状态)	25	1860	0.87
石棉板	27	770~1045	0.10~0.14	红砖	35	1560	0.49
粉煤灰砖	30	458~589	0.12~0.22	松木(垂直木纹)	15	496	0.15
矿渣棉	20	207	0.058	松木(平行木纹)	21	527	0.35
软木板	25	105~437	0.044~0.079	水泥	30	1900	0.30
木丝纤维板		245	0.048	混凝土板	35	1930	0.79
云母		290	0.58	聚苯乙烯	45	24.7~37.8	0.04~0.043
大理石		2499~2707	2.70	水垢	65		1.31~3.14

课题二　平壁的稳态导热

【学习目标】

1. 掌握单层平壁的稳态导热计算方法。
2. 了解多层平壁的稳态导热。

【相关知识】

一、单层平壁的稳态导热

如图 10-1a 所示为一单层平壁，设平壁的厚度为 δ，热导率为 λ，左右两外侧面分别维持均匀稳定的温度 t_1 和 t_2，且 $t_1 > t_2$。当平壁的高度与宽度远大于其厚度时，可认为导热仅沿厚度方向进行，属于一维稳态导热。

在图 10-1 中，离左侧壁在 x 处，取一厚度为 dx 的薄层平壁，该薄层温度差为 dt，根据傅里叶定律，通过该薄层的单位面积热流量为

$$q = -\lambda \frac{dt}{dx}$$

分离变量后得

$$dt = -\frac{q}{\lambda} \cdot dx$$

由于在稳定导热中 q 为常数，λ 为温度范围内的平均热导率，也是常数，所以上式可得

$$t = -\frac{q}{\lambda}x + C$$

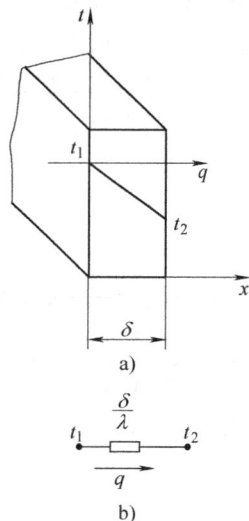

图 10-1 单层平壁的稳态导热

这表明，平壁的温度是按直线规律分布的。式中积分常数可由边界条件决定。把 $x=0$ 时 $t=t_1$ 和 $x=\delta$ 时 $t=t_2$ 代入上式后，可得

$$t_2 = -\frac{q}{\lambda}\delta + t_1$$

于是，单层平壁单位面积上的热流量为

$$q = \lambda \frac{t_1-t_2}{\delta} = \frac{\Delta t}{\dfrac{\delta}{\lambda}} \qquad (10\text{-}7)$$

可见在单位时间内，平壁单位面积热流量与热导率及平壁两表面的温度差成正比，与平壁的厚度成反比。

将式（10-7）与直流电路欧姆定律的表达式相对照，q 相当于电流，Δt 相当于电压，而 δ/λ 相当于电阻，称其为平壁的热阻，它表示材料层阻止导热的能力，单位为 $\text{m}^2 \cdot \text{K/W}$。单层平壁导热过程的模拟电路如图 10-1b 所示。

若平壁的导热面积为 A，则总热流量为

$$Q = qA = \frac{\Delta t}{\dfrac{\delta}{\lambda A}} \qquad (10\text{-}8)$$

二、多层平壁的稳态导热

在工程计算中，常常遇到多层平壁，即由几层不同材料组成的平壁。例如，房屋的外墙以砖或其他主体材料砌成，内有白灰层，外抹水泥砂浆；锅炉炉墙，内为耐热材料层，中间为隔热材料层，外为保护材料层；制冷空调工程中，冷库的围护结构一般由建筑材料、保温层、防潮层等组成等，这些都是多层平壁的实例。

多层平壁单位面积总热阻等于各层平壁热阻之和，这与串联电路的情况相类似。

对于 n 层平壁

$$q = \frac{t_1 - t_{n+1}}{\displaystyle\sum_{i=1}^{n} \frac{\delta_i}{\lambda_i}} = \frac{t_1 - t_{n+1}}{R_t} \qquad (10\text{-}9)$$

式中　(t_1-t_{n+1})——n 层平壁的总温差；

$R_t = \displaystyle\sum_{i=1}^{n} \frac{\delta_i}{\lambda_i}$——$n$ 层平壁的总热阻。

由此可见，n 层平壁的热流量与它的总温差成正比，与总热阻成反比。

| 课题三 | 圆筒壁的稳态导热 |

【学习目标】

1. 掌握圆筒壁的稳态导热计算方法。

2. 了解圆筒壁导热的简化计算方法。

【相关知识】

制冷设备中的压力容器、传热管都是采用圆筒形的，所以了解圆筒壁的导热问题很有必要。

一、单层圆筒壁的稳态导热

图 10-2 所示为一单层圆筒壁，设内、外半径分别为 r_1 和 r_2（相应直径为 d_1 和 d_2），长度为 l，热导率为 λ，且为常数，圆筒内外壁分别维持均匀不变的温度 t_1 和 t_2，且 $t_1 > t_2$。当圆筒壁的长度较长时，沿轴向的导热可忽略不计，认为温度仅沿半径方向发生变化，故为一维稳态导热。

设在圆筒内取一薄层，其半径为 r，厚度为 dr。据傅里叶定律，通过这一薄层的热流量为

$$Q = -\lambda A \frac{dt}{dr} = -\lambda 2\pi r l \frac{dt}{dr}$$

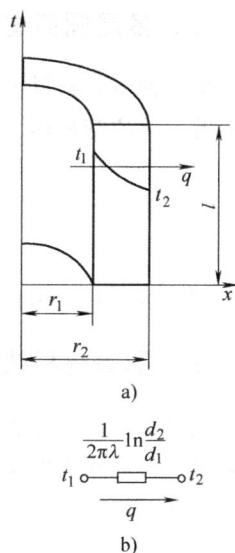

图 10-2 单层圆筒壁
的稳态导热

分离变量后把上式积分得

$$t = -\frac{Q}{2\pi\lambda l}\ln r + C$$

此式表明圆筒壁的温度分布是对数曲线。

把 $r = r_1$ 时 $t = t_1$ 和 $r = r_2$ 时 $t = t_2$ 的两个边界条件代入上式，两式相减进行换算，由此可得单层圆筒壁的热流量计算公式为

$$Q = \frac{2\pi\lambda l}{\ln \dfrac{d_2}{d_1}}(t_1 - t_2) = \frac{t_1 - t_2}{\dfrac{1}{2\pi\lambda l}\ln \dfrac{d_2}{d_1}} \tag{10-10}$$

式中 $\dfrac{1}{2\pi\lambda l}\ln \dfrac{d_2}{d_1}$ ——单层圆筒壁长度为 l 时的导热热阻。

工程上为了计算方便，常按单位管长计算热流量，即

$$q_1 = \frac{Q}{l} = \frac{t_1 - t_2}{\dfrac{1}{2\pi\lambda}\ln \dfrac{d_2}{d_1}} \tag{10-11}$$

式中 $\dfrac{1}{2\pi\lambda}\ln \dfrac{d_2}{d_1}$ ——单层圆筒壁单位管长的导热热阻。

工程上为了计算方便，常按单位管长计算热流量，即

$$q_1 = \frac{Q}{l} = \frac{t_1 - t_2}{\dfrac{1}{2\pi\lambda}\ln \dfrac{d_2}{d_1}}$$

通过圆筒壁的热流量 Q 为

$$Q = q_1 l$$

二、多层圆筒壁的稳态导热

由几种不同材料组合成的多层圆筒壁在工程上有着广泛的应用，如裹有隔热材料的蒸汽管道等，单位管长热流量为

$$q_1 = \frac{t_1 - t_{n+1}}{\sum\limits_{i=1}^{n} \frac{1}{2\pi\lambda_i} \ln \frac{d_{i+1}}{d_i}} \qquad (10-12)$$

与多层平壁导热相似，多层圆筒壁导热的热阻用各层热阻之和来代替。

三、圆筒壁导热的简化计算

圆筒壁的导热计算公式中包含着对数项，应用上感到不便。为了简化计算，工程上常把圆筒壁近似当作平壁来处理。

对于单层圆筒壁，单位管长热流量简化计算公式为

$$q_1 = \frac{t_1 - t_2}{\dfrac{\delta}{\pi d_m \lambda}} \qquad (10-13)$$

式中 $d_m = \dfrac{d_1 + d_2}{2}$ ——圆筒壁的平均直径；

$\delta = \dfrac{d_2 - d_1}{2}$ ——圆筒壁的厚度。

实际计算表明，当 $d_2/d_1 < 2$ 时，其误差不超过 4%，这在工程中是允许的。

对于多层圆筒壁，单位管长热流量简化计算公式为

$$q_1 = \frac{t_1 - t_{n+1}}{\sum\limits_{i=1}^{n} \frac{\delta_i}{\pi d_{mi} \lambda_i}} \qquad (10-14)$$

思考题与习题

1. 什么是导热？导热基本定律的内容是什么？

2. 什么是热导率？其单位是什么？有何意义？热导率的影响因素主要有哪些？

3. 如图 10-3 所示，有一个三层平壁，已经测得 t_1、t_2、t_3、t_4 依次为 700℃、600℃、300℃和50℃，试求在稳态导热情况下，哪层平壁的热阻最小，哪层平壁的热阻最大。

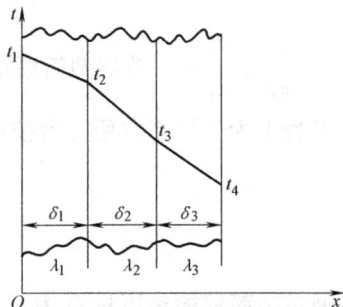

图 10-3 第 3 题图

单元十一

对 流 换 热

【内容构架】

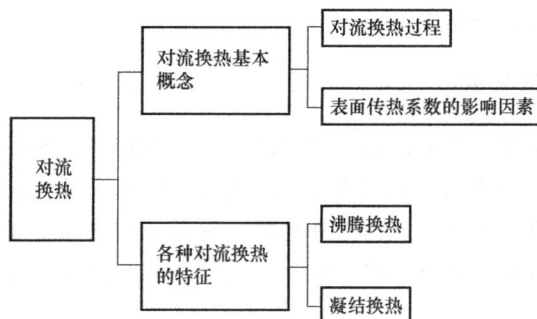

【学习引导】

目的与要求

1. 区别对流与对流换热，掌握对流换热的概念及影响因素。

2. 会利用对流换热知识分析实际热量传递的问题。

重点与难点

重点：1. 对流换热的基本概念。

2. 对流换热的影响因素。

难点：1. 对流换热的影响因素。

2. 沸腾换热、凝结换热。

课题一　　对流换热基本概念

【学习目标】

1. 掌握对流换热过程，并且会进行对流换热的计算。

2. 了解影响对流换热的各种因素。

【相关知识】

一、对流换热过程

对流是指在流体内部各部分之间发生相对位移时，热量从一处传到另一处的现象，这种现象只能发生在流体内部。但是，在工程中通常遇到的并不是只在流体内部进行的纯粹热对流，而是在流体与固体之间发生的对流换热。

所谓对流换热（又称放热），是指流体与固体壁面直接接触而又有相对运动时所发生的热量传递现象。这类现象在日常生活和生产实践中会经常遇到，如锅炉水管中的水和管壁之间、室内空气和暖气片表面及墙壁之间的热量交换等。

当流体流过固体表面时，由于黏性作用，紧贴固体表面的流体是静止的，热量传递只能以导热的方式进行。离开固体表面，流体有宏观运动，其热量传递将依靠流体质点的位移和混合产生的对流作用来实现。因此，对流换热过程比导热过程更复杂，它是对流和导热两种基本传热方式共同作用的综合结果。

二、对流换热计算公式

对流换热过程的热量传递是靠两种作用完成的：一方面是流体与壁面直接接触的导热及流体之间的导热作用，另一方面还包括流体内部的对流传递作用。显然，支配这两种作用的因素和规律，如流动状态、流速、流体物理性质、壁面几何参数等都会影响对流换热过程，所以对流换热过程远比导热要复杂得多。但是无论哪一种形式的对流换热热流量均采用牛顿冷却公式进行计算，即

$$Q = \alpha(t_w - t_f)A \tag{11-1}$$

单位面积上的热流量为

$$q = \alpha(t_w - t_f) = \alpha\Delta t \tag{11-2}$$

式中　　t_w——壁面温度（℃）；

t_f——流体温度（℃）；

A——与流体接触的壁面面积（m^2）；

α——表面传热系数［$W/(m^2 \cdot K)$］，在数值上等于温差为1℃时的面积热流量，α是度量对流换热过程强烈程度的指标，过程越强烈，α就越大，在相同的温差下所传递的热量越多。

三、影响对流换热的因素

表面传热系数α的大小与换热过程中许多因素有关，归纳起来大致有以下五个方面：

1. 流体流动的状态

流体在流动过程中有两种不同的流动状态：层流和湍流。层流时，流速缓慢，流体沿平行于壁面的方向分层流动，层与层之间互不混合，因此沿壁面法线方向的热量传递主要依靠导热，表面传热系数的大小取决于流体的热导率；湍流时，流体内部存在着强烈的扰动和旋涡，使各部分流体之间迅速混合，因此湍流时的对流换热要比层流时的对流换热强烈，表面传热系数大。若要强化对流换热过程，可在某种程度上增加流体流速的方法来实现，这样可

以使流体流动由层流变为湍流，或使层流底层厚度减小。

2. 流体流动的起因

按照引起流动的起因，对流换热可分为自然对流与强制对流（也称受迫运动）两大类。自然对流是由于流体各部分温度不同而引起的密度不同所产生的流动，例如空气加热器表面附近的空气受热向上流动就是这种情况。如果流体的运动是由于水泵、风机或其他的压差作用所造成的，则称为强制对流，如冷却设备中管内冷却水的流动。强制对流时由于外力的作用，流体相对于壁面的流速较大，对流换热的强度也较大；自然对流仅靠密度差所产生的浮升力作用，因此流体相对于壁面的流速较小，换热强度也小。

3. 流体的物理性质

流体种类不同，其物理性质也不同。对于同一种流体，物性参数也会随温度、压力发生变化。这些都会对换热产生影响。影响对流换热的流体物性参数主要是比热容、热导率、密度和黏度等。

热导率大，流体内和流体与壁面间的导热热阻小，换热就强；比热容与密度大的流体单位体积能携带更多的热量，对流换热能力也高；黏度大有碍流体的流动，影响流体各质点间的混合掺杂，使对流换热减弱。

4. 流体的相变

流体在对流换热中发生相变时，会对换热过程产生特殊的影响，与无相变对流换热有很大的差别。例如液体在受热时汽化产生很多气泡，气泡的运动增加了液体内部的流动，这时的换热条件与无相变时大不相同。一般来说对同一种流体，有相变的对流换热比无相变时强烈得多。

5. 对流换热表面的形状和尺寸

对流换热面几何尺寸、形状和相对位置会影响流体在换热面附近的流动情况，也就影响到对流换热的强度。如流体在管内流动与在管外横向绕过圆管时的流动情况不同，就会有不同的换热强度；平板表面加热空气自然对流时，换热面向上气流扰动比较激烈，换热强度大，换热面向下时流动比较平静，换热强度比换热面朝上时要小。

综上所述，影响对流换热的因素很多，表面传热系数 α 是众多因素的函数，包括流体流速 v、壁面温度 t_w、流体温度 t_f、流体的热导率 λ、比定压热容 c_p、密度 ρ、动力黏度 μ、体积膨胀系数 β、壁面形状因素 ϕ、壁面几何尺寸 l 等，即

$$\alpha = f(u, t_w, t_f, \lambda, c_p, \rho, \mu, \beta, \phi, l \cdots) \tag{11-3}$$

可见，牛顿冷却公式并没有使对流换热问题得到简化，只不过是把对流换热过程的一切复杂因素都集中到表面传热系数 α 上了。目前工程上采用的 α 计算公式，通常是由相似理论建立若干个准则方程式，然后按照各种实际情况通过大量的实验工作获得的。

课题二　各种对流换热的特征

【学习目标】

1. 掌握沸腾换热及其影响因素。
2. 掌握凝结换热及其影响因素。

【相关知识】

工质在饱和温度下由液态转变为气态的过程称为沸腾，而在饱和温度下由气态转变为液态的过程称为凝结。沸腾换热与凝结换热都是伴随相变的对流换热，是各式蒸发器和冷凝器等设备中最基本的换热过程。

一、沸腾换热

当液体与高于其饱和温度的壁面接触时，液体被加热汽化并产生大量气泡的现象称为沸腾。沸腾分为大容器沸腾（或称池内沸腾）和管内沸腾（或称有限空间沸腾、强迫流动沸腾）。

加热面沉浸在自由表面的液体中所发生的沸腾称为大容器沸腾。大容器沸腾过程的主要特点是液体内部不断地产生气泡。观察表明，沸腾过程中，大量气泡在对流换热表面上的某些地点（称汽化核心）不断地产生、长大、脱离壁面，并穿过液体层进入上部的气相空间，同时冷流体不断地冲刷壁面，使换热表面和液体内部都会受到气泡的强烈扰动，使热强度大幅度增加。因此，对于同一种流体来说，沸腾换热时的表面传热系数一般要比无相变时对流换热表面传热系数高。

沸腾换热表面传热系数的大小与汽化核心的多少有很大关系，而汽化核心的多少取决于加热面的过热程度。过热度越高，汽化核心数越多，所以，沸腾表面传热系数是随着加热壁面与饱和蒸汽间的温差（过热度）和热负荷而显著变化的，这是沸腾换热区别于无相变换热的一个特点。同时，沸腾表面上的微小凹坑最容易产生汽化核心，因此，凹坑多，汽化核心多，换热就会得到强化。近几十年来的强化沸腾换热的研究主要是增加表面凹坑。目前有两种常用的手段：

1）用烧结、钎焊、火焰喷涂、电离沉积等物理与化学手段在换热表面上形成多孔结构。

2）机械加工方法（图 11-1）。

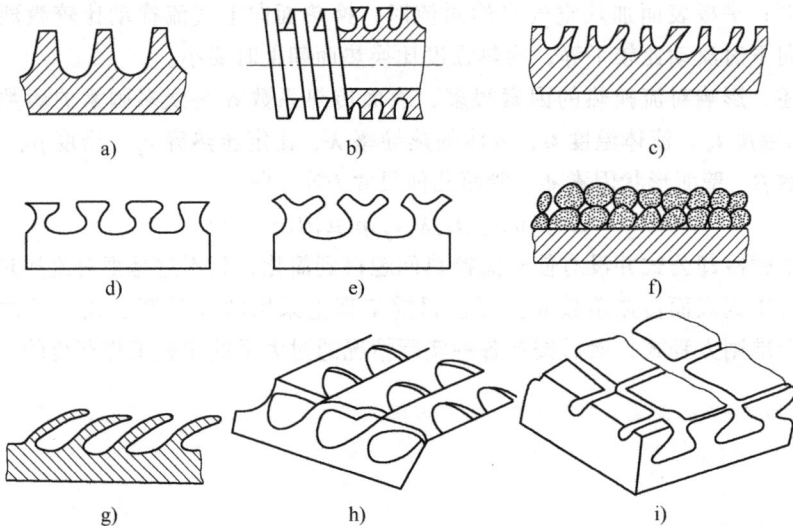

图 11-1 强化管表面结构示意图

a）整体肋 b）GEWA-T 管 c）内扩槽结构管 d）W-TX 管（1）
e）W-TX 管（2） f）多孔管 g）弯肋 h）日立 E 管 i）Tu-B 管

液体在管内流动时的沸腾称为管内沸腾，如制冷系统管式蒸发器中的沸腾。管内沸腾时，由于沸腾空间的限制，加热面上产生的气泡随时被流动的液体带走，沸腾产生的蒸汽和液体混合在一起，构成气液两相混合物。管内沸腾换热的情况受管子的放置（垂直、水平或倾斜）、管长与管径、壁面状态、气液比例、液体初参数、流速、流量等多方面因素影响，情况要比大容器沸腾换热复杂得多。

二、凝结换热

当蒸气与低于其饱和温度的壁面相接触时，就会放出汽化热冷凝成液体而附着在壁面上。由于凝结液湿润壁面的能力不同，蒸气凝结可形成两种不同的现象：如果凝结液能很好地润湿壁面，就会在壁面上形成一层液膜，这种凝结现象称为膜状凝结；如果凝结液不能很好地润湿壁面，就会在壁面上形成一个个的小液珠，且不断发展长大，向下滚落，这种凝结现象称为珠状凝结，如图 11-2 所示。

膜状凝结时，壁面总是被一层液膜覆盖着，蒸气凝结只能在膜的表面上进行，凝结放出的潜热必须穿过这层液膜才能传到冷却壁面上，所以液膜层为膜状凝结换热的主要热阻。若排除凝结液、减小液膜厚度，则可以强化膜状凝结换热。

珠状凝结时，由于大部分的蒸气可以直接与冷壁面接触，放出的汽化热直接传给冷壁面，因此珠状凝结换热表面传热系数远大于同条件下的膜状凝结换热表面传热系数。但是，珠状凝结很不稳定，目前还难以获得实用的持久性珠状凝结过程。

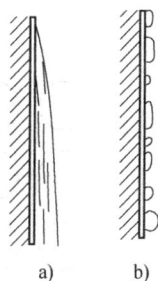

图 11-2　蒸气在壁面凝结过程
a）膜状凝结　b）珠状凝结

实验表明，一般工业设备中的凝结换热均为膜状凝结。膜状凝结除了与凝结液膜的厚度有关外，还与以下几个主要因素有关：

1. 蒸气的流速和流向

当蒸气以一定速度流动时，蒸气和液膜之间会产生摩擦作用。若蒸气和液膜的流动方向相同，摩擦作用会加速液膜的流动，使液膜变薄，并促使液膜产生波动，从而使换热增强；当蒸气和液膜的流动方向相反时，摩擦作用会阻碍液膜运动，使液膜厚度增加，表面传热系数降低，削弱换热。但如果蒸气流速较高时，将会把液膜吹离表面，无论流向如何，都使表面传热系数增大。

2. 蒸气中不凝性气体（如空气、氮气）的含量

在制冷系统安装和运行过程中，由于系统的不严密，常有空气渗入，此外制冷剂也会分解出一些气体等，这些气体在制冷系统中不能凝结成液体，因而被称为"不凝性气体"。蒸气中如果含有不凝性气体，凝结换热强度会显著下降。这是因为含有不凝性气体的蒸气在凝结换热时，相当于混合气体的凝结过程。而不凝性气体会停留在冷壁面附近，随着凝结过程的进行，在液膜和蒸气之间形成一层气体层，蒸气放出的潜热要穿过这层气体方能达到凝结液膜表面，气体层的热阻很大，使换热变差；另外由于凝结液膜附近蒸气分压力降低，相当于降低了凝结液面附近的蒸气浓度，对凝结换热是极为不利的。因此，必须定期排除冷凝器中的不凝性气体。

3. 冷却表面状态的影响

冷却表面的粗糙度和清洁状况对凝结换热有很大影响，冷却表面粗糙不平，会使凝结液

膜的流动阻力增加，液膜变厚，换热能力下降；冷却表面不清洁，有污垢、生锈等，不仅会使液膜厚度增加，还会引起附加的导热热阻，使换热恶化。因此制冷机中的冷凝器要定期清洗、除垢，保持换热面的光滑和清洁。

4. 蒸气中含油

如果油不溶于凝结液体中，如水蒸气和氨蒸气中的润滑油，则蒸气中的油将沉积在壁面上形成油垢，使热阻增加，表面传热系数降低。

5. 管子排列方式的影响

单管在条件相同的情况下，横放比竖放的表面传热系数大。对于具有多排管子的管束，冷凝液体要从上面流到下面各排，越往下面的管排，周围的液膜越厚，如图 11-3 所示。凝结表面传热系数的值，下一排要比上一排小。而就整个管束的凝结平均表面传热系数而言，图 11-3c 所示的表面传热系数较大。这是因为管束倾斜了一个角度，减少了上排管子的液膜对下一排管子的影响，因此其表面传热系数比另外两种排列形式大。

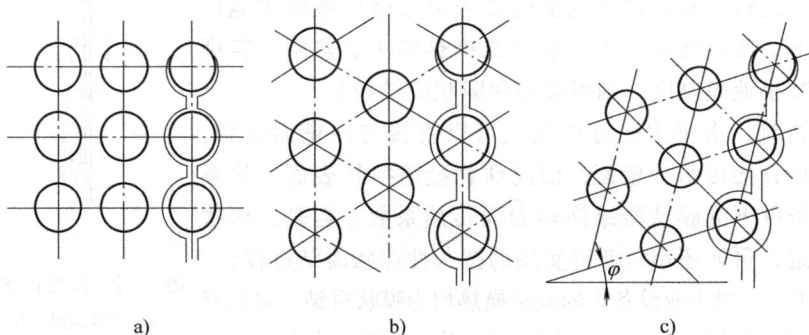

a)　　　　　　　　b)　　　　　　　　c)

图 11-3　管子排列方式

思 考 题 与 习 题

1. 什么是对流？什么是对流换热？对流换热的计算公式是什么？

2. 影响对流换热的主要因素有哪些？

3. 什么是膜状凝结和珠状凝结？哪种凝结换热效果好？为什么？

4. 蒸气中不凝性气体有哪些来源？不凝性气体对换热会产生怎样的影响？

单元十二

辐 射 换 热

【内容构架】

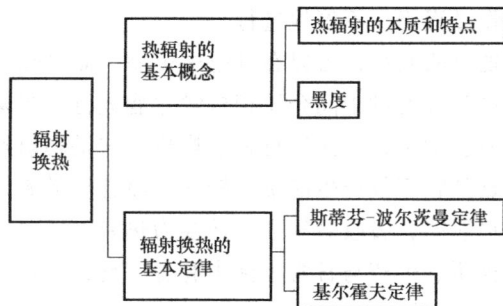

【学习引导】

目的与要求

1. 理解热辐射的本质。

2. 掌握辐射换热基本传热方式的定义及区别。

重点与难点

重点：1. 热辐射的本质和特点。

 2. 辐射换热的分析方法。

难点：黑体、辐射换热定律。

课题一 热辐射的基本概念

【学习目标】

1. 掌握热辐射的本质和特点。

2. 理解辐射吸收、反射和穿透的基本规律。

3. 了解物质的辐射力和黑度。

【相关知识】

一、热辐射的本质和特点

热辐射是热量传递的三种基本方式之一，它与导热和对流有着本质的区别。人们冬天在太阳下会感到暖和，站在火堆旁人脸上立刻会感到灼热，热量能迅速传递过来既不是依靠导热，也不是靠对流换热，而是通过另外一种热量传递方式——热辐射进行的。

物体以电磁波的形式传递能量的过程称为辐射。物体会因各种原因向外发射辐射能，其中，由于热的原因而产生的电磁波辐射的过程称为热辐射。热辐射时的电磁波是物体内部微观粒子的热运动状态改变时激发出来的，只要物体的温度高于"绝对零度"（即 0K），物体就能不断地把热能转变为辐射能，并向外发射。同时又不断地吸收周围其他物体投射到它表面的热辐射，并把吸收的辐射能重新转变成热能。热辐射与吸收过程的综合效果就形成了以辐射方式进行的物体间的能量转移——辐射换热。当物体与四周环境处于热平衡时，辐射换热量等于零，但辐射与吸收过程仍在不停地进行。

热辐射具有一般辐射现象的共性，可以在真空中传播，而导热、对流这两种热量传递方式只有当冷、热物体直接接触或通过中间介质相接触才能进行。当两个温度不同的物体被真空隔开时，导热与对流都不会发生，只能进行辐射换热。这是辐射换热区别于导热、对流的一个根本特点。另一个特点是它不仅产生能量的转移，而且伴随着能量形式的转化，即向外辐射时能量从热能转换为辐射能，吸收时辐射能转换为热能。

各种波长的电磁波在科研、生产与日常生活中有着广泛的应用，波长可以从几万分之一微米到数千米，其名称和分类如图 12-1 所示。从理论上讲，物体热辐射的电磁波波长可以包括整个波谱，然而，在工业上所遇到的辐射体的温度通常在 2000K 以下，有实际意义的热辐射波长位于 $0.38 \sim 100 \mu m$ 之间，其中包括部分紫外线、全部可见光和部分红外线，它们投射到物体上能产生较为显著的热效应，这个范围内的电磁波称为热射线。并且大部分能量位于红外线区段的 $0.76 \sim 20 \mu m$ 范围内，而在可见光区段，即波长为 $0.38 \sim 0.76 \mu m$ 的区段，热辐射能量的比重不大。如果把太阳辐射包括在内，热射线的波长区段可放宽为 $0.1 \sim 100 \mu m$。因此，除了太阳能利用装置外，一般可将热辐射看成红外线辐射，以下所讨论的热辐射即指红外线辐射。

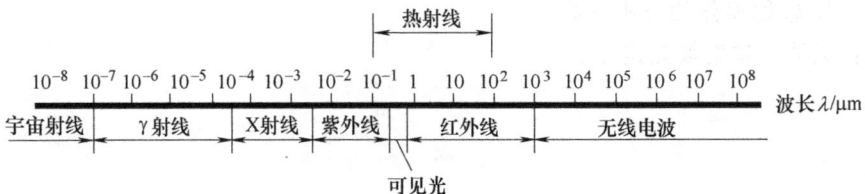

图 12-1　电磁波波谱图

二、辐射的吸收、反射和穿透

热辐射是以电磁波的方式传播能量，因此光波传播的一些基本规律对于热辐射也同样适用。例如，在真空中热辐射的传播速度与光速相同，热辐射到达物体表面后同样有吸收、反射与穿透现象，如图12-2所示。

设外界投射到物体上的总能量为 Q，一部分能量 Q_α 被物体吸收，另一部分能量 Q_γ 被物体反射，其余能量 Q_τ 穿过该物体。根据能量守恒定律有

$$Q = Q_\alpha + Q_\gamma + Q_\tau$$

等式两边同除以 Q 得

图 12-2　物体对热辐射的吸收、反射与穿透

$$\frac{Q_\alpha}{Q} + \frac{Q_\gamma}{Q} + \frac{Q_\tau}{Q} = 1$$

$$\alpha + \gamma + \tau = 1 \tag{12-1}$$

式中　$\alpha = Q_\alpha / Q$——物体的吸收率，它表示在投射到物体的总能量中被吸收的能量所占的比例；

$\gamma = Q_\gamma / Q$——物体的反射率，它表示在投射到物体的总能量中被反射的能量所占的比例；

$\tau = Q_\tau / Q$——物体的穿透率，它表示在投射到物体的总能量中能透过的能量所占的比例。

α、γ、τ 三个数值的大小与物体的特性、温度及表面特性有关。

如果 $\alpha = 1$，即 $Q_\alpha = Q$，$\gamma = \tau = 0$，表示所有落在物体上的辐射能全部被吸收，这样的物体称为绝对黑体，简称黑体。

如果 $\gamma = 1$，即 $Q_\gamma = Q$，$\alpha = \tau = 0$，表示所有落在物体上的辐射能全部被反射出去，这样的物体称为绝对白体，简称白体或镜体。

如果 $\tau = 1$，即 $Q_\tau = Q$，$\alpha = \gamma = 0$，表示所有落在物体上的辐射能全部穿透物体，这样的物体称为绝对透明体，或透明体。

在自然界中，并不存在绝对黑体、白体或透明体，α、γ、τ 的数值总是大于零而小于1。不同的物体具有不同的 α、γ、τ 的数值。固体和液体都可以看成是不透明体，即 $\tau = 0$，此时 $\alpha + \gamma = 1$，这说明吸收能力强的物体反射能力必差，反之，反射能力强的物体吸收能力必差。气体对辐射能几乎没有反射能力，即 $\gamma = 0$，$\alpha + \tau = 1$。

三、辐射力和黑度

为了表示物体向外发射辐射能的数量，引入辐射力的概念。物体单位表面积在单位时间内向空间辐射出去的全部波长范围内的总能量称为辐射力，用符号 E 表示，即 $E = Q/A$，单位是 W/m^2。

绝对黑体的辐射力用 E_b 表示。

实际物体的辐射力和同温度下绝对黑体的辐射之比称为实际物体的黑度，用符号 ε 表示，即

$$\varepsilon = \frac{E}{E_b} \tag{12-2}$$

黑度表示实际物体辐射力接近黑体辐射力的程度。物体的表面黑度取决于物体种类、表

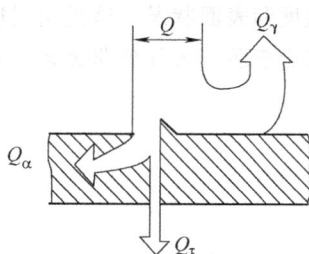

面温度和表面状况，这说明黑度只与发射物体的本身情况有关，而不涉及其他外界条件。实验测定表明，大部分非金属材料的黑度值很高，一般为 0.85~0.95。

课题二　辐射换热的基本定律

【学习目标】

1. 理解斯特藩-波耳兹曼定律。
2. 掌握基尔霍夫定律。

【相关知识】

一、斯特藩-波耳兹曼定律（四次方定律）

实验证明，物体的辐射能力同温度有关。斯特藩-波耳兹曼定律揭示了绝对黑体辐射能力与温度的关系：绝对黑体的辐射力与其本身的热力学温度的四次方成正比，即 $E_b = \sigma_0 T^4$，其中 $\sigma_0 = 5.67 \times 10^{-8} \text{W}/(\text{m}^2 \cdot \text{K}^4)$ 称为黑体辐射常数。为了便于计算，通常写成下列形式，即

$$E_b = C_0 \left(\frac{T}{100} \right)^4 \tag{12-3}$$

式中　C_0——绝对黑体的辐射系数，$C_0 = 5.67 \text{W}/(\text{m}^2 \cdot \text{K}^4)$。

式（12-3）为斯特藩-波耳兹曼定律的数学表达式。它说明绝对黑体的辐射力与它的热力学温度四次方成正比，所以又称为四次方定律。

一切实际物体的辐射力都小于同温度下黑体的辐射力，其辐射力表示为斯特藩-波耳兹曼定律的经验修正公式，即

$$E = \varepsilon E_b = \varepsilon C_0 \left(\frac{T}{100} \right)^4 \tag{12-4}$$

式中　ε——辐射力修正系数。

二、基尔霍夫定律

基尔霍夫定律揭示了实际物体在热平衡状态下辐射力与吸收率之间的关系。这个定律可以从研究两个表面之间的辐射换热得出。如图 12-3 所示，假定两个平板相距很近，于是一个板上的辐射能可以全部落到另一个板上。若其中板 1 为黑体表面，其辐射力、吸收率和表面温度分别为 E_b、α_b 和 T_1。板 2 为任意表面，其辐射力、吸收率和表面温度分别为 E、α 和 T_2。板 2 单位表面积在单位时间内发射的能量为 E，这部分能量投射到黑体表面 1 上时被全部吸收。同时，黑体表面发射的能量为 E_b，这部分落到板 2 上时，只被吸收了 αE_b，其余部分 $(1-\alpha) E_b$ 被反射回板 1，并被表面 1 全部吸收。板 2 支出的能量 E，同收入的能量 αE_b 的收支差额，即两板间辐射换热的面积流量 q：

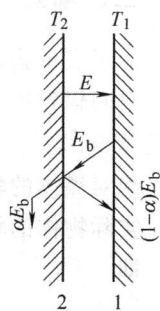

图 12-3　平行平板间的辐射换热

$$q = E - \alpha E_b$$

当体系处于热平衡状态，即 $T_1 = T_2$ 时，$q = 0$，于是上式变为

$$E = \alpha E_b \text{ 或 } \frac{E}{\alpha} = E_b$$

把这种关系推广到任何物体时，可写出如下关系式：

$$\frac{E_1}{\alpha_1} = \frac{E_2}{\alpha_2} = \cdots = \frac{E}{\alpha} = E_b \tag{12-5}$$

这就是基尔霍夫定律，它说明：任何物体的辐射力和吸收率之比恒等于同温度下黑体的辐射力，并且只和温度有关。

从基尔霍夫定律可得出如下结论：

1）物体的辐射力越大，其吸收率越大。也就是说，善于辐射的物体必善于吸收。

2）因为所有实际物体的吸收率永远小于1，所以同温度下黑体的辐射力最大。

3）由式（12-5）可得到 $\alpha = E/E_b$，把它与黑度的定义式 $\varepsilon = E/E_b$ 相对照，则有

$$\alpha = \varepsilon \tag{12-6}$$

式（12-6）说明在热平衡条件下，任意物体对黑体辐射的吸收率等于同温度下该物体的黑度。

但是必须注意，式（12-6）在太阳辐射吸收中并不适用，这是由于太阳辐射中可见光占了约46%的比例，物体颜色对可见光的吸收呈现强烈的选择性，而在常温下物体的红外线辐射一般又与物体的颜色无关，所以物体的吸收率和黑度不可能相等。

三、物体间相对位置对辐射换热的影响

物体间的辐射换热不仅与物体的温度、黑度有关，还与物体换热表面的形状及其相对位置有很大关系。图 12-4 所示为两个平板的三种布置情况。设两板表面的温度分别为 T_1 和 T_2，在第一种布置中，如图 12-4a 所示，由于两平板相对，并十分靠近，每个表面发射出的辐射能几乎全部落到另一平板上，换热量最大；在第二种布置中，如图 12-4b 所示，每个表面发射出的辐射能只有一部分落到另一平板上，换热量较小；在第三种布置中，如图 12-4c 所示，每个表面发射出的辐射能无法投射到另一平板上去，换热量等于零。

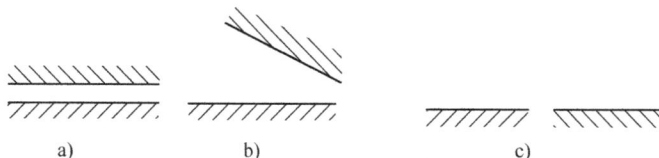

a)　　　　　　　b)　　　　　　　c)

图 12-4　相对位置的影响

表面 1 发出的辐射能落到表面 2 上去的百分数称为表面 1 对表面 2 的角系数 ϕ_{12}。角系数的大小取决于物体表面的形状、相对位置，而与各表面的温度、黑度无关。工程上为了计算方便，将常见的几何形状与相对位置的角系数值绘成了图表供计算时查用。

思 考 题 与 习 题

1. 热辐射与导热、对流换热有什么区别？
2. 什么是物体的吸收率、反射率、穿透率？
3. 什么是辐射力、黑度？

单元十三

传热过程与换热器

【内容构架】

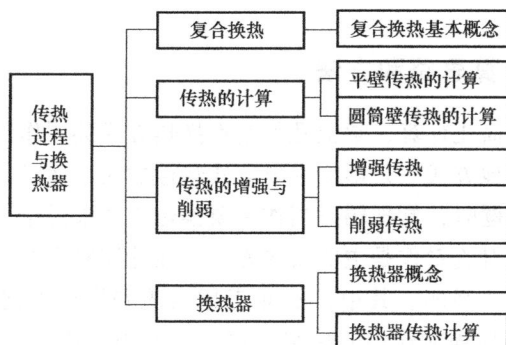

【学习引导】

目的与要求

1. 掌握传热系数、传热热阻、复合换热等基本概念。

2. 理解三种基本传热方式的复合及其特征。

3. 熟悉实际工程中常遇到的传热的增强和削弱的方法。

4. 能应用相关概念和公式进行平壁及圆筒壁的热量传递分析和计算。

重点与难点

重点：1. 实际工程中常遇到的传热的增强和削弱的方法。

2. 换热器的类型及传热分析。

难点：三种基本传热方式的复合及其特征。

课题一　复合换热

【学习目标】

掌握复合换热的概念，并了解复合换热的计算思路和方法。

【相关知识】

前面各单元已分别研究了导热、对流换热和辐射换热，了解了它们的换热规律和计算方法。在实际工程中会遇到许多复杂的传热过程，往往是由导热、对流和热辐射三种基本传热方式复合而成的。例如，采暖系统中散热器的散热过程、保温管道的热损失等。复合换热问题应抓住主要矛盾，对具体问题具体分析，找出解决问题的办法。本课题将讨论平壁及圆筒壁的传热，以及传热的增强和削弱的方法。

一、复合换热的概念

如前所述，人们把一般的热量传递过程划分为导热、对流和辐射三种基本方式，仅仅是为了研究上的方便。而在实际工程中存在的换热问题，则是由几种方式组成的复杂的热交换过程。如采暖系统中散热器的散热过程，室内热量通过建筑物外维护结构向外散热的过程等都同时存在两种基本热交换方式。这种导热、对流和辐射热交换形式同时存在的换热过程称为复合换热过程。

二、复合换热的计算思路和方法

在实际应用中，为了简化计算，常把几种基本换热方式共同作用的结果看作由其中某一种主要方式所造成，而其他方式只是影响主要方式特性的大小而已。例如，在研究炉膛中壁面和烟气流之间的换热问题时，常把辐射当作主要换热方式来讨论；而对建筑物的外墙与空气之间的换热问题，又把对流看作是主要换热方式。在计算复合换热的过程中，用传热系数 $\alpha = \alpha_j + \alpha_f$ 来表示换热过程的强弱。其中，α_j 是考虑对流和导热共同作用时的传热系数，称为接触传热系数；α_f 是考虑辐射作用的传热系数，称为辐射传热系数。如果用 t_1 代表气体的温度，用 t_b 代表壁面温度，则壁面单位表面积的接触传热量为

$$q_j = \alpha_j(t_1 - t_b)$$

单位面积的辐射换热量为

$$q_f = \varepsilon C_0 \left[\left(\frac{T_1}{100} \right)^4 - \left(\frac{T_b}{100} \right)^4 \right]$$

总换热量为以上两项热量之和，即

$$q = q_j + q_f = \alpha_j(t_1 - t_b) + \varepsilon C_0 \left[\left(\frac{T_1}{100} \right)^4 - \left(\frac{T_b}{100} \right)^4 \right] \tag{13-1}$$

由于 $t_1 - t_b = T_1 - T_b$

所以 $$q = (t_1 - t_b) \left\{ \alpha_j + \varepsilon C_0 \left[\frac{\left(\dfrac{T_1}{100} \right)^4 - \left(\dfrac{T_b}{100} \right)^4}{T_1 - T_b} \right] \right\} \tag{13-2}$$

设 $$\alpha_f = \varepsilon C_0 \left[\frac{\left(\dfrac{T_1}{100} \right)^4 - \left(\dfrac{T_b}{100} \right)^4}{T_1 - T_b} \right]$$

则总换热量

$$q = (\alpha_j + \alpha_f)(t_1 - t_b) = \alpha(t_1 - t_b) \tag{13-3}$$

式中　α——总传热系数，$\alpha = \alpha_j + \alpha_f [W/(m^2 \cdot K)]$，即总传热系数等于接触传热系数（包括导热和对流）与辐射传热系数之和。

式（13-3）就是考虑以对流换热作为主要方式，把辐射换热量折算到对流换热量中，用来计算总换热量的公式。计算时只要知道传热系数 α 及温度差（$t_1 - t_b$），总换热量就能方便地求得。在今后的工程换热计算的实践中，通常采用类似的方法，将一个复杂的换热过程看作是由其中某一种主要传热方式所造成的（其他换热方式只是影响主要方式特性的大小而已），而其他方式的换热则可以通过计算公式的变形，折算成这种主要传热方式的计算形式。

课题二　通过平壁、圆筒壁的传热

【学习目标】

1. 掌握平壁传热的计算方法。
2. 掌握圆筒壁传热的计算方法。

【相关知识】

热流体通过固体壁面将热量传给冷流体的过程是一种复合换热过程，简称为传热。根据固体壁面的形状，这种传热可分为通过平壁、通过圆筒壁和通过肋壁等的传热。

一、平壁传热的计算公式

1. 单层平壁

设有一单层平壁，两侧的表面积分别为 F_1、F_2，且 $F_1 = F_2$；平壁厚度为 δ，热导率为 λ，平壁两侧的流体温度为 t_{l1}、t_{l2}，传热系数为 α_1 和 α_2，平壁两侧的表面温度为 t_{b1} 和 t_{b2}，如图 13-1 所示。

在此传热过程中，按热流方向依次有热流体与壁面 1 间的对流换热，通过平壁的导热，以及壁面 2 与冷流体间的对流换热。在稳定状态下，热流体与壁面 1 间传热量、通过平壁的导热量，以及壁面 2 传递给冷流体的热量均相等，即热流体与壁面 1 间的传热量：

$$Q = \alpha_1 A_1 (t_{l1} - t_{b1}) \tag{a}$$

通过平壁的导热量：

$$Q = \frac{\lambda}{\delta} A_1 (t_{b1} - t_{b2}) \tag{b}$$

壁面 2 传递给冷流体的热量：

$$Q = \alpha_2 A_2 (t_{b2} - t_{l2}) \tag{c}$$

将上述三个公式移项得

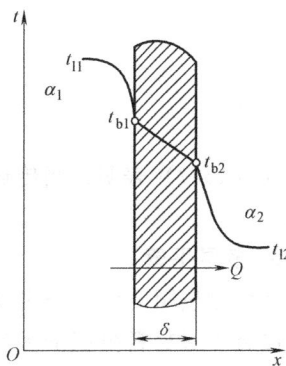

图 13-1　通过单层平壁的传热

$$t_{l1} - t_{b1} = Q \frac{1}{\alpha_1 A_1} \tag{d}$$

$$t_{b1} - t_{b2} = Q \frac{\delta}{\lambda A_1} \tag{e}$$

$$t_{b2} - t_{l2} = Q \frac{1}{\alpha_2 A_2} \tag{f}$$

（d）+（e）+（f）得

$$t_{l1} - t_{l2} = Q \left(\frac{1}{\alpha_1 A_1} + \frac{\delta}{\lambda A_1} + \frac{1}{\alpha_2 A_2} \right)$$

移项后得

$$Q = \frac{t_{l1} - t_{l2}}{\dfrac{1}{\alpha_1 A_1} + \dfrac{\delta}{\lambda A_1} + \dfrac{1}{\alpha_2 A_2}} \tag{13-4}$$

2. 传热系数和热阻

对于平壁，因为两侧的换热面积相等，即 $A_1 = A_2$，这样公式就可以表示为

$$Q = \frac{1}{\dfrac{1}{\alpha_1} + \dfrac{\delta}{\lambda} + \dfrac{1}{\alpha_2}} (t_{l1} - t_{l2}) A \tag{13-5}$$

令 $K = \dfrac{1}{\dfrac{1}{\alpha_1} + \dfrac{\delta}{\lambda} + \dfrac{1}{\alpha_2}}$，其单位是 $W/(m^2 \cdot ℃)$。这样上述公式就可以表示为

$$Q = KA(t_{l1} - t_{l2})$$

将 K 称为传热系数，它表示冷热流体温差为 1℃ 时，通过单位面积传递的热量。由此可以看出，传热系数 K 反映的是传热过程强弱的指标。从公式中可以得到传热系数 K 的大小与冷热流体的物理性质、流体的流动状况、固体材料的热工性能、固体表面的形状和几何尺寸等诸多因素有关。传热系数 K 反映了传热过程强弱，通常将它的倒数称为传热热阻，即

$$R = \frac{1}{K} = \frac{1}{\alpha_1} + \frac{\delta}{\lambda} + \frac{1}{\alpha_2}$$

于是传热量计算公式就可以表示为

$$Q = \frac{(t_{l1} - t_{l2})}{R} A \tag{13-6}$$

那么

$$q = \frac{(t_{l1} - t_{l2})}{R} \tag{13-7}$$

式（13-7）表明，当传热温差（$t_{l1} - t_{l2}$）一定时，传热热阻 R 越大，通过平壁的热流量就越小。

3. 多层平壁

从传热热阻的计算公式可以看出，总热阻等于各部分分热阻之和。工程中遇到的平壁通常是由若干层材料组成的多层平壁。对于多层平壁，总热阻仍等于各部分热阻之和，如图 13-2 所示。从图中可以看出，沿着热流的方向可以将多层平壁的传热过程简化为一个串联电路。

这样多层平壁的热流量计算公式为

$$q = \frac{t_{l1} - t_{l2}}{\dfrac{1}{\alpha_1} + \displaystyle\sum_{i=1}^{n} \dfrac{\delta_i}{\lambda_i} + \dfrac{1}{\alpha_2}} \tag{13-8}$$

二、圆筒壁传热的计算公式

设有一单层圆筒壁，参数如图 13-3 所示。

热流体与壁面 1 间传热量：

$$\frac{Q}{l} = q_1 = \frac{t_{11} - t_{b1}}{\dfrac{1}{\alpha_1 \pi d_1}} \tag{a}$$

通过圆筒壁的导热量：

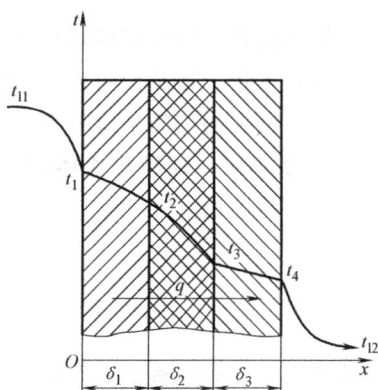

图 13-2　通过多层平壁的传热

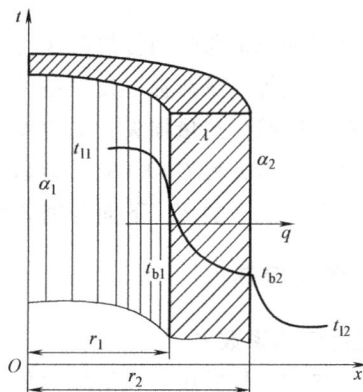

图 13-3　通过单层圆筒壁的传热

$$q_1 = \frac{t_{b1} - t_{b2}}{\dfrac{\ln d_2}{2\pi\lambda \ \ln d_1}} \tag{b}$$

壁面 2 传递给冷流体的热量：

$$q_1 = \frac{t_{b2} - t_{12}}{\dfrac{1}{\alpha_2 \pi d_2}} \tag{c}$$

将上述三个公式经移项并相加得：

$$t_{11} - t_{12} = \frac{q_1}{\pi}\left(\frac{1}{\alpha_1 d_1} + \frac{1}{2\pi\lambda}\ln\frac{d_2}{d_1} + \frac{1}{\alpha_2 d_2}\right) \tag{13-9}$$

于是单位长度圆筒壁的传热量为

$$q_1 = \frac{(t_{11} - t_{12})}{\dfrac{1}{\alpha_1 \pi d_1} + \dfrac{1}{2\pi\lambda}\ln\dfrac{d_2}{d_1} + \dfrac{1}{\alpha_2 \pi d_2}} \tag{13-10}$$

对比多层平壁可知，工程中遇到的圆筒壁通常是由若干层材料组成的多层圆筒壁，对于多层圆筒壁，总热阻等于各部分热阻之和。

课题三   传热的增强与削弱

【学习目标】

1. 掌握增强传热的各种途径。
2. 了解削弱传热的方法。

【相关知识】

在制冷工程中常遇到的传热问题可以分为两类：一是增强传热，即提高换热设备的传热能力，或在满足传热量前提下使设备尺寸尽量缩小、减轻设备重量、提高设备工作效率；二是削弱传热，以减少热量损失，如冷库墙体、冰箱等需要采取必要的措施来维持系统内的温度。由传热的基本方程 $Q = KA\Delta t$ 可以看出，热流量由三个因素决定，即冷热流体间的温差，传热面积 A 和传热系数 K。下面分别分析增强和削弱传热的一些途径。

一、增强传热

1. 提高传热系数 K

增强传热的积极措施是设法增大传热系数，减小传热热阻。传热过程的总热阻是各串联热阻的总和，那么改变其中哪一项局部热阻对减小总热阻、增强传热效果最显著呢？

以单层平壁为例，其总热阻为

$$R = \frac{1}{K} = \frac{1}{\alpha_1} + \frac{\delta}{\lambda} + \frac{1}{\alpha_2} \tag{13-11}$$

换热设备一般都使用金属薄壁，其厚度小而热导率大，故壁的导热热阻很小，即 δ/λ 可以略去不计，这样传热总热阻为

$$\frac{1}{K} = \frac{\alpha_1 + \alpha_2}{\alpha_1 \alpha_2}$$

即传热系数为

$$K = \frac{\alpha_1 \alpha_2}{\alpha_1 + \alpha_2} \tag{13-12}$$

由式（13-12）可以看出，K 值必小于 α_1 及 α_2。而且它比 α_1 和 α_2 两者中较小的一个还小。所以在增大传热系数时，必须把 α 中最小的一项增大，才能最有效地增大传热系数。

当各局部热阻相差不多时，要想减小总热阻，则应当同时减小每一项局部热阻。

制冷空调设备的主要换热设备是冷凝器和蒸发器。冷凝器冷却介质一侧的热阻是水垢或灰层。对水冷式冷凝器，1mm 厚的水垢层相当于 40mm 厚的钢壁；对于风冷式冷凝器，1mm 厚的灰层相当于 400mm 厚的钢壁；对于制冷剂侧，热阻主要是油污与不凝性气体。蒸发器制冷剂侧的热阻主要是油污，被冷却介质侧是霜层和灰尘。油膜厚为 0.1mm 时，其热阻相当于 33mm 钢壁的热阻，它还影响制冷剂在传热面上的润湿能力。当蒸发器表面的温度低于空气露点的温度时，在蒸发器表面就会结露，表面温度低于 0℃ 时，露就变成霜。霜的热导

率在 0.116~0.139W/(m·K) 之间。当霜层的厚度达到与管壁相同厚度时，其热阻约比钢管的热阻大 94~443 倍。

这些热阻的存在将严重影响制冷设备的工作参数和性能，所以应定时清除设备传热面上的水垢、灰尘、油污、霜层、排放系统中不凝性气体，以保证设备的工作效率。

具体提高传热系数的方法有很多，如改变流体的流动情况，增加流速和流体的扰动，以增加液体的湍流程度，正确安装换热面（如叉排布置等），选用与制冷剂相溶解的润滑油从而避免油膜热阻，这些都可以有效地增强放热，减小局部热阻，增大传热系数。

2. 增大传热面积 A

在有些情况下提高传热系数比较困难，这时可以用增加传热面积的办法来强化传热，具体措施就是在传热面上加装肋片，肋片的形状很多，根据需要可以装在传热管外部，也可装在管子内壁，如空调器的翅片管组，暖气设备上的散热片等都是应用肋片的例子。

肋片面积与光面面积的比值称为肋化系数。

通常肋片加在表面传热系数低的一侧可以取得较显著的增强传热的效果。还应注意，只有当肋片与壁面紧密接触时，才能起到增强传热的作用。若接触不良，在壁面与肋片接合处产生较大的热阻，则肋片起不到应有的增强传热的作用。

3. 增大传热温差 Δt

增大传热温差的途径有两种：

1) 提高热流体温度或降低冷流体温度，具体措施要根据系统设备决定。在冷凝器换热中要尽量降低冷却介质温度（冷流体温度），在蒸发器中要尽量提高被冷却介质温度（热流体温度），从而保证制冷装置在高性能下工作。

2) 换热面两侧流体的流动采用逆流方式，可以得到比较高的平均传热温差。

二、削弱传热

对于冷库的围护结构、制冷空调设备及管道，为了避免大量的热量损失与冷量损失，常采取保温措施，以削弱对外界的传热过程。最简单的办法就是在壁面上附加一层热绝缘层以增加热阻，达到隔热的目的。石棉、石棉制品、膨胀珍珠岩、软木、泡沫塑料等都可以用来作为热绝缘层。在制冷空调设备的保温措施中，要注意壁面的温度应高于环境空气露点温度，以避免结霜结冰，使保温材料受潮，从而大大降低保温能力。一方面可采用真空密封材料，另一方面可将隔热材料的厚度适当增大。

从平壁传热系数计算公式可以看出，在平壁上加厚保温层，总是能够增加热阻而削弱传热。但是在圆管上敷设保温层时，热阻并不总是随厚度增加，相反地有时会减小，从而使传热增加。这是由于圆管传热量与保温层外径有关，增厚保温层就意味着增加了传热面积。$d_{cr} = 2\lambda/\alpha_2$，称为临界热绝缘直径，$\lambda$ 为保温材料的热导率，α_2 为保温层外表面与周围环境的总表面传热系数。该公式指管道散热量最大的保温层的直径，当保温层外径小于 d_{cr} 时，增大保温层厚度，散热量反而增加；只有当保温层外径大于 d_{cr} 时，散热量才会随着增大保温层厚度而减小，以达到减少热损失的目的。可见当管外直径 $d_2 < d_{cr}$ 时，为削弱传热，敷设保温层的厚度应使管外径大于临界热绝缘直径。

【学习目标】

1. 了解各种类型换热器的结构及其特点。
2. 了解换热器传热计算方法。

【相关知识】

一、换热器的概念

换热器是实现两种温度不同的流体相互换热的设备。在换热器里，热量由一种流体传给另一种流体，结果使得热流体被冷却或液化，冷流体被加热或汽化。由于应用场合、介质及工艺要求不同，工程中应用的换热器种类很多，这些换热器按工作原理可分为三种类型。

1. 间壁式换热器

在这种换热器里，冷、热流体同时在换热器内流动，但冷、热两种流体被壁面隔开，互不接触，热量由热流体通过壁面传给冷流体。制冷空调设备中的换热器大多是这种间壁式换热器。

从结构上来说，间壁式换热器又可分为壳管式、套管式、肋片管式、板翅式、螺旋板式等。

2. 混合式换热器

在混合式换热器内，热量的交换是依靠热流体和冷流体直接接触和互相混合来实现的，热量传递的同时伴随着质量的交换或混合，所以它具有传热速度快、效率高、设备简单等优点，中央空调系统中的喷水室、冷却塔等都属于这种类型。

3. 回热式换热器

在这种换热器中，流过同一换热壁面的一会儿是热流体，一会儿是冷流体。当热流体流过时为加热器，热量被壁面吸收并储存在壁面内；当冷流体流过时是冷却，壁面把储蓄的热量又传给冷流体。因此在回热式换热器中，通过壁面同期性地加热和冷却热量也就同期性地不断由热流体传给了冷流体。

二、换热器传热计算

在制冷空调工程中，间壁式换热器应用最为广泛。所以下面只讨论间壁式换热器的传热计算公式。

传热计算可分为两种情况：一是设备选型，计算的目的是根据流体参数，确定换热面积；二是对已制成的换热器进行校核计算，目的是确定其换热量和冷却介质温度参数。这两种计算所使用的基本方程式均为传热方程式。

1. 传热计算公式

换热器的传热公式为

$$Q = KA\Delta t_m \tag{13-13}$$

式中　A——换热器的面积（m^2）；

K——换热器的传热系数 $[W/(m^2 \cdot K)]$，可以根据冷热两种流体的性质、流体在换热器内流动的情况及换热器的结构等查有关手册；

Δt_m——平均温差（℃）。

在前面的传热过程计算中 Δt 都是作为一个定值来处理的，但对于换热器情况就不同了，此时冷热两种流体沿传热面进行交换，其强度沿流动方向不断变化，因此冷、热流体间的温差也是不断变化的。

2. 平均温差的计算

（1）冷、热流体的流动方式对温度变化的影响 在间壁式换热器中，流体流动方向常见有两种形式：

顺流：在换热器里，热流体和冷流体朝着一个方向流动（图 13-4a）。

逆流：在换热器里，两种流体平行流动，但方向相反（图 13-4b）。

图 13-4 表示单流程顺流（图 a）和单流程逆流（图 b）换热器中的温度分布，图中横坐标表示传热面积 A，纵坐标表示工作流体的温度。从图中可以看出，顺流时冷流体的终温度 t''_2 永远要低于热流体的终温度 t''_1；而逆流时冷流体的终温度可能超过热流体的终温度 t''_1。因此对于初温度相同的冷流体，采用逆流方式比采用顺流方式能把冷流体加热到更高温度，或者把热流体冷却到更低温度。

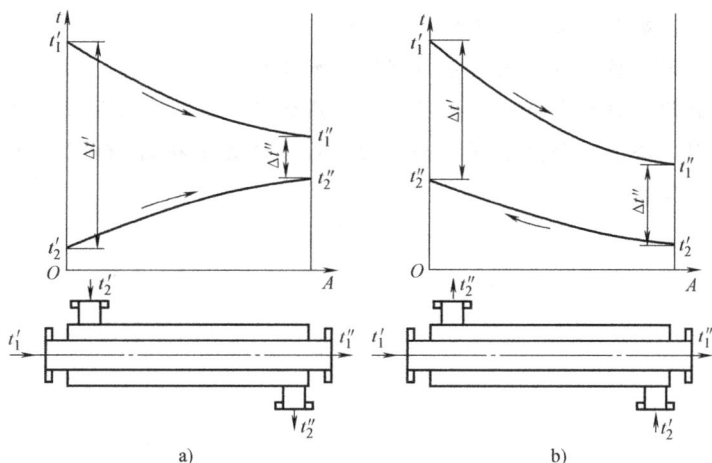

图 13-4 换热器中的温度分布
a）顺流 b）逆流

另外，在一定的进、出口温度下，逆流的平均温差比顺流大，因此传递一定的热流量，采用逆流时传热面积 A 就比较小，换热器的体积可以减小；当传热面积一定时，采用逆流则比采用顺流换热量多，提高了换热器的传热能力。所以在工程应用中，除非有其他结构和布置上的要求，换热器一般总是尽可能采用逆流或接近逆流的形式布置。

当两种工作流体中某一种流体的温度保持不变时，如液体沸腾和蒸气凝结，则无论顺流或逆流，其平均温差都相等，换热器流动形式布置可以不受上述限制。

（2）顺流或逆流时平均温差的计算 平均温差是指热流体和冷流体之间的温度差沿整个换热面的平均值，用 Δt_m 表示。Δt_m 的计算方法有以下两种：

1）采用进、出口处两流体温度差 $\Delta t'$ 及 $\Delta t''$ 的算术平均值，即

$$\Delta t_{\mathrm{m}} = \frac{\Delta t' + \Delta t''}{2} \qquad\qquad (13\text{-}14)$$

算术平均温差求法简便，但有较大误差。只有在冷、热流体间的温差沿换热面变化不大时，才可近似地用作传热温差。

2）在要求比较精确的计算中，应采用对数平均温差作为传热温差，即

$$\Delta t_{\mathrm{m}} = \frac{\Delta t' - \Delta t''}{\ln \dfrac{\Delta t'}{\Delta t''}} \qquad\qquad (13\text{-}15)$$

上式对于顺流和逆流都同样适用，但应用于逆流时需注意，式中 $\Delta t'$ 为换热器两端的冷热流体温差中较大的温差，$\Delta t''$ 为较小的温差。

思 考 题 与 习 题

1. 什么是传热过程？

2. 在传热面上加装肋片有何作用？它应装在传热壁的哪一面？

3. 增强传热的目的是什么？采用哪些方法能使传热增强？

4. 减弱传热的原则是什么？具体措施有哪些？

5. 什么是换热器？按工作原理可分为哪几种类型？

6. 换热器长时间工作后会有哪些原因使其传热效果下降？应采取什么措施？

7. 有一换热器，冷流体初温 30℃，终温 200℃；热流体初温 360℃，终温 300℃，试求顺流与逆流的平均温差。

第三篇 制冷剂、载冷剂、冷冻油

单元十四

制 冷 剂

【内容构架】

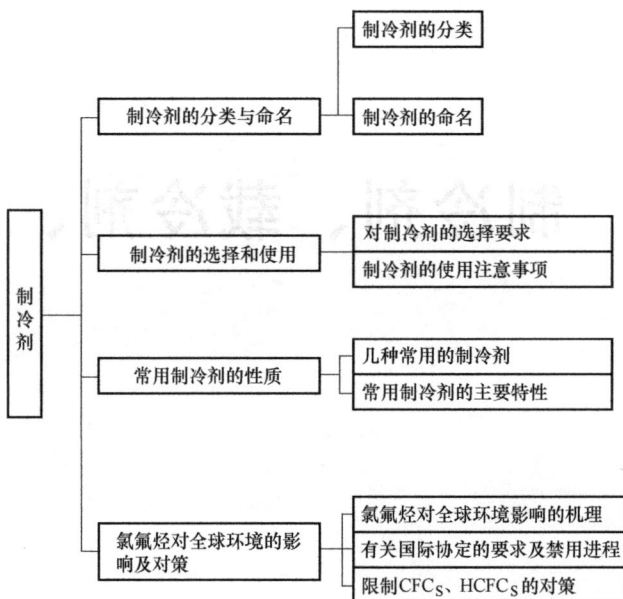

【学习引导】

目的与要求

1. 掌握制冷剂的分类与命名，学会如何选择制冷剂。

2. 掌握常用制冷剂的性质。

3. 了解制冷剂对环境的影响及限制对策。

重点与难点

重点：1. 制冷剂的分类与命名、选择制冷剂的要求。

　　　2. 常用制冷剂的性质。

难点：1. 制冷剂的分类与命名，选择制冷剂的要求。

　　　2. 常用制冷剂的性质。

3. 制冷剂对环境的影响及限制对策。

课题一　制冷剂的分类与命名

【学习目标】

掌握制冷剂的分类及其制冷剂的命名方法。

【相关知识】

制冷剂是制冷系统中实现制冷循环的工作介质，制冷剂又称为制冷工质。它是在制冷系统中不断循环并通过其本身的状态变化以实现制冷的工作物质。制冷剂在蒸发器内吸收被冷却介质（水或空气等）的热量而汽化，从液态变为气态；在冷凝器中将热量传递给周围空气或水而冷凝，再从气态变为液态，以完成制冷循环，如图 14-1 所示。

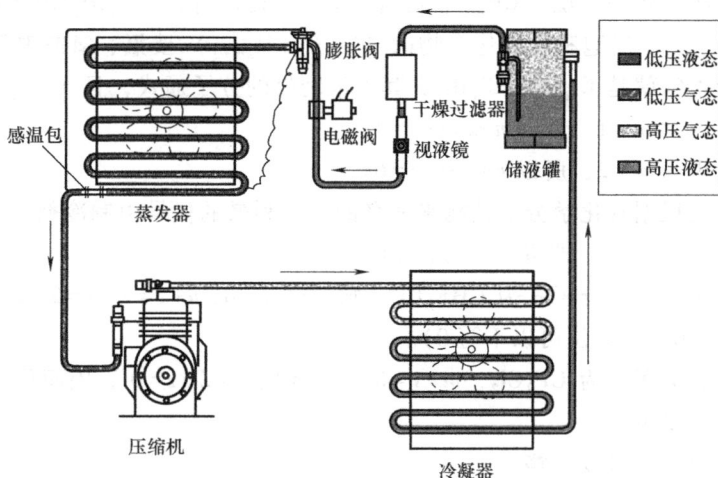

图 14-1　制冷剂在设备中的制冷循环过程

目前能作为制冷剂的物质有很多种，并且随着对环境的要求和对碳排放量的要求，新的制冷剂在不断地发现和研制中。在已发现的制冷剂中，能够经常用于制冷的工质仅有几十种。

为方便书写，国际上统一规定用字母"R"和它后面的一组数字或字母作为制冷剂的简写符号。字母"R"表示制冷剂，后面的数字或字母根据制冷剂的种类或分子组成按一定的规则编写。

一、无机化合物类制冷剂

无机化合物类可作为制冷剂的有很多种类。如氨、水、氖、二氧化碳等物质。它们命名方法是：制冷剂代号"R"后加 7##。##为阿拉伯数字，是无机物的相对分子质量。如氨命名为 R717。氨的分子式为 NH_3，相对分子质量是 17；"7"代表无机化合物类，17 为其相对分子质量的整数部分。如水 H_2O——R718，二氧化碳 CO_2——R744 等。

各种无机化合物制冷剂表示方法见表 14-1。

二、氟利昂制冷剂

氟利昂是饱和碳氢化合物（烷族）的卤族元素的衍生物的总称，又称为卤碳化合物类制冷剂。

表 14-1 各种无机化合物制冷剂表示方法

制冷剂编号	化学名称	化学分子式	相对分子质量	制冷剂编号	化学名称	化学分子式	相对分子质量
R702	氢	H_2	2.0159	R729	空气	$21O_2 \cdot 78N_2 \cdot 01A$	28.97
R704	氦	He	4.0026	R732	氧	O_2	31.998
R717	氨	NH_3	17.03	R740	氩	A	39.948
R718	水	H_2O	18.02	R744	二氧化碳	CO_2	44.01
R720	氖	Ne	20.183	R744A	氧化亚氮	N_2O	44.02
R728	氮	N_2	28.013	R764	二氧化硫	SO_2	64.07

饱和碳氢化合物主要是甲烷（CH_4）、乙烷（CH_3CH_3）、丙烷（$CH_3CH_2CH_3$）等物质，其分子通式是 C_mH_{2m+2}。当饱和碳氢化合物的氢原子（H_{2m+2}）被氟、氯或溴等部分或全部取代后，所得的衍生物就是 $C_mH_nF_xCl_yBr_z$，其为氟利昂的分子通式，且 $n+x+y+z=2m+2$。

对于甲烷系，因为 $m=1$，所以 $n+x+y+z=4$；

对于乙烷系，因为 $m=2$，所以 $n+x+y+z=6$。

氟利昂制冷剂是根据其化学分子结构来命名的，氟利昂的代号由制冷剂编号"R"加后缀$(m-1)(n+1)(x)(z)$组成，即 $R(m-1)(n+1)(x)(z)$。

例如：二氟一氯甲烷，分子式为 CHF_2Cl，则：$m-1=0$，$n+1=2$，$x=2$，$z=0$，因而代号为 R22（如果 $m-1=0$，则首位可以不写 0）。

二氟二氯甲烷，分子式为 CF_2Cl_2，$m-1=0$，$n+1=1$，$x=2$，$z=0$，因而代号为 R12。

氟利昂的编号需要说明：

1）如果 $z=0$，则 Br 可以省略。

2）对于同分异构体，它们都有相同的编号，但有不同的结构。为了区别异构体，在代号后面附加"a""b""c"等字母以示区别，如 R134a 等。

3）对于甲烷类衍生物，由于 $m-1=0$，习惯上省略 R 后面的第一位数 0。

氟利昂制冷剂命名见表 14-2。

表 14-2 氟利昂制冷剂命名

制冷剂编号	化学名称	化学分子式	制冷剂编号	化学名称	化学分子式
R11	三氯氟甲烷	CCl_3F	R12	二氯二氟甲烷	CCl_2F_2
R13	氯三氟甲烷	$CClF_3$	R20	三氯甲烷	$CHCl_3$
R22	氯二氟甲烷	$CHClF_2$	R30	二氯甲烷	CH_2Cl_2
R40	氯甲烷	CH_3Cl	R111	五氯氟乙烷	CCl_3CCl_2F
R113	1,1,2-三氯-1,2,2 三氟乙烷	CCl_2FCClF_2	R113a	1,1,1-三氯-2,2,2 三氟乙烷	CCl_3CF_3
R123	2,2-二氯-1,1,1-三氟乙烷	$CHCl_2CF_3$	R134a	1,1,1,2-四氟乙烷	CH_2FCF_3
R150a	1,1-二氯乙烷	CH_3CHCl_2	R152a	1,1-二氟乙烷	CH_3CHF_2

三、饱和碳氢化合物

饱和碳氢化合物代号的编号规则与氟利昂相同，如甲烷为 R50，乙烷为 R170，丙烷为 R290。但丁烷不按上述规则书写，而写成 R600。饱和碳氢化合物命名见表 14-3。

表 14-3　饱和碳氢化合物命名

制冷剂编号	化学名称	化学分子式	制冷剂编号	化学名称	化学分子式
R50	甲烷	CH_4	R600a	异丁烷	$CH(CH_3)_3$
R170	乙烷	CH_3CH_3	R600	丁烷	$CH_3CH_2CH_2CH_3$
R290	丙烷	$CH_3CH_2CH_3$			

四、环状有机化合物

环状有机化合物是在 R 后边加上一个字母"C"，然后按氟利昂的编号规则书写，如六氟二氯环丁烷写作 RC316，八氟环丁烷写作 RC318 等。环状有机化合物命名见表 14-4。

表 14-4　环状有机化合物命名

制冷剂编号	化学名称	化学分子式
RC316	六氟二氯环丁烷	$C_4Cl_2F_6$
RC317	氯七氟环丁烷	C_4ClF_7
RC318	八氟环丁烷	C_4F_8

五、不饱和碳氢化合物及它们的卤族元素衍生物

这一类制冷剂在 R 后边先写一个"1"，然后按氟利昂的编号规则书写。如乙烯为 R1150，丙烯为 R1270；二氯二氟乙烯为 R1112a 等。不饱和碳氢化合物及它们的卤族元素衍生物的命名见表 14-5。

表 14-5　不饱和碳氢化合物及它们的卤族元素衍生物命名

制冷剂编号	化学名称	化学分子式	制冷剂编号	化学名称	化学分子式
R1112a	1,1-二氯-2,2二氟乙烯	$CCl_2=CF_2$	R1114	四氟乙烯	$CF_2=CF_2$
R1113	1-氯-1,2,2三氟乙烯	$CClF=CF_2$	R1120	三氯乙烯	$CHCl=CCl_2$
R1130	1,2-二氯乙烯	$CHCl=CHCl$	R1132a	1,1-二氟乙烯	$CH_2=CF_2$
R1140	氯乙烯	$CH_2=CHCl$	R1141	氟乙烯	$CH_2=CHF$

六、共沸混合物制冷剂

由两种或两种以上互溶的单组分制冷剂在常温下按一定比例混合而成的制冷剂称为共沸混合物制冷剂。它的性质与单组分制冷剂的性质一样，在恒定的压力下具有恒定的蒸发温度，且气相和液相的组分液相同。

共沸溶液制冷剂的热力性质与组成它的原来单组分制冷剂热力性质都不同，其形成了不同的热力性质，从而改善和提高了制冷循环性能。

共沸制冷剂在命名中规定在 R 后边的第一个数字为"5"，其后边的两位数字按开发、

实用的先后次序编号，如 R500、R501、R502、…、R507 等。共沸混合物制冷剂命名见表 14-6。

表 14-6　共沸混合物制冷剂

制冷剂编号	组分	混合质量百分比	制冷剂编号	组分	混合质量百分比
R500	R12/R152a	73.8/26.2	R504	R32/R115	48.2/51.8
R501	R22/R12	75/25	R505	R12/R31	78/22
R502	R22/R115	48.8/51.2	R506	R31/R114	55.1/44.9
R503	R23/R13	40.1/59.9	R507	R125/R143a	50/50

七、非共沸混合物制冷剂

由两种或两种以上相互不形成共同沸点溶液的单组分制冷剂混合而成的溶液称为非共沸混合物制冷剂。溶液被加热时，在一定的蒸发压力下，较易挥发的组分蒸发的比例大，难挥发的组分蒸发的比例小，因此，气、液两相的组成不相同，且制冷剂在蒸发过程中温度是变化的，在冷凝过程中也有类似的特性。

在制冷剂编号命名中对非共沸混合物制冷剂编号是在 R 后边加后缀 400 的编号顺序，按照研制实用的顺序命名。如 R400、R401、R402、…、R411 等。非共沸混合物制冷剂命名见表 14-7。

表 14-7　非共沸混合物制冷剂

制冷剂编号	组分	混合质量百分比	制冷剂编号	组分	混合质量百分比
R401A	R22/R152a/R124	53/13/34	R402B	R125/R290/R22	38/2/60
R401B	R22/R152a/R124	61/11/28	R404A	R125/R143a/R134a	44/52/4
R401C	R22/R152a/R124	33/15/52	R407A	R32/R125/R134a	20/40/40
R402A	R125/R290/R22	60/2/38	R407B	R32/R125/R134a	10/70/20

以上的分类方法是按照制冷剂的化学种类来划分的。在工程中还有用蒸发温度和冷凝压力来分类的，根据标准蒸发温度的高低及常温下冷凝压力的大小，又可将制冷剂分为：高温低压制冷剂、中温中压制冷剂、低温高压制冷剂。制冷剂的分类见表 14-8。

表 14-8　制冷剂按温度、压力的分类

类别	制冷剂	常温下冷凝压力/10^5Pa	标准蒸发温度/℃	使用范围
高温低压制冷剂	R11、R21、R113、R114	1.96~7.94	>0	适用于空调系统用离心式压缩机
中温中压制冷剂	R717、R12、R22、R13a、R502	<19.6	-70~0	适用于空调或冷库制冷系统活塞式压缩机
低温高压制冷剂	R13、R14、R23、R503	19.6~68.6	≤-70	适用于-70℃ 以下的制冷系统或复叠式制冷装置的低温部分

课题二　制冷剂的选择和使用

【学习目标】

1. 掌握制冷系统对制冷剂的选择要求。

2. 了解制冷剂在使用中的注意事项。

【相关知识】

一、对制冷剂的选择要求

制冷剂的性质直接影响着制冷机的构造、尺寸和运转性能，也会影响制冷循环的形式、设备结构及技术性能。因此，制冷剂应具有较好的热力性能和物理化学性能等各方面的要求，其具体要求见表 14-9。

表 14-9　制冷剂的选择要求

序号	性能要求	具体要求
1	具有优良的热力学特性	①沸点要低。标准蒸发温度低,不但可获得较低的制冷温度,而且可以在一定蒸发温度下,使蒸发压力高于大气压力,防止空气进入容器,同时系统一旦泄漏容易发现 ②常温下冷凝压力不宜过高,以降低对设备和管道的强度及气密性要求 ③临界温度要高,以便用常温冷却介质使之液化,现有制冷剂冷凝温度一般在0~200℃之间 ④凝固温度要低,它是制冷剂使用范围的下限,凝固温度越低,制冷剂适用范围越大 ⑤蒸气比体积要小,减小活塞式压缩机的尺寸 ⑥液体比热容要小,以减小节流损失 ⑦汽化热大,单位制冷量也大 ⑧等熵指数要小,使压缩过程耗功减少,压缩终了,排气温度不过高
2	具有优良的热物理性能	①热导率要高,以提高设备效率,减小传热面积 ②黏度尽可能小,以减少管道阻力,减少压缩机功耗,减小系统管径 ③有一定的溶水性,以防止在制冷系统中形成冰塞
3	具有良好的化学稳定性	①要求工质在高温下具有良好的化学稳定性 ②保证在最高工作温度下工质不发生分解
4	与润滑油有良好的互溶性	有一定的溶油性,溶油性制冷剂有利于压缩机各运转部件的润滑,但易于在换热器表面形成油膜,影响传热效果
5	有良好的安全性	①工质应无毒、无刺激性、无燃烧性及无爆炸性 ②具有易检漏的特点
6	良好的绝缘性	有良好的电气绝缘性
7	经济性	①价格低廉,易于获得 ②生产工艺简单
8	环保性	要求工质的消耗臭氧层潜值(ODP)与全球变暖潜值(GWP)尽可能小,以减小对大气臭氧层的破坏,防止全球气候变暖

由于制冷剂种类很多，其性质差别也很大，要求完全满足上述要求的制冷剂尚未发现。制冷工程中，根据实际情况考虑各种因素，选择适用的制冷剂。常用制冷剂的热力性质见表 14-10。

二、制冷剂的使用注意事项

制冷剂属于化学类制品，常压常温下呈气体状态，某些制冷剂有腐蚀性，还有毒性、可燃性、可爆性，有的制冷剂对人类有危害。所以，在使用保管中要注意安全，防止造成人身伤害和财产损失的事故。

表 14-10　常用制冷剂的热力性质

制冷剂名称	化学式	制冷剂编号	相对分子质量	沸点/℃	临界温度/℃	临界压力/MPa	临界比体积/(L/kg)	凝固温度/℃
氨	NH_3	R717	17.03	−33.35	132.4	11.29	4.245	−77.7
水	H_2O	R718	18.02	100.0	374.12	22.12	3.128	0.0
二氧化碳	CO_2	R744	44.01	−78.52	31.0	7.3	2.135	−56.6
一氟三氯甲烷	$CFCl_3$	R11	137.39	23.7	198.0	4.37	1.805	−111.0
二氟二氯甲烷	CF_2Cl_2	R12	120.92	−29.8	112.04	4.12	1.793	−155.0
三氟一氯甲烷	CF_3Cl	R13	404.47	−81.5	28.27	3.86	1.729	−180.0
二氟一氯甲烷	CHF_2Cl	R22	86.48	−40.8	96.0	4.986	1.905	−160.0
三氟三氯乙烷	$C_2F_3Cl_3$	R113	187.39	47.68	214.1	3.415	1.735	−36.6
四氟二氯乙烷	$C_2F_4Cl_2$	R114	170.91	3.5	1455.8	3.275	1.717	−94.0
四氟乙烷	$C_2H_2F_4$	R134a	102.0	−26.5	100.6	3.944	2.05	−101.0
二氟乙烷	$C_2H_4F_2$	R152a	66.05	−25.0	113.5	4.49	2.740	−117.0
异丁烷	C_4H_{10}	R600a	58.13	−11.73	135.0	3.645	4.326	−160.0
乙烯	C_2H_4	R1150	28.05	−103.7	9.5	5.06	4.37	−169.5
丁烯	C_4H_8	RC318	200.04	−5.8	115.3	2.781	1.611	−41.4

制冷剂在使用、保管、运输中应注意以下要求：

1）盛放制冷剂的容器、钢瓶必须经过检验合格，确保能承受规定的压力。

2）各种制冷剂的容器应标有明显的品名、数量、安全标识，以防错用或用作其他用处。

3）制冷剂应在阴凉处储存，应避免高热或太阳直晒。在搬动和使用时应轻拿轻放，禁止敲击，以防泄漏或爆炸。

4）分装或充注制冷剂时，室内空气必须畅通，禁止在室内排放有毒、易燃、易爆的气体。如果发生泄漏，应立即采取相应措施，设法排气、通风，防止中毒。

5）分装或充注制冷剂时，必须戴防护用品，以防制冷剂喷出造成人身伤害。

6）在检修制冷系统时，如果需要从系统中回收制冷剂，制冷剂抽出并压入钢瓶时，钢瓶应得到充分的冷却，并严格控制制冷剂的质量。绝不能装满钢瓶，一般以钢瓶容积的60%左右装载量为宜。

7）禁止制冷剂液体接触人的皮肤，防止冻伤皮肤。

课题三　常用制冷剂的性质

【学习目标】

1. 掌握水、氨、氟利昂 R22、R134a 制冷剂的性质。

2. 了解氟利昂 R410A、R407C、R290 制冷剂的性质。

【相关知识】

一、几种常用的制冷剂

1. 水 H_2O（R718）

纯净的水是无色、无味、无臭的透明液体。水在 1 个标准大气压，温度在 0℃ 以下时为固体，0℃ 为水的冰点。从 0~100℃ 之间为液体（常温常压情况下水呈液态），100℃ 以上为气体（气态水），100℃ 为水的沸点。

水的优点：环保、安全、易得、无毒无味、储量多而广。

水的缺点：比体积大，沸点高，凝固点高，限制制冷温度在 0℃ 以上。

适用：蒸气喷射式制冷机、溴化锂吸收式制冷机。

2. 氨 NH_3（R717）

氨属于无机化合物类制冷剂，是目前被广泛采用的中温中压制冷剂之一。氨的汽化热大，在标准沸点下 $r=23343kJ/kmol$，其黏度小，流动阻力小，在润滑油中的溶解度小。氨的热力性质参见附图 B-5。

氨蒸气无色并具有强烈的刺激性气味，有较大的毒性，对人体有较大的伤害，当氨蒸气在空气中体积分数达到 0.5% 以上时，人长时间停留就会有生命危险。氨易燃易爆，当空气中体积分数达到 11%~14% 时，即可点燃；当体积分数达到 16%~25% 时，可引起爆炸。所以，氨用在大中型工业制冷或冷库制冷中，不能用在空调系统中或船舶制冷系统中。氨的制冷范围是 +5~-60℃。

氨易溶于水，氨与水可以 700:1 的比例互溶，在低温下水不会从氨液中析出，不会出现"冰堵"现象，所以氨系统中一般不设置制冷剂干燥器。但是氨液溶水后，对金属有很大的腐蚀作用，对制冷设备造成损害，故规定氨作为制冷剂的允许含水量不超过 0.2%（质量分数）。

氨的优点：环保，热力性质好，工作压力适中，制冷量大，黏性小，密度小，流动阻力小，传热性能好，溶水性好，不会"冰堵"，纯氨不具有腐蚀性，但含水后腐蚀铜及铜合金。

氨的缺点：毒性大，有刺激性臭味，易燃易爆，一旦泄漏，将污染空气、食品，并刺激人体，微溶于润滑油，易有油膜。

适用：大中型工业制冷装置（-60℃ 以上）和大中型冷库。

3. 氟利昂（Freon）

氟利昂是应用较广的一类制冷剂，主要用于中、小型活塞压缩机、螺杆压缩机，低温制冷装置及有其他特殊要求的制冷装置中。大部分氟利昂具有无毒或低毒特性，无刺激性气味，热稳定性好，沸点低、凝固点低。其不易燃易爆，等熵指数小，排气温度低，不腐蚀金属。

氟利昂的缺点是密度大，黏性大，流动阻力大，渗透性强，易于泄漏而不被发现，价格高。

各种氟利昂制冷剂的热力性质参见附录 A、B 相关图表。

（1）R22　R22 属于中温中压类制冷剂，能制取的最低温度为-80℃。常用于家用、商用空调系统以及中、低温商用冷藏设备，包括食品加工设备、超市展示柜、食品生产和储藏设备，以及冷藏运输系统，如图 14-2 所示。

R22 在常温常压下为无色气体，无味、不燃烧、不爆炸。在高压下为无色透明液体，具有良好的热稳定性和化学稳定性，不腐蚀金属。R22 不溶解于水，所以对其含水量应控制在 0.0025%（质量分数）以内。在制冷系统中为了防止出现"冰堵"，需要在循环系统内设置干燥器。R22 制冷剂热力性质参见附表 A-4 和附图 B-3。

R22 具有低毒性，但仍属于安全类制冷剂。R22 属于 HCFC 类制冷剂，在大气层中寿命较短，易分解回到地面，对大气臭氧层有微弱的破坏作用，属于过渡性替代制冷剂。

（2）R134a　R134a 属于中温中压制冷剂，热力学性质与 R12 相近，不燃烧、不爆炸，化学稳定性好，是 R12 的替代工质，主要用在汽车空调、家用电器、小型固定制冷设备、超级市场的中温制冷、工商业的制冷机，如图 14-3 所示。

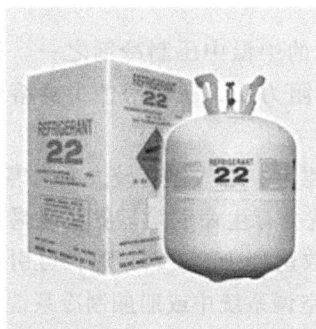

图 14-2　R22 制冷剂

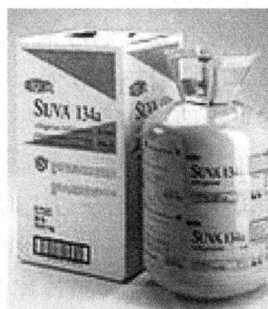

图 14-3　R134a 制冷剂

R134a 是 HFC 型制冷剂，不但有很好的制冷性能和环保性能，并且无毒性，不易燃。R134a 可用在许多领域，如制冷、聚合物发泡和气雾剂产品，是很有发展前途的一类制冷剂。R134a 制冷剂的热力性质参见附表 A-5。

R134a 合成工艺复杂，目前生产成本较高。

（3）R123　R123 的 ODP = 0.02，GWP = 93，是一种替代 R11 的 HCFC 型制冷剂。它的热物性和不可燃性，使之在大型商用空调（离心式压缩机）中成为替代 R11 的有效的和安全的制冷剂。

（4）R410A　组成：HFC-32/HFC-125 = 50/50，是非共沸型制冷剂，制冷效率比较高。R410A 主要应用于家用空调和小型单元式空调中，替代 R22。因为与 R22 相比，R410A 的压力要高得多，所以典型的 R22 压缩机不可使用 R410A 制冷剂，如图 14-4 所示。

（5）R407C　主要应用在家用和商用的中温空调系统、商业制冷系统中（如餐饮冷餐柜、超市展示柜、食物储藏加工设备）。用于替代 R22，属于 HFC 类制冷剂。可提供简单、快速、高效的直接替换，多数情况下替换过程无须更换润滑油类型，容许现有设备继续使用。其性能表现：具有比 R22 更低的排气温度和压力，如图 14-5 所示。

（6）R290　高纯级 R290 可用作感温工质。优级和一级 R290 可用作制冷剂替代 R22。替代 R22 时，用于汽车空调、商业工业空调系统。

图 14-4 R410A 制冷剂

图 14-5 R407C 制冷剂

R290 与 R22 的标准沸点、凝固点、临界点等基本物理性质非常接近，具备替代 R22 的基本条件。在饱和液态时，R290 的密度比 R22 小，因此相同容积下 R290 的灌注量更小，试验证明相同系统体积下 R290 的灌量是 R22 的 43% 左右。另外，由于 R290 的汽化潜热大约是 R22 的 2 倍，因此采用 R290 的制冷系统制冷剂循环量更小。R290 具有良好的材料相容性，与铜、钢、铸铁、润滑油等均能良好相容。未来我国还将进一步加大使用 R290 制冷剂。随着对 R290 应用技术研究的不断深入、使用经验的不断积累，环保型制冷剂 R290 未来将拥有广阔的市场应用前景。

二、常用制冷剂的主要特性（见表 14-11）

表 14-11 常用制冷剂的主要特性

性能	R717	R22	R134a(CH_2FCF_3)
热力性能	标准蒸发温度 -33.4℃，凝固温度 -77.7℃，冷凝不超过 1470kPa，通常在 1200kPa 左右，最低蒸发温度可达 -70℃，$qv=2165kJ/m^3$，$R=1370kJ/kg$，热导率大	标准蒸发温度为 -40.8℃，凝固温度为 -160℃，最低蒸发温度为 -80℃，$qv=2068kJ/m^3$	标准蒸发温度为 -26.5℃，凝固点为 -101℃，属中温制冷剂
溶水性	与水可以任何比例相互溶解，组成氨水溶液，排除了冰塞的可能性	溶水性比 R12 稍大，但仍属于不溶于水的物质，含水量超过溶解度时同样存在着冰堵危害	吸水性较强，故对系统的干燥度提出了更高要求
溶油性	在润滑油中溶解度很小，易形成油膜	部分溶于润滑油，其溶解度随油的种类和温度而变	与矿物油不相溶，必须采用聚酯类合成油
腐蚀性	不腐蚀钢铁，含有水时会腐蚀锌铜及铜合金，磷青铜除外	对金属作用与 R12 相同，对有机物膨润作用比 R12 强	对金属与非金属材料的腐蚀性与渗漏性与 R12 相同
物理性质	无色，有强烈刺激性气味，有毒	无色无味，不燃不爆，毒性比 R12 略大	它的特性与 R12 相近，无色无味，无毒不燃，不汽化，潜热较 R12 高 30% 左右
适用场合	用于大中型单级、双级活塞式制冷机中，也用于大容量离心式制冷机中	用于低温制冷装置，空调用制冷装置及复叠式制冷装置的高温部分	目前它已被广泛使用，作为 R12 制冷剂的替代工质

【学习目标】

1. 了解氯氟烃对全球环境影响机理。
2. 了解我国对氯氟烃制冷剂的要求及禁用进程。

【相关知识】

在全球性的十大环境问题中，位居榜首的是臭氧层的耗损，其次是温室效应和全球变暖。臭氧层的破坏导致紫外线辐射增加，加剧传染病和皮肤癌的流行。温室气体的增加导致全球变暖，海平面上升。

一、氯氟烃对全球环境影响的机理

英国南极考察队队长发曼（J. Farman）报道，从 1977 年起就发现南极洲上空的臭氧总量在每年 9 月下旬开始迅速减少一半左右，形成"臭氧洞"持续到 11 月逐渐恢复，引起世界性的震惊。

消耗臭氧的化合物，除了用于制冷剂，还被用于溶胶推进剂、发泡剂、电子器件生产过程中的清洗剂。长寿命的含溴化合物，如哈龙（Haion）灭火剂，也对臭氧的消耗起很大作用。

根据研究，在大气的平流层，破坏臭氧层的物质是氯原子。氯原子与臭氧反应，分解臭氧，而氯原子起到一个催化的作用。

当 CFC_S 受到强烈的紫外线照射后，产生分解反应，以 CF_2Cl_2 为例：

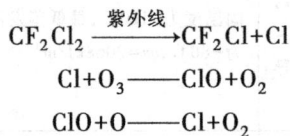

$$CF_2Cl_2 \xrightarrow{\text{紫外线}} CF_2Cl + Cl$$

$$Cl + O_3 \longrightarrow ClO + O_2$$

$$ClO + O \longrightarrow Cl + O_2$$

这样一个氯原子就可以与无数个 O_3（臭氧）发生反应，并且反应中氯原子不被化合，只起催化作用。所以，CFC_S 对大气危害很大。目前世界大量生产和使用 CFC_S，由于其化学稳定性好（如 CFC12 的大气寿命为 102 年），不易在对流层分解，通过大气环流进入臭氧层所在的平流层，在短波紫外线的照射下，分解出自由基，参与了对臭氧的消耗。

归纳起来，使臭氧发生消耗的这种物质必须具备两个特征：其一，含氯、溴或另一种相似的原子参与臭氧的化学反应；其二，在低层大气中必须十分稳定（也就是具有足够长的大气寿命），使其能够达到臭氧层。例如，CFC11 和 CFC12 的大气寿命大约为 102 年，在底层大气层不易分解，达到平流层受紫外线照射分解，与臭氧层产生反应，破坏臭氧层。所以该类物质必须禁止使用。

氢氯氟烃 HCFC22 和 HCFC-123，都有一个氯原子，能消耗臭氧，其大气寿命分别为 12.1 年和 14 年，且氯原子相对活泼，能在低层大气中发生分解，到达臭氧层的数量不多。因此 HCFC22 和 HCFC-123 破坏臭氧的能力比 CFC_S 小得多，是过渡替代产品，限期禁用。

氟利昂物质按照其结构（即碳氢化合物中的氢被卤素元素置换的情况），可分为六种形式：

1. PFC_S

全氟代烃，即碳氢化合物的氢全部被氟替代。不含有氯原子，因而不破坏大气层的臭氧层，可作为制冷剂使用，如 CF_4、C_2F_6 等。

2. CFC_S

氯氟烃，即碳氢化合物的氢全部被氯和氟替代。该类物质含有氯原子，是首先被替代的物质，如 R11、R12、R13、R111 等。

3. HFC_S

含氢氟代烃，即碳氢化合物的氢一部分被氟替代。因不含有氯原子，性能接近 CFC_S，所以是替代 CFC_S 的首选物质，如 R134a 等。

4. HCFC_S

含氢氯氟烃，即碳氢化合物的氢一部分被氯、氟替代。该物质有氯原子，但是在低层不稳定，容易分解，对大气层破坏相对较弱，是过渡替代产品，如 R22 等。

5. HCC_S

含氢代烃，即碳氢化合物的氢一部分被氯替代，如 R40 等。

6. PCC_S

全氯代烃，即碳氢化合物的氢全部被氯替代，如 R10 等。

二、有关国际协定的要求及禁用进程

1992 年 11 月，丹麦哥本哈根会议规定发达国家自 1996 年 1 月 1 日起禁用 CFC_S，2030 年全面禁用 HCFC_S。

我国 CFC_S、HCFC_S 制冷剂淘汰时间表：

1) 自 1999 年 7 月 1 日，CFC_S 的年生产和消费量分别冻结在 1995~1997 年三年的平均水平。

2) 自 2005 年 1 月 1 日，CFC_S 削减冻结水平的 50%。

3) 自 2007 年 1 月 1 日，CFC_S 削减冻结水平的 85%。

4) 自 2010 年 1 月 1 日，完全停止使用 CFC_S。

5) 自 2016 年 1 月 1 日将 HCFC_S 物质冻结在 2015 年平均水平。

6) 2020 年 HCFC_S 削减冻结水平的 35%。

7) 2030 年 1 月 1 日禁用 HCFC_S 物质。

三、限制 CFC_S、HCFC_S 的对策

1) 开发新型制冷剂。

2) 加强生产使用的管理。

3) 加快替代技术的应用和研究。

4) 加强设备管理，减少设备泄漏、排放量。

5) 注意制冷剂的回收和再生。

6) 提高制冷循环效率，减少制冷剂用量。

思考题与习题

1. 什么是制冷剂？

2. 制冷剂有哪些种类？

3. 氟利昂制冷剂是如何命名的？

4. 对制冷剂在热力学方面有什么选择要求？

5. 对制冷剂在物理、化学方面有什么选择要求？

6. 说明氟利昂 R22 的特点。

7. 简述 R717 制冷剂的特点。

8. 简述氯氟烃对地球环境的影响。

9. 如何限制 CFC_S 类制冷剂？

单元十五

载 冷 剂

【内容构架】

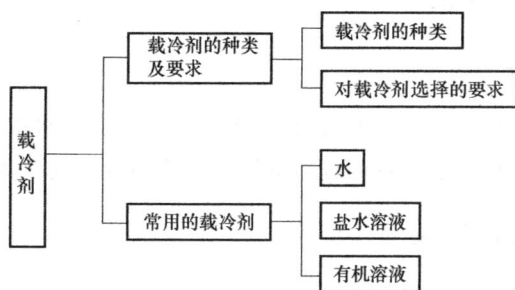

【学习引导】

目的与要求

1. 掌握载冷剂的选择要求。

2. 掌握常用载冷剂的性质。

重点与难点

重点：1. 载冷剂的种类及选择要求。

      2. 常用载冷剂的性质。

难点：1. 载冷剂的种类载冷剂的选择要求。

      2. 常用载冷剂的性质。

课题一　载冷剂的种类及要求

【学习目标】

1. 了解载冷剂及其种类。

2. 掌握制冷系统对载冷剂的选择要求。

【相关知识】

一、载冷剂的概念

在间接冷却方式工作的制冷装置中，被冷却物体或空间中的热量通过一种中间工作介质传给制冷剂，这种中间介质在制冷工程中称为载冷剂。载冷剂工作过程就是在制冷系统蒸发器内被冷却，然后送到冷却设备中吸收被冷却系统的热量，再返回蒸发器，将吸收的热量传递给制冷剂，而载冷剂重新被冷却，如此循环传递冷量。

载冷剂通常为液体，在传送热量过程中一般不发生相变。但也有些载冷剂为气体，或者液固混合物。

在大型的制冷设备中，直接制冷要用大量的制冷剂，而且制冷剂一般对环境有一定的损害，如氟利昂、氨气等对环境有一定的影响。所以，在大型的制冷系统中，一般不用制冷剂直接制冷，而采用载冷剂间接制冷。采用载冷剂的优点是可使制冷系统集中在较小的场所。间接制冷是节能环保的一种方式。

二、载冷剂的种类

常用的载冷剂有三大种类：第一种是水，第二种是无机盐水溶液，第三种是有机物液体。它们适用于不同的载冷温度。各种载冷剂能够载冷的最低温度受其凝固点的限制。

三、对载冷剂选择的要求

选择载冷剂需考虑以下各点要求：

1）冻结温度低，必须低于制冷的操作温度；载冷剂在工作温度下应处于液体状态。
2）比热容要大，传热系数大，即热导率和热容要大。
3）黏度要小，密度也要小，以减小流动阻力。
4）性质稳定，腐蚀性小。
5）安全无毒、不燃烧、不爆炸、挥发性小。
6）对人体和食品无害，不会引起物质变色、变味、变质。
7）价格低廉，便于获得。

课题二   常用的载冷剂

【学习目标】

掌握水、盐水溶液、乙二醇水溶液载冷剂的特性及其适用范围。

【相关知识】

载冷剂有水、盐水、乙二醇或丙三醇水溶液、二氯甲烷和三氯乙烯等，但是常用的只有几种，现介绍如下。

一、水

适用于制冷温度在0℃以上的场合，如空气调节设备等。工业用的循环冷却水，温度一般为10~30℃。

水的黏度小，流动阻力小，因此采用的设备尺寸小。

二、盐水溶液

盐水溶液即氯化钙或氯化钠的水溶液，可用于冷库、盐水制冰机和间接冷却的冷藏装置中。盐水溶液主要特性如下：

1）盐水的凝固温度随浓度变化而改变。对于氯化钙溶液，当溶液质量分数为29.9%（$H_2O：CaCl_2=100：29$）时，氯化钙盐水的最低凝固温度为-55℃；对于氯化钠溶液，当溶液质量分数为23.1%（$H_2O：NaCl=100：42.7$）时，氯化钠盐水的最低凝固温度为-21.2℃。使用时要控制好载冷剂的质量分数，防止载冷剂在循环系统中结晶，如图15-1、图15-2所示。

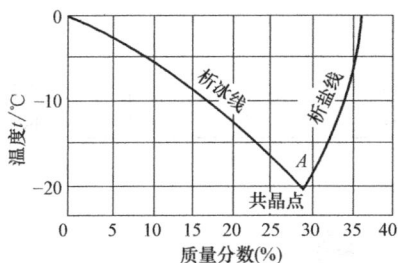

图15-1　氯化钠盐水溶液凝固点曲线　　　　图15-2　氯化钙盐水溶液凝固点曲线

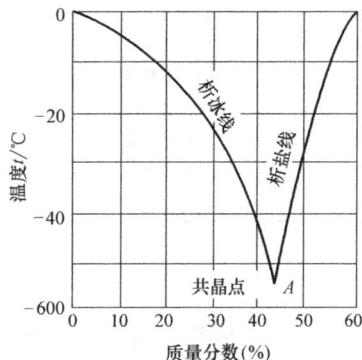

2）盐水溶液的热导率随溶液的质量分数增加而降低，随溶液温度的降低而降低。盐水溶液的比热容随溶液质量分数增大而减小，随温度的降低而降低。盐水溶液的黏度随溶液的质量分数增大而增大；随温度的降低而增大。

3）盐水溶液在使用过程中会吸收空气中的水分而使溶液的质量分数降低，凝固点提高。

4）氯化钠与氯化钙不能混合使用，以防盐水中出现沉淀。

5）盐水溶液无毒，不燃烧，不爆炸，使用安全。

6）盐水溶液对金属材料有较强的腐蚀作用，能腐蚀设备与管道。所以，在使用中要向盐水溶液中添加适量的缓蚀剂，如加入重铬酸钠缓蚀剂等。

盐水溶液作为载冷剂使用时，按溶液的凝固温度比制冷机的蒸发温度低5℃左右来选定盐水的质量分数。氯化钙和氯化钠价格较低，是常用的载冷剂。

三、有机溶液

1. 乙二醇水溶液

乙二醇水溶液（$CH_2OH\ CH_2OH$）具有无色、无味、不燃烧、不爆炸的特性，化学性质稳定。其水溶液略有毒性，但不损害食品；略具有腐蚀性，使用时需要加适量的缓蚀剂。

乙二醇水溶液的凝固点随质量分数的增大而降低。它常用于中央空调设备中，价格较贵。

2. 丙三醇水溶液

丙三醇水溶液（$CH_2OH\ CHOHCH_3$）是无色、无味、无毒、对金属不腐蚀的载冷剂，是极稳定的化合物，可与食品直接接触而不引起腐蚀，并有抑制微生物生长的作用。丙三醇水溶液常被用于制造啤酒、制乳工业，以及某些接触食品的冷冻装置中。

常见的有机物载冷剂的物理性质见表 15-1。

表 15-1　常见有机物载冷剂的物理性质

使用温度/℃	载冷剂名称	质量分数（%）	密度/（kg/m³）	比热容/（kJ/kg）	凝固点/℃
-10	氯化钙水溶液	20	1188	3.035	-15.0
	甲醇水溶液	22	970	4.061	-17.8
	乙二醇水溶液	35	1063	3.559	-17.8
-20	氯化钙水溶液	25	1253	2.809	-29.4
	甲醇水溶液	30	949	3.810	-23.0
	乙二醇水溶液	45	1080	3.308	-26.6
-35	氯化钙水溶液	30	1312		-50
	甲醇水溶液	40	963		-42
	乙二醇水溶液	55	1097		-41.6
	二氯甲烷	100	1400		-96.7
	三氯乙烷	100	1549		-88

思考题与习题

1. 什么是载冷剂？
2. 选用载冷剂应注意哪些事项？
3. 常用的载冷剂有哪些？

单元十六

冷 冻 油

【内容构架】

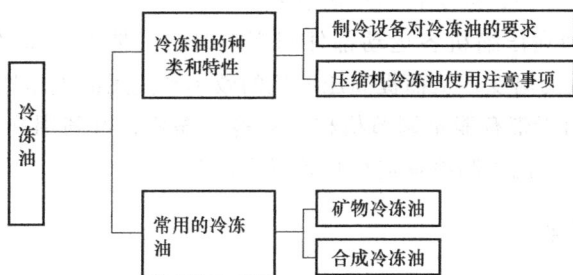

【学习引导】

目的与要求

1. 掌握制冷设备对冷冻油的性能要求。
2. 掌握冷冻油使用的注意事项。
3. 掌握冷冻油的种类、作用。
4. 掌握常用冷冻油的性质。

重点与难点

重点： 1. 冷冻油的种类、作用及选择要求。

    2. 常用冷冻油的性质。

难点： 1. 冷冻油的种类、作用。

    2. 常用冷冻油的性质。

课题一 冷冻油的种类和特性

【学习目标】

1. 掌握冷冻油的种类、作用，掌握制冷设备对冷冻油的特性要求。
2. 了解冷冻油使用的注意事项。

【相关知识】

一、冷冻油的概念

用于制冷压缩机内各运动部件润滑的机油称为冷冻油，又称为润滑油。冷冻油是制冷式压缩装置的专用润滑油，是决定和影响制冷系统的制冷功能和效果的重要组成部分。

二、冷冻油的作用

在制冷压缩机中，冷冻油主要起润滑、密封、降温，以及能量调节四个作用。

（1）润滑　冷冻油在压缩机运转中起润滑作用，以减少压缩机运行摩擦和磨损程度，从而延长压缩机的使用寿命。

（2）密封　冷冻油在压缩机中起密封作用，使得压缩机内活塞与气缸面之间、各转动的轴承之间达到密封的作用，以防止制冷剂泄漏。

（3）降温　冷冻油在压缩机各运动部件间润滑时，可带走工作过程中所产生的热量，使各运动部件保持较低的温度，从而提高压缩机的效率和使用的可靠性。

（4）能量调节　对于带有能量调节机构的制冷压缩机，可利用冷冻油的油压作为能量调节机械的动力，对制冷机的制冷量进行自动或手动调节。

三、冷冻油的种类

冷冻油有很多种分类的方法。按照压缩机冷冻油的基础油可分为两大类：一类是传统的矿物油，另一类是合成油。

目前我国生产的矿物油按照石油化学工业部的标准分类，有13号、18号、25号、30号和企业标准40号五种牌号。

合成油的基础油是以化学合成的方法得到的有机液体基础油再经过调配或加入多种添加剂制成的冷冻油。其基础油大部分是聚合物或高分子有机化合物。合成油型压缩机冷冻油的价格比矿物油型压缩机油昂贵得多，但合成油的综合经济效益仍超过普通矿物油。它具有氧化安定性，积炭倾向小，可超过普通矿物油的温度范围进行润滑，使用寿命长，可以满足一般矿物油型压缩机油所不能承受的使用要求。

现代制冷工程中，为保护臭氧层，国际上对空调设备的制冷剂都做了限制，出现了各种替代制冷剂，其冷冻油也相应发生了变化。目前，空调替代制冷剂为 R134a、R410A/R407C 等制冷剂。而冷冻油也由合成油代替矿物油。合成油有两类用于制冷压缩机制冷系统中，其替代品分别采用 PAG、POE。POE 是 Polyol Ester 的缩写，又称为聚酯油，它是一类合成的多元醇酯类油。PAG 是 Polyalkylene Glycol 的缩写，是一种合成的聚（乙）二醇类润滑油。

四、制冷设备对冷冻油的要求

由于使用场合和制冷剂的不同，制冷设备对冷冻油的选择也不一样。对冷冻油特性的要求有以下几方面：

（1）黏度　冷冻油黏度是油料特性中的一个重要参数，使用不同制冷剂要相应选择不同的冷冻油。若冷冻油黏度过大，会使机械摩擦功率、摩擦热量和起动力矩增大。反之，若黏度过小，则会使运动件之间不能形成所需的油膜，从而无法达到应有的润滑和冷却效果。

（2）浊点　冷冻油的浊点是指温度降低到某一数值时，冷冻油中开始析出石蜡，使润滑油变得混浊时的温度。制冷设备所用冷冻油的浊点应低于制冷剂的蒸发温度，否则会引起节流阀堵塞或影响传热性能。

（3）凝固点　冷冻油在实验条件下冷却到停止流动的温度称为凝固点。制冷设备所用冷冻油的凝固点应越低越好（如 R22 的压缩机，冷冻油应在-55℃以下），否则会影响制冷剂的流动，增加流动阻力，从而导致传热效果差的后果。

（4）闪点　冷冻油的闪点是指润滑油加热到它的蒸气与火焰接触时发生打火的最低温度。制冷设备所用冷冻油的闪点必须比排气温度高 15~30℃以上，以免引起润滑油的燃烧和结焦。

（5）其他　如化学稳定性和抗氧性、水分和机械杂质含量，以及绝缘性能都要符合制冷系统的要求。

五、压缩机冷冻油使用注意事项

1）HFC-134a（R134a）制冷剂空调系统及 HFC-134a（R134a）制冷剂运行的零部件只能使用规定冷冻油。非规定冷冻油将影响压缩机润滑效果，同时不同牌号的冷冻油混用导致冷冻油氧化，失效，从而可能会导致压缩机出现故障。

2）某些冷冻油可以快速吸收空气中的水分。请遵守下列操作规定：从制冷设备上拆卸制冷零部件时，应尽快将零部件盖上（密封），以减少空气中湿气的进入。安装制冷零部件时，在连接零部件前，请勿拆下（或打开）零部件的盖。请尽快连接制冷回路中的零部件，以减少空气中湿气的进入。

3）只能使用密封储存的规定冷冻油。使用完毕后，请立即密封冷冻油容器。如果润滑剂没有妥善封存，被湿气渗透后就不能再行使用。

4）不能使用变质浑浊的冷冻油，否则会影响压缩机的正常运转。

5）系统补充冷冻油应按规定的相同牌号、规定的剂量加入。冷冻油过少，会影响压缩机润滑，添加过量的冷冻油会影响空调系统的制冷量。

6）在加注制冷剂时，应先加冷冻油，然后再加注制冷剂。

课题二　　常用的冷冻油

【学习目标】

掌握常用冷冻油的特性，对制冷设备能够选用正确的冷冻油。

【相关知识】

冷冻油主要用在压缩机上。对于往复式压缩机，由于压缩气体的排出温度比吸入温度高，因而需要有较好的黏温性能，适宜的黏度和较好的抗氧化安定性，通常采用深度精制的基础油，加入抗氧化腐蚀和抗磨性能的添加剂而制成。对于回转式压缩机油，由于其工况和润滑方式与往复式压缩机截然不同，所以对润滑油质量提出了更为苛刻的要求。回转式压缩机油除了对机件润滑、冷却、密封外还突出地起冷却压缩气体的作用。在使用过程中，由于油雾经过机械碰撞和吸附工作介质与气体分离，反复循环，油品极易被污染和老化，同时为了克服回转离心力，需要油品有较好的黏附性，而轴承又不需黏度太大的润滑油，因此回转式压缩机油一般采用深度精制窄馏分的基础油，并加入复合抗氧剂、防锈、抗磨、破乳、消泡的添加剂。

对于冷冻油，除需满足上述基本要求外，更需要油品有优良的低温性能，并和制冷剂或水分的分离性好。因此一般冷冻油均采用深度精制的低凝点环烷基油生产，用氨或二氧化碳作为冷冻油时，要用不含脂肪油的润滑油。因为脂肪油易乳化，不利于水分离而导致结冰，且脂肪油的导热率小，以致冷冻效率下降。

氨压缩机一般选用13号和25号冷冻油，R12压缩机一般选用18号，R22压缩机一般选用25号。冷冻油的特性见表16-1。

表16-1　国产冷冻油的特性

序号 技术参数	13号	18号	25号	30号
运动黏度40℃/(m^2/s)	$(11.5 \sim 14.5) \times 10^{-6}$	$>18 \times 10^{-6}$	25.4×10^{-6}	30×10^{-6}
凝固点/℃	<-40	<-40	<-40	<-40
开口闪点/℃	<160	<160	<170	<180
酸值(每克中KOH的含量)/mg	<0.14	<0.03	<0.02	<0.01
灰分(%)	<0.012	—	—	—
机械杂质(%)	无	无	无	无
水分(%)	无	无	无	无

合成冷冻油性能要比矿物油优点多，但价格贵。合成油的性能与其结构有密切关系，对结构进行精心设计可获得预期的性能。一般而言，合成油的黏温性能良好，黏度指数较低；常具有较低的凝点；热稳定性比矿物油热稳定性高得多；但其氧化安定性与矿物油相似，加入适量的抗氧剂和金属钝化剂后能大大地改善其氧化安定性。它们还具有高闪点、高燃点、低挥发性、低沉积倾向、良好的边界润滑性，并对添加剂和燃烧产物有良好的溶解性等。合成压缩机油使用寿命长，可大大降低设备维修费用。

其中，POE油不仅能良好地用于HFC类制冷剂系统中，也能用于烃类制冷系统。PAG油则可用作HFC类、烃类和氨作为制冷剂的制冷系统中的润滑油。

思考题与习题

1. 什么是冷冻油？
2. 冷冻油有什么作用？
3. 对冷冻油的特性有什么要求？
4. 压缩机冷冻油的使用注意事项有哪些？

第四篇 制冷基础知识

单元十七

单级蒸气压缩式制冷循环

【内容构架】

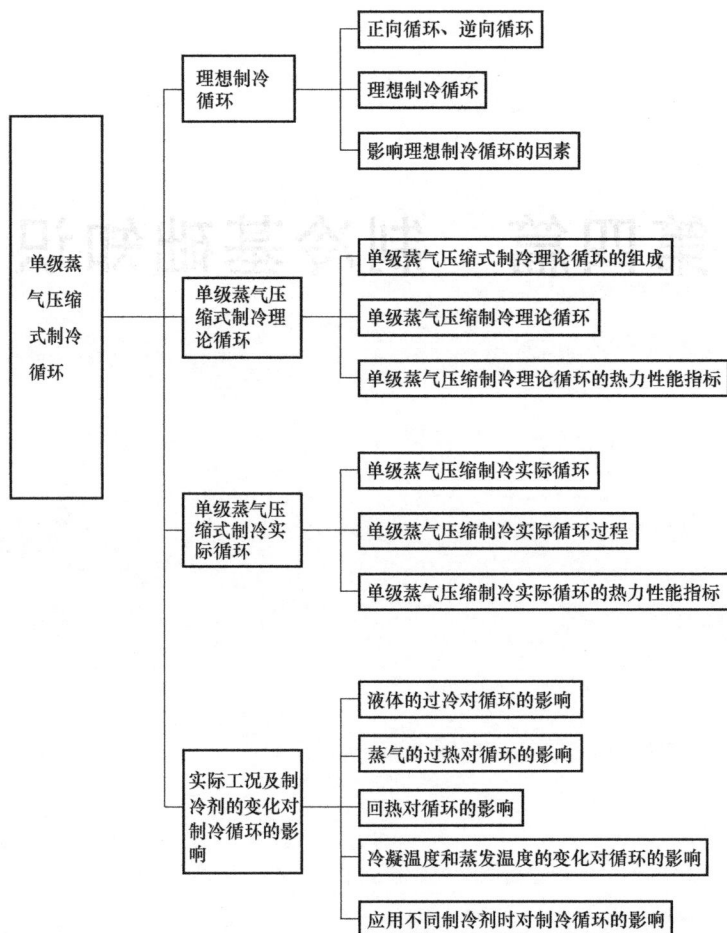

【学习引导】

目的与要求

1. 要求掌握理想制冷循环、单级蒸气压缩制冷理论循环、单级蒸气压缩制冷实际循环的基本规律。

2. 掌握各种因素对制冷循环的影响。

重点与难点

重点：1. 单级蒸气压缩制冷理论循环。

　　　　2. 单级蒸气压缩制冷实际循环及影响因素。

难点：1. 理想制冷循环。

　　　　2. 单级蒸气压缩制冷理论循环。

　　　　3. 单级蒸气压缩制冷实际循环。

课题一　　理想制冷循环

【学习目标】

1. 掌握正向循环、逆向循环的热力过程。

2. 掌握理想制冷循环过程。

3. 了解影响理想制冷循环的各种因素。

【相关知识】

一、正向循环、逆向循环

由热力学可知，工质在热机中做功，是通过热力状态的变化来进行的。以理想气体作为工作物质，由两个等温过程和两个绝热过程所组成的循环是热力学中最理想的一种循环。这种循环称为正向循环，也称为卡诺循环。做正向循环的机器称为热机，它是把热能转变为功的一种机器（图 17-1a T-s 图）。其过程为：第一过程：$A{\rightarrow}B$，等温膨胀；第二过程：$B{\rightarrow}C$，绝热膨胀；第三过程：$C{\rightarrow}D$，等温压缩；第四过程：$D{\rightarrow}A$，绝热压缩。

由热力学可知：
$$W = Q_1 - Q_2$$

式中　Q_1——从高温热源吸收的热量；

　　　Q_2——向低温热源放出的热量；

　　　W——理想气体（工作物质）对外所做的净功，在数值上等于 T-s 图上封闭曲线所包围的面积。

上式表示，理想气体经过一个正循环，从高温热源吸收的热量 Q_1，一部分用于对外做功，另一部分则向低温热源放出热量，热能转化为功的循环称为正循环（图 17-1a）。

卡诺循环也可以按 T-s 图的逆时针方向沿封闭曲线 $ADCBA$ 进行，如图 17-1b 所示，这种循环叫作逆向循环。在这个逆向循环中，外界必须对这个从低温热源吸取热量的系统做功，就可以从低温热源中吸取热量。做逆向循环的机器称为制冷机，它是利用外界做功获得低温的机器。这种将功转化为热能的循环称为逆向循环，也称为逆卡诺循环。

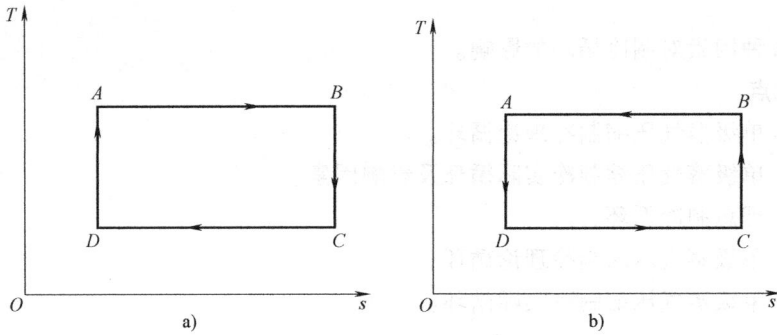

图 17-1　正向循环和逆向循环

a) 正向循环热力过程　b) 逆向循环热力过程

二、理想制冷循环过程

理想制冷循环也称为逆卡诺循环，逆卡诺循环是由互相交替的两个绝热过程和两个可逆等温过程所组成的在一个恒定的高温热源和一个恒定的低温热源间工作的逆向循环（也称为理想热泵循环）。

在逆卡诺循环中，制冷剂与高温热源、低温热源的传热温差无限小。系统从低温热源吸取热量 Q_0 时，必须消耗循环净功。

整个逆卡诺循环的过程如下（图 17-2b）：

1—2 为绝热压缩过程，在该过程中系统消耗外功，使得工质温度升高。

2—3 为等温放热过程，工质向恒温热源中放热。

3—4 为绝热膨胀过程，系统对外做膨胀功，同时工质温度降低。

4—1 为等温吸热过程，在该过程中工质从恒定的冷源中吸取热量，回到原始状态，从而完成了一个逆向循环。

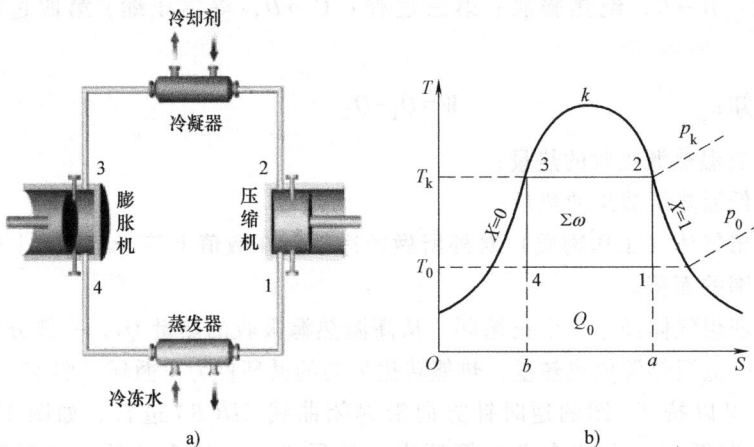

图 17-2　逆卡诺循环

a) 工作流程　b) 理想循环

完成逆卡诺循环的结果是循环消耗了一定数量的机械功，从冷源中取得了热量，并且把机械功和取得的热量排放给了热源。由于热量由低温处排向了高温处，相似于将水由低处泵到高处，所以也称为理想热泵循环。

　　理想制冷循环制冷系数就是完成制冷循环时从低温热源（被冷却系统）中取出的热量与完成循环所消耗的机械功的比值。

$$\varepsilon_c = \frac{Q_0}{W_0} \tag{17-1}$$

　　制冷系数 ε 是衡量制冷循环的经济性指标，制冷循环中所消耗的机械功越少，从低温热源中吸取的热量越多，则制冷系数值越大，循环效率就越高。

　　由热力学可知：

　　工质的吸取热量为 $Q_0 = T_0(S_1 - S_4)$，用面积表示为 $ab41$；

　　工质的放出热量为 $Q_k = T_k(S_2 - S_3)$，用面积表示为 $ab32$；

　　工质循环消耗的功 $W_0 = Q_k - Q_0$，用面积表示为 1234。

　　逆卡诺循环制冷系数为

$$\varepsilon = \frac{Q_0}{W_0} = \frac{Q_0}{Q_k - Q_0} = \frac{T_0}{T_k - T_0} \tag{17-2}$$

　　由以上可以得到如下结论：

　　1）理想循环制冷系数的大小与工质的性质无关，仅取决于热源和冷源的温度。

　　2）热源与冷源的温差 $(T_k - T_0)$ 越大，制冷循环的经济性越差。

　　3）制冷系数 ε 可以小于1，也可以等于或大于1。

三、影响理想制冷循环的因素

1. 高温热源温度的变化与低温热源温度的变化对循环的影响

　　高温热源温度 T_H 和低温热源温度 T_L 的变化都将直接影响理想循环的制冷系数。根据制冷系数公式可知，高温热源的温度升高，低温热源温度的降低都会使得制冷系数降低；反之，高温热源温度的降低或低温热源温度的升高，都会使得制冷系数增大。所以，在实际制冷循环中，在满足生产条件和工艺要求的前提下，没有必要使低温热源温度过低。

2. 传热温差对循环的影响

　　当循环有传热温差的外部因素存在时，对循环的效率也会有很大的影响。当循环存在传热温差时，工质从低温热源中吸热时的温度 T_0 低于低温热源温度 T_L，向高温热源放热时的温度 T_k 高于高温热源温度 T_H，如图17-3所示。在相同的高温热源温度 T_H 和低温热源温度 T_L 之间，由于有传热温差的存在，使循环的工作温差变大，故多消耗了机械功。其结果是在获得相同制冷量的条件下，增大了机械功的消耗。所以，在实际制冷过程中，为了提高循环的经济性，应尽量减少或避免引起传热温差的各种因素。

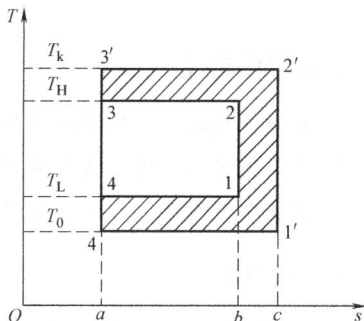

图 17-3　传热温差对循环的影响

3. 气相区循环和两相区循环、湿压行程与干压行程对循环的影响

根据制冷系数公式：$\varepsilon = \dfrac{T_0}{T_k - T_0}$ 可以判断，在相同的温度下，在高温热源与低温热源之间，工作于气相区和两相区的逆卡诺循环是等价的。

在气相区循环的逆向循环过程称为"干压行程"，在两相区循环的逆向循环过程称为"湿压行程"。在两相区进行逆向循环时，制冷压缩机活塞在压缩过程中，压缩的工质是汽、液混合体，液体快速汽化易产生"液击"，在运行中是不安全的，对制冷设备产生很大的危害。所以，在实际制冷循环中一般采用"干压行程"。

4. 变温热源对循环的影响

当低温热源、高温热源在工作中温度不能保持恒定，而是随着热交换过程的进行发生变化，这一因素对循环有很大的影响。

若以 T_{1m} 表示工质吸热时低温热源的平均温度，以 T_{km} 表示工质放热时高温热源的平均温度。如图17-4所示，变温热源制冷系数根据推导、计算可得

$$\varepsilon = \frac{T_{0m}}{T_{km} - T_{0m}} \tag{17-3}$$

在实际制冷工程中，当高温热源、低温热源温度变化时，制冷剂吸热、放热时的温度则是不随温度变化的。这样对循环影响较大，必定增大系统的功耗，降低制冷系数。所以在变温热源间工作的制

图 17-4 变温热源逆向循环过程

冷循环，应采用相应的制冷剂。这种制冷剂能产生相应的变温吸热、变温放热过程。例如，采用非共沸混合物制冷剂，以减少循环吸热、放热时的不可逆因素，提高制冷效率。

理想制冷循环是一种假想的循环过程，与实际制冷循环有很大的差别，但理想循环与影响理想循环的因素对实际制冷工程有很大的指导意义，便于在实际制冷循环中的热力分析。

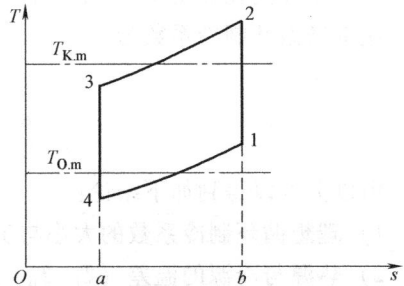

课题二　单级蒸气压缩式制冷理论循环

【学习目标】

1. 掌握单级蒸气压缩式制冷理论循环的组成及其各设备的作用。
2. 掌握单级蒸气压缩式制冷理论循环的过程。
3. 掌握理论循环的热力性能指标。

【相关知识】

蒸气压缩式制冷循环是利用工质的相变，即制冷剂的液-汽变化过程实现制冷循环。这种制冷方法利用制冷剂相变的汽化热进行制冷，能提高单位质量制冷剂的制冷能力，是一种运用十分广泛的制冷方式。

在蒸气压缩式制冷中，对制冷剂蒸气只是进行一次压缩的制冷循环，称为单级蒸气压缩式制冷循环。

一、单级蒸气压缩式制冷理论循环的组成

单级蒸气压缩式制冷循环是以循环过程中的四大部件作为主体，按照理论循环的假设条件，创建理论循环的基本模型。

在理论循环基本模型中，所指的四大部件为：

1. 制冷压缩机

制冷压缩机是在制冷循环中消耗外界机械功而压缩制冷剂蒸气的热力设备。单级蒸气压缩机吸取来自蒸发器的制冷剂蒸气，经过一级压缩，使得制冷剂蒸气由蒸发压力升压至冷凝压力，并输送制冷剂蒸气到冷凝器设备中。常用的制冷压缩机有活塞式、螺杆式、离心式、涡旋式、滑片式等，如图 17-5 所示。

图 17-5　制冷压缩机

2. 冷凝器

冷凝器是通过冷却介质把制冷剂蒸气中的热量排放到高温热源的热力设备。同时制冷剂蒸气放热冷凝成液体。常用的冷凝器种类很多，有壳管式、风冷式、蒸发式等，如图 17-6 所示。

图 17-6　冷凝器

3. 节流装置

节流装置是将由冷凝器冷却冷凝的高温高压制冷剂液体从冷凝压力 p_k 降压至低压的蒸发压力 p_0 的热力设备。常用的节流装置有热力膨胀阀、浮球调节阀、手动节流阀、毛细管

等，如图 17-7 所示。

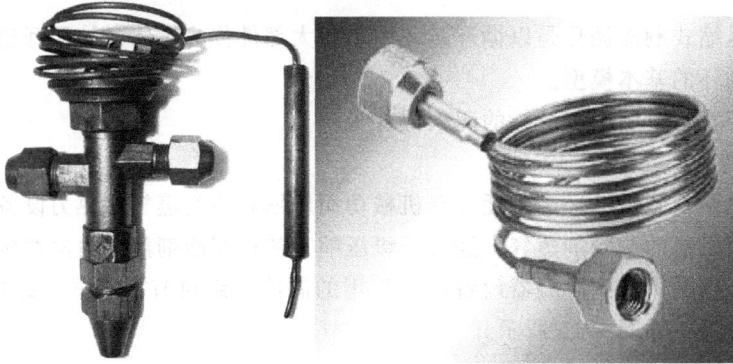

图 17-7　节流阀

4. 蒸发器

蒸发器是使低温液态制冷剂从被冷却系统中吸取热量而汽化成制冷剂蒸汽的换热设备。由于制冷剂的汽化吸热，使得被冷却系统保持一定的低温状态，从而达到制冷的目的。常用的蒸发器有冷却液体的蒸发器和冷却空气的蒸发器，如图 17-8 所示。

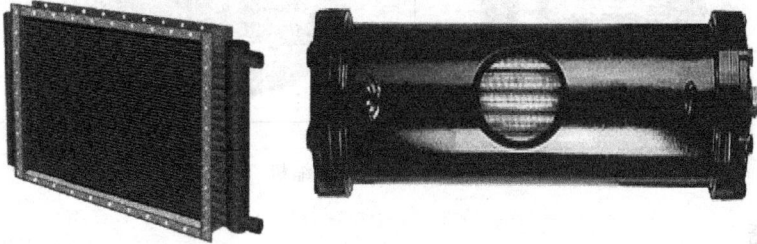

图 17-8　蒸发器

在蒸气压缩制冷中，单级压缩式制冷循环是最基本、最简单的制冷循环过程。它需要由四个基本部件组成，即压缩机、冷凝器、节流装置和蒸发器。它们之间用管道依次连接，形成一个完全封闭的制冷系统，制冷剂在制冷系统中循环，并且连续不断地使蒸发器从被冷却系统中吸取热量，在冷凝器中发出热量，从而实现制冷的目的，制冷循环系统如图 17-9 所示。

二、单级蒸气压缩式制冷理论循环过程

单级蒸气压缩式制冷理论循环是在理想制冷循环的指导下建立起来的制冷理论模型，它不同于实际制冷循环，它是建立在假设条件基础上的制冷循环。它的建立以便于实际制冷循环的热力分析。

单级蒸气压缩式制冷理论循环的假设条件如下：

1）制冷剂在制冷设备、连接管道中，在经过阀门时没有流动阻力损失，无压降，也不存在泄漏。

2）制冷循环中制冷剂与冷源、热源之间的热交换，即在蒸发器、冷凝器中的热交换假

图 17-9 制冷循环系统

定为传热温差无限小。

3）制冷剂在管道、阀门流动中与外界无传热现象。

4）制冷压缩机进行干压行程，并且吸气时制冷剂状态为干饱和状态，压缩过程为等熵压缩。

5）制冷剂液体在节流前无过冷，并且是等焓节流。

根据这些假设，可以对单级蒸气压缩式制冷循环的工作过程加以理想化，从而抽象出单级蒸气压缩的理论循环过程。

如图 17-10、图 17-11 所示，其 p-h 图 、T-s 图所表示的热力过程为：

（1）1—2 过程　表示制冷剂蒸气在压缩机中的等熵压缩过程。其中点 1 表示蒸发器中制冷剂为蒸发压力 p_0 下的饱和蒸气状态；点 2 表示压缩机排气压力，是冷凝压力 p_k 下的过热蒸气状态。

（2）2—3—4 过程　制冷剂在冷凝器中的等压冷却、冷凝过程。其中 2—3 过程是制冷剂过热状态冷却成饱和蒸气过程，3—4 过程是制冷剂冷凝过程。

（3）4—5 过程　表示绝热节流过程。制冷剂通过节流装置后温度、压力都降低了，而节流过程中的制冷剂焓值保持不变。

（4）5—1 过程　表示制冷剂在蒸发器中的等压蒸发过程。这一过程中制冷剂液体吸热汽化，转化为制冷剂蒸气，吸收被冷却系统中的热量，从而达到制冷的目的。

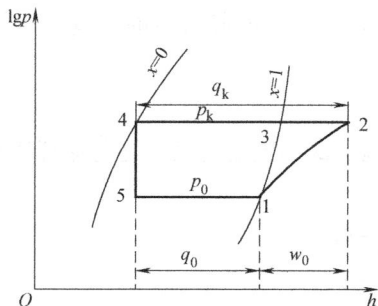

图 17-10　p-h 图

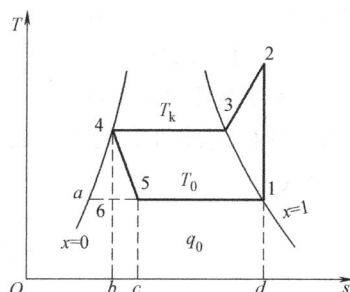

图 17-11　T-s 图

由以上分析可知，单级蒸气压缩式制冷理论循环，实现了四个热力过程——压缩过程、冷凝过程、节流过程、蒸发过程，从而完成了一个循环过程。这一假定的理论循环，使实际制冷循环得以简化，以便于用热力学的知识来分析和研究实际的制冷循环。

三、单级蒸气压缩式制冷理论循环的热力性能指标

单级蒸气压缩式制冷理论循环热力性能的计算和分析，其目的就是要算出理论循环的性能指标，为实际制冷循环和选择制冷设备提供理论依据和原始数据。

1. 单位制冷量

单位制冷量是指单位质量（即 1kg）制冷剂在蒸发器中定压沸腾汽化所吸收的热量。常用 q_0 表示，单位是千焦/千克（kJ/kg）。计算公式为

$$q_0 = h_1 - h_5 \tag{17-4}$$

2. 单位容积制冷量

单位容积制冷量是压缩机每吸入 $1m^3$ 制冷剂蒸气所能吸收的热量，常用 q_v 表示，单位为千焦/米^3（kJ/m^3）。计算公式为

$$q_v = \frac{q_0}{v_1} = \frac{h_1 - h_5}{v_1} \tag{17-5}$$

式中　v_1——压缩机吸入制冷剂蒸气的比体积（m^3/kg）。

3. 单位时间内制冷剂的循环量

单位时间内制冷剂的循环量就是制冷装置中制冷剂的单位质量流量。

制冷剂的循环量为 $$G = \frac{Q_0}{q_0} \tag{17-6}$$

式中　Q_0——制冷系统中需要生产的制冷量。

4. 单位理论功

单位理论功是指制冷压缩机按等熵压缩时每压缩输送 1kg 制冷剂所消耗的机械功。常用 w_0 表示，单位是千焦/千克（kJ/kg）。计算公式为

$$w_0 = h_2 - h_1 \tag{17-7}$$

5. 冷凝器单位热负荷

冷凝器单位热负荷表示的是 1kg 制冷剂在冷凝器中放出的热量。常用 q_k 表示，单位是千焦/千克（kJ/kg）。冷凝器单位热负荷的计算公式为

$$q_k = (h_2 - h_3) + (h_3 - h_4) = h_2 - h_4 \tag{17-8}$$

通过分析还可得到：$q_k = q_0 + w_0$，这说明冷凝器单位热负荷放出的热量是压缩机单位理论功与蒸发器单位制冷量之和。

6. 单级理论制冷循环制冷系数

理论制冷循环制冷系数不但与高温热源和低温热源的温度有关，还与循环所选用的制冷剂有关。计算公式为

$$\varepsilon_0 = \frac{q_0}{w_0} = \frac{h_1 - h_5}{h_2 - h_1} \tag{17-9}$$

例 17-1　有一个单级蒸气压缩式制冷系统，按单级理论制冷循环分析，其高温热源

（冷凝温度）为 30℃，低温热源（蒸发温度）为 -10℃，该系统使用的制冷剂为 R22，试对该系统进行热力分析和计算。

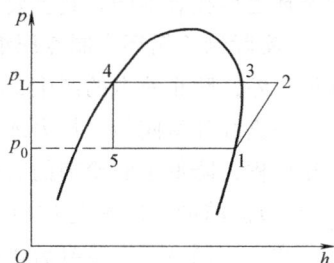

解　已知条件为：$T_L = 30℃$，$T_0 = -10℃$，制冷剂为 R22。

1）根据已知条件查附表 A-4R22。饱和液体及蒸气热力性质。

图 17-12　例 17-1 图

同时在附图 B-3R22 制冷剂压-焓图中画出制冷循环热力图，如图 17-12 所示。

可查得：点 1：$t_1 = -10℃$，$p_1 = p_0 = 354.3kPa$，$h_1 = 401.5kJ/kg$，$v_1 = 0.06534m^3/kg$；

点 2：$t_2 = 56℃$，$p_2 = p_L = 1188kPa$，$h_2 = 436.5kJ/kg$；

点 4：$t_4 = 30℃$，$p_4 = p_L = 1188kPa$，$h_4 = 236.7kJ/kg$；

点 5：$t_5 = -10℃$，$p_5 = p_0 = 354.3kPa$，$h_5 = 236.7kJ/kg$。

2）计算循环热力性能。

① 单位制冷量

$$q_0 = h_1 - h_5 = (401.5 - 236.7)kJ/kg = 164.8kJ/kg$$

② 单位容积制冷量

$$q_v = \frac{q_0}{v_1} = \frac{164.8}{0.06534}kJ/m^3 = 2522.1kJ/m^3$$

③ 单位理论功

$$w_0 = h_2 - h_1 = (436.5 - 401.5)kJ/kg = 35kJ/kg$$

④ 单位冷凝器负荷

$$q_k = h_2 - h_4 = (436.5 - 236.7)kJ/kg = 199.8kJ/kg$$

⑤ 理论循环制冷系数

$$\varepsilon_0 = \frac{q_0}{w_0} = \frac{164.8}{35} = 4.7$$

课题三　单级蒸气压缩式制冷实际循环

【学习目标】

1. 掌握单级蒸气压缩式制冷实际循环过程。

2. 掌握单级蒸气压缩式制冷实际循环的热力性能指标。

【相关知识】

一、单级蒸气压缩式制冷实际循环的概念

单级蒸气压缩式制冷实际循环是一个非常复杂的制冷过程，它存在着蒸气过热、液体过冷、传热有温差、流动有阻力等不可逆因素。这些因素对制冷循环有不同的影响，它与理论

制冷循环也存在着不同。其主要表现在：

1) 实际制冷循环中制冷压缩机吸入的制冷剂是过热蒸气，为了保证压缩机吸气时不形成湿压压缩，防止液击的产生，系统回气必须过热，吸气温度要高于蒸发温度。同时制冷剂回气必须克服弹簧阀门的拉力才能将吸气阀门打开，故吸气压力低于蒸发压力。这样增大了吸气比体积，降低了制冷剂的有效循环量。

2) 节流前的制冷剂是过冷的液体，为了减少制冷剂在节流过程中部分饱和液体的汽化，通常会让制冷剂在冷凝后进一步过冷。

3) 制冷压缩机在工作中存在着流动阻力损失，压缩机内泄漏制冷剂，并且实际压缩过程不是等熵压缩过程，也不是绝热过程，而是一个不断变化的不可逆的多变过程。

4) 制冷剂在换热设备里与高温热源、低温热源进行交换热量时，存在着换热温差。

5) 制冷剂在换热器和各种管道内流动时，存在着流动阻力，使制冷剂的压力降低。

6) 实际节流过程不完全是绝热的等焓过程，而是存在一定量的换热，节流后焓值有一定的增加。

所以，在实际制冷过程中，压缩、冷却冷凝、节流、蒸发以及在管道内流动都存在着内部不可逆损失。由于这些不可逆损失的存在，实际制冷循环的制冷系数低于理论制冷循环的制冷系数。

二、单级蒸气压缩式制冷实际循环过程

实际制冷循环过程是一个非常复杂的循环过程，在压缩过程、冷却冷凝过程、节流过程、蒸发过程都有不同的实际情况出现。此处对实际制冷循环过程进行分析和研究，对热力过程做简要的介绍。实际制冷循环设备如图 17-13 所示。

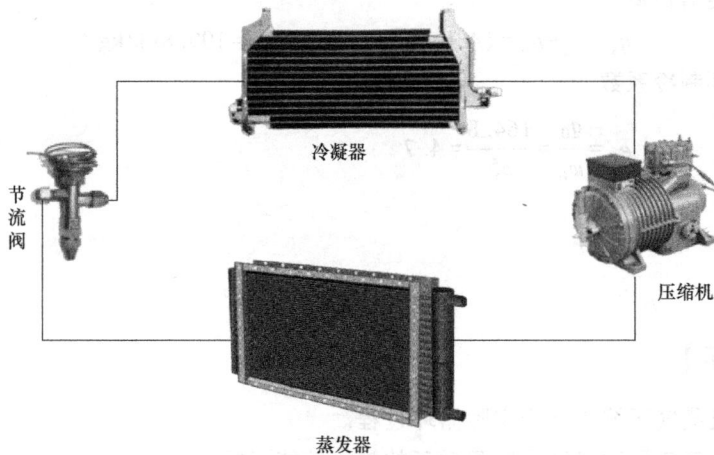

图 17-13　实际制冷循环设备图

按照图 17-14 所示实际制冷循环状态图，实际制冷循环的各个热力过程为：

1—1′是制冷剂蒸气过热过程，它包含着制冷剂蒸气在蒸发器内过热、回热器内过热、吸气管道内过热。

1′—1$_s$是制冷压缩机的吸气过程，它包含着两个过程：1′—a过程是制冷剂蒸气流过压缩机吸气阀的节流过程，a—1$_s$过程是制冷剂蒸气与气缸壁进行热交换的过程。

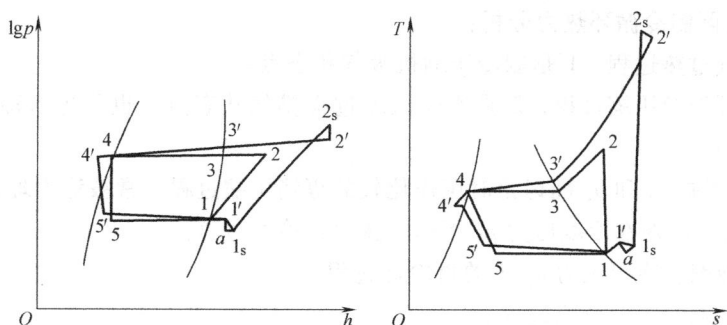

图 17-14　实际制冷循环状态图

1_s—2_s 过程是制冷剂在气缸内的实际压缩过程。

2_s—$2'$ 是经压缩后的高温高压制冷剂蒸气通过阀件进入排气管道时的节流压降过程。

$2'$—$3'$—4 是排气后的高温高压制冷剂蒸气在排气管道内和冷凝器内由过热蒸气冷却、冷凝到饱和液体的过程。

4—$4'$ 过程是制冷剂由饱和液体再冷却到过冷液体的过程。该过程可以在再冷却器、冷凝器或回热器内进行。

$4'$—$5'$ 是实际节流过程。在此，制冷剂压力略高于蒸发压力，并且焓值略有增加。

$5'$—1 是经节流后制冷剂在蒸发器内吸热汽化的过程。

由于实际制冷循环是一个非常复杂的循环过程，在讨论循环过程中，往往采用简化的过程来说明复杂的实际制冷循环过程。

简化的办法有：

1）不考虑管道和换热设备中的压力降，以及管道的传热和管道内制冷剂的状态变化。

2）忽略节流时制冷剂与环境的换热问题，仍将节流过程近似看作是不可逆的绝热等焓节流过程。

3）考虑制冷剂与高温热源、低温热源间的温差传热，将其归属于制冷循环热力完善度的讨论中。

4）考虑制冷循环中的蒸气过热和液体过冷现象。

5）将复杂的压缩过程简化成一个简单的不可逆的增熵压缩过程。

事实证明，通过如此简化归纳之后的实际制冷循环热力分析计算所产生的误差很小。这样在分析单级实际制冷循环时的循环热力图可由图 17-14 简化成图 17-15。

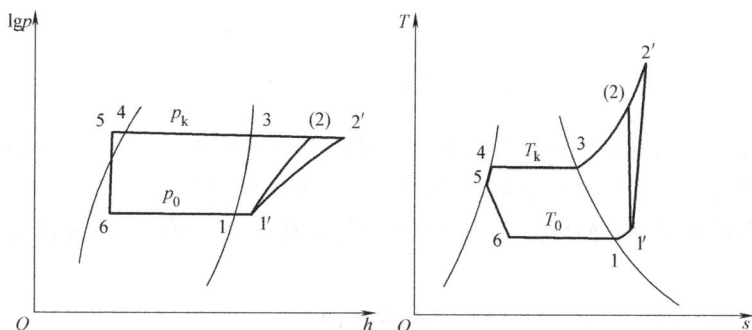

图 17-15　简化后的实际制冷循环状态图

简化后的实际制冷循环热力分析：

1—1′为蒸气过热过程，1′是制冷压缩机吸气状态点。

1—2′为实际增熵压缩过程，2′是实际压缩过程排气状态点，也是进入冷凝器的蒸气状态点。

1′—2′是在相同 p_0 和 p_k 间讨论时用作比较的等熵压缩过程，常被称为理论压缩过程。

2′—3—4 为制冷剂在冷凝压力 p_k 下的等压冷却冷凝过程。

4—5 为制冷剂在冷凝压力 p_k 下的再冷却过程。

5—6 为制冷剂的等焓节流过程。

6—1 为制冷剂在蒸发压力 p_0 下的等压汽化吸热过程。

若无特殊说明，在以后的讨论中就以图 17-15 作为分析单级制冷实际循环的依据。

三、单级蒸气压缩式制冷实际循环的热力性能指标

1. 输气量

（1）输气量概念　输气量分为理论输气量和实际输气量。理论输气量是指制冷压缩机在单位时间内工作的气缸容积，即压缩机在理想状态下进行工作时，在单位时间内按照吸气状态计算的输气量（单位：m^3/h）：

$$V_h = \frac{\pi}{4} D^2 SnZ \times 60 \tag{17-10}$$

式中　D——气缸直径；

　　　S——活塞行程；

　　　n——压缩机转速；

　　　Z——气缸数。

实际输气量是制冷压缩机在运行时，在单位时间内将制冷剂蒸气从吸气管道中输送到排气管道中的实际容积。在工程中实际输气量一般用实际测量的方法得到，也可以近似地计算实际输气量，即实际输气量等于理论输气量乘以一个相关的输气系数：

$$V_s = \lambda V_h \tag{17-11}$$

式中　V_s——实际输气量；

　　　V_h——理论输气量；

　　　λ——输气系数。

（2）输气系数　制冷压缩机的实际输气量 V_s 与理论输气量 V_h 之比，称为制冷压缩机的输气系数 λ。

$$\lambda = \frac{V_s}{V_h} \tag{17-12}$$

输气系数 λ 是表示制冷压缩机气缸工作容积利用率的参数，λ 综合了影响制冷压缩机实际输气量的各种因素。主要是：余隙容积的影响、吸排气时的压力损失影响、热交换的影响、设备内部泄漏的影响、循环温度变化的影响等。在工程计算中，可近似地认为输气系数由四部分组成：

$$\lambda = \lambda_V \lambda_P \lambda_T \lambda_L \tag{17-13}$$

式中　λ_V——容积系数，来自压缩机余隙容积的影响；

λ_P——压力系数，来自吸、排气压力损失的影响；

λ_T——温度系数，来自换热的影响；

λ_L——泄漏系数，来自高、低压窜气的影响。

输气系数是衡量制冷压缩机的设计和制造质量的标志，也是进行制冷压缩机和制冷循环热力分析计算时所必需的数据之一。输气系数可用工程中的经验公式加以近似计算，也可通过实际测试的方法来确定。

（3）循环量　制冷压缩机在单位时间内所输送的制冷剂质量流量，称为循环量 G（单位：kg/s）。

$$G = \frac{V_S}{3600v_1} \tag{17-14}$$

式中　v_1——制冷压缩机的吸气比体积（m^3/kg）。

2. 制冷量

（1）单位制冷量　根据热力状态图可计算出单位制冷量。

$$q_0 = h_1 - h_6 \tag{17-15}$$

（2）制冷量概念　制冷量 Q_0 是指制冷循环在一定的时间内制冷剂从被冷却系统中吸收的热量。

$$Q_0 = Gq_0 \tag{17-16}$$

制冷量是指制冷剂在蒸发器内吸收的热量，也是蒸发器的冷负荷。

3. 制冷压缩机的功率和效率

（1）单位理论功、理论功率　制冷压缩机每压缩输送 1kg 制冷剂蒸气所消耗的功，称为单位压缩功，也称为单位理论功。

$$w_0 = h_2 - h_1 \tag{17-17}$$

制冷压缩机的理论功率是指在单位时间内制冷压缩循环所消耗的功。

$$P_0 = Gw_0 = G(h_2 - h_1) \tag{17-18}$$

式中　G——制冷剂循环量（kg/s）。

（2）单位实际指示功　制冷压缩机每压缩输送 1kg 制冷剂蒸气所实际消耗的功，称为单位实际指示功 w_i。

$$w_i = h_{2'} - h_{1'} \tag{17-19}$$

（3）指示效率　指示效率 η 是指单位理论功 w_0 与单位指示功 w_i 之比，或者是制冷压缩机理论功率 P_0 与实际指示功率 P_i 之比。

$$\eta = \frac{w_0}{w_i} = \frac{P_0}{P_i} \tag{17-20}$$

4. 冷凝器的热负荷

（1）单位冷凝器热负荷　单位冷凝器热负荷是指制冷剂在单位时间内通过冷凝器向外界传出的热量。

$$q_k = h_{2'} - h_4 \tag{17-21}$$

（2）冷凝器热负荷

$$Q_k = Gq_k = G(h_{2'} - h_4) \tag{17-22}$$

5. 制冷系数

实际制冷循环的制冷系数是指制冷量与指示功率之比。制冷系数大，表示制冷系统能源利用效率高。这是与制冷剂种类及运行工作条件有关的一个系数，制冷系数可达 2.5 ~ 5。由于这一参数是用相同单位的输入和输出的比值表示，因此为量纲一的数。工程上常将这一比值称为能效比。

$$\varepsilon = \frac{Q_0}{P_i} = \frac{q_0}{w_i} \tag{17-23}$$

课题四　实际工况及制冷剂的变化对制冷循环的影响

【学习目标】

1. 掌握制冷系统中，液体的过冷、蒸气的过热、回热对循环的影响。
2. 了解制冷系统中，各种温度的变化以及应用不同的制冷剂对循环的影响。

【相关知识】

在实际制冷循环中，各种内部或外部的因素对制冷循环有很大的影响。比如压缩机的性能、工作条件、环境温度的变化、所采用的制冷剂种类等对制冷循环都有不同程度的影响。本节将讨论对制冷循环有较大影响的各种因素。

在讨论某种因素对制冷循环的影响时，为了简化分析，假设在其他方面都按照理论制冷循环的假设条件进行分析。

一、液体的过冷对循环的影响

液体过冷是指对节流前的制冷剂饱和液体进行等压再冷却，使其温度低于冷凝压力下的饱和温度的热力过程。液体的过冷可通过再冷却器、回热器等实现。

制冷剂的节流特性不但与制冷剂性质有关，还与节流前制冷剂所处的状态和制冷循环工作温度有很大的关系。

如图 17-16 所示，采用液体过冷对改善循环的性能是有利的。当制冷剂确定后，增加制冷剂的过冷可提高过冷度，它能使循环的制冷能力和制冷系数增大，而且增大了单位制冷量 q_0，降低了制冷剂的循环量 G。所以，在实际制冷循环中，除了选择合适的制冷剂外，通常还通过使制冷剂过冷的方法来提高制冷剂循环性能。但在工程中增加了相应的制冷设备和投资。

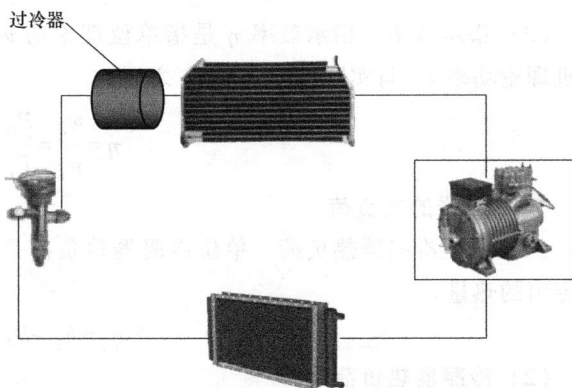

图 17-16　带有过冷器的制冷装置

二、蒸气的过热对循环的影响

在制冷循环中，制冷压缩机吸入

前，制冷剂蒸气温度高于蒸发压力下的饱和温度称为蒸气过热。形成制冷循环中蒸气过热现象的原因是多方面的，它们主要有：

1）制冷剂蒸气在蒸发器内吸收低温热源的热量而过热，称为蒸发器内过热。

2）制冷剂蒸气在回气管路中吸收外界环境的热量而过热，称为管道内的过热。

3）在半封闭、全封闭制冷压缩机中，低压制冷剂蒸气进入制冷压缩机压缩前，吸收电动机绕组和运转时所产生的热量，称为电动机引起的过热。

4）制冷剂蒸气在回热器内吸收制冷剂液体的热量而过热，称为回热器内过热。

这些原因有可能一个或若干个同时存在，引起制冷循环的过热现象。蒸气的过热将直接影响循环的性能。图 17-17 所示为制冷剂在回气管路中的加热过程。

蒸气过热可分为"有害过热"和"有益过热"。实际循环中的过热度应综合两方面的因素。制冷机的允许过热度的大小与制冷剂的种类有关，应按实际情况确定。

当 $\dfrac{\Delta q_0}{\Delta w_0} > \varepsilon_0$ 时，则制冷剂在蒸发器内过热对循环的性能是有利的；

当 $\dfrac{\Delta q_0}{\Delta w_0} < \varepsilon_0$ 时，则制冷剂在蒸发器内过热对循环的性能是不利的。

应当指出，虽然蒸气过热对循环有不利的影响，但在制冷循环中，为了改善制冷循环性能和制冷压缩机的安全运行，还是希望制冷剂在进入制冷压缩机前有适量的过热度，这样：

1）可避免制冷剂液体进入制冷压缩机气缸中而造成液击现象。

2）制冷剂在蒸发器内适当过热，可增大循环的有效制冷量。

3）可减少进入气缸的制冷剂蒸气与气缸壁的温差，从而减少由于温差存在而造成的不可逆压缩损失。

4）防止在低温制冷装置中由于吸气温度过低造成制冷压缩机气缸外壁结霜，从而改善润滑条件。

所以过热可分"有害过热"与"有益过热"。实际循环的过热度选取应综合两方面因素。制冷机的允许过热度大小与制冷剂的种类有关，应根据实际情况确定。

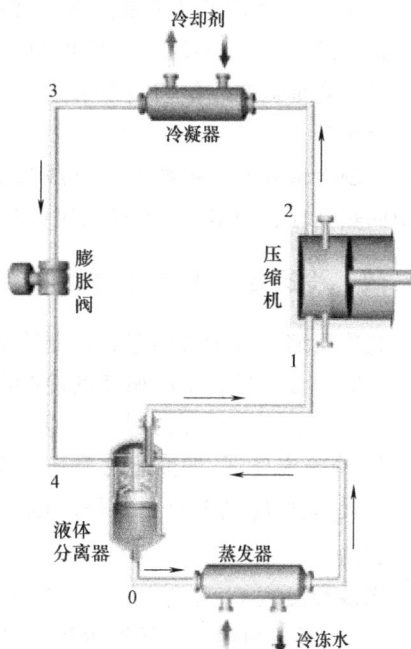

图 17-17　制冷剂在回气管路中的加热过程

三、回热对循环的影响

利用回热器使节流前的制冷剂液体与制冷压缩机吸入前的制冷剂蒸气进行循环内部的热交换，既能使液体过冷，又能使压缩机吸入前的蒸气过热，这种方法称为回热。具有回热的制冷循环称为回热循环。

如图 17-18 所示，回热循环的工作过程是：出冷凝器后的制冷剂液体在回热器中被低压蒸气再冷却，后经节流后进入蒸发器；在蒸发器内吸热汽化后的低压蒸气进入回热器吸收制冷剂液体的热量而升温过热后再进入制冷压缩机。

使用回热循环必须满足的条件为

$$\frac{T_0 c_{p0}}{q_0} > 1 \qquad (17\text{-}24)$$

式中　c_{p0}——制冷剂蒸气在 p_0 下的平均比定压热容 $[kJ/(kg \cdot K)]$；

　　　q_0——单位制冷量（kJ/kg）；

　　　T_0——制冷剂从低温热源吸热的温度。

凡是满足式（17-24）条件的制冷剂，采用回热循环可以提高单位制冷量和制冷系数，在实际运用中宜采用回热循环；对于不满足式（17-24）条件的制冷剂，对单位制冷量和制冷系数不影响或降低，在实际中不宜采用回热循环。如制冷剂 R12 适合采用回热循环，而 R717 不宜采用回热循环。

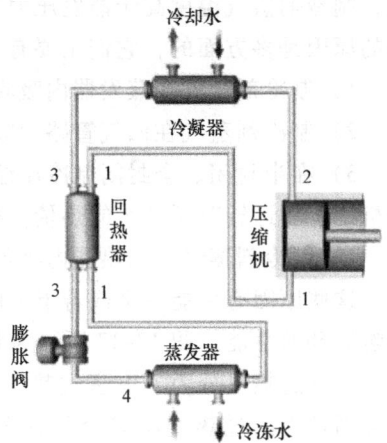

图 17-18　有"回热器"的制冷循环

四、冷凝温度和蒸发温度的变化对循环的影响

制冷压缩机各参数确定后，制冷量从理论上分析是不变的。但在实际中，当外界条件发生变化时，必将导致制冷循环的冷凝温度 T_k 和蒸发温度 T_0 的变化，导致制冷循环性能的变化，从而影响制冷循环的制冷量 Q_0 发生变化。

1. 冷凝温度 T_k 的变化对循环的影响

冷凝温度 T_k 的变化主要是由地区的不同环境、不同季节的改变，冷却的方式不同等原因引起的。

当冷凝温度 T_k 升高时，对制冷循环主要有如下的影响：

1）冷凝压力增大，压缩机排气温度升高。

2）单位制冷量减少。

3）单位理论功增大。

4）轴功率增大。

5）制冷系数下降。

由此可知，在任何制冷循环中，冷凝温度的升高，都会导致制冷循环的制冷量下降，制冷系数下降，对于循环是不利的。所以，在实际制冷工程中，应尽可能地改善冷凝器工作条件，尽可能降低冷凝温度，提高制冷循环的工作性能。

2. 蒸发温度的变化对循环的影响

蒸发温度 T_0 的变化主要是由生产工艺要求的不同、实际操作工况的变化而引起的。当制冷循环中冷凝温度 T_k 不变时，分析蒸发温度 T_0 下降时对循环的影响。

当蒸发温度下降时：

1）蒸发压力降低，排气温度升高，导致压缩机熵增增大。

2）单位制冷量减少，吸气比体积相对增大。

3）吸气比体积增大，制冷剂的循环量减少。

4）单位循环功增大。

5）制冷系数下降。

在实际制冷过程中，当蒸发温度降低时，蒸发压力随之降低，制冷量减少，制冷系数降低；反之，当蒸发温度升高时，变化的情况相反。所以，工程中根据生产工艺要求，在制冷压缩机运行中，满足制冷工艺要求的前提下，应尽可能地保持高的蒸发温度。

五、应用不同制冷剂时对制冷循环的影响

在同一运行工况下，采用不同的制冷剂，由于两者制冷剂的单位制冷量 q_0 不同和压缩机的轴功率不同，制冷效率也是不同的。单位制冷量 q_0 大的制冷剂，总的制冷量 Q_0 就大。所以，不同的制冷剂对循环是有影响的。

在制冷工程中，如果改用制冷剂，则考虑制冷剂对循环的影响。除了考虑制冷量的变化、制冷压缩机特性的变化，还要考虑以下问题：

1）改用的制冷剂不能对制冷压缩机或设备材料有腐蚀。若有腐蚀就不能任意换用制冷剂。

2）改用制冷剂时应相应改换润滑油。

3）改用制冷剂后，制冷压缩机结构也应做相应的考虑。例如，氟利昂的密度比氨大得多，流阻损失就大，为减少流阻损失，氟利昂制冷压缩机的吸排气阀的最大开启度应比氨制冷压缩机大一些。

4）改用制冷剂时应校核匹配电动机的功率，要校核冷凝器、节流器、蒸发器负荷，改换相应的种类、型号规格等；要相应改换制冷压缩机的密封结构和密封材料等。

5）改用制冷剂时，应考虑制冷压缩机和设备的强度，以及制冷压缩机运动部件的受力情况。

思 考 题 与 习 题

1. 什么是正向循环、逆向循环？

2. 什么是逆卡诺循环？简述逆卡诺循环过程。

3. 实际制冷循环中，为什么要采用"干压行程"？

4. 影响理想制冷循环的因素有哪些？

5. 单级蒸气压缩式制冷理论循环的假设条件是什么？

6. 用 T-s 图、p-h 图分析单级蒸气压缩的理论循环过程。

7. 什么是单位制冷量？什么是单位容积制冷量？

8. 什么是单位理论功？

9. 简述实际制冷循环的各个热力过程。

10. 用 T-s 图、p-h 图分析简化后的实际制冷循环。

11. 影响输气系数的因素有哪些？

12. 液体的过冷对循环有什么样的影响？

13. 有哪些因素对蒸气的过热产生影响？

14. 回热对循环有什么影响？

15. 蒸发温度的变化对循环有什么影响？

单元十八

多级蒸气压缩式及复叠式制冷循环

【内容构架】

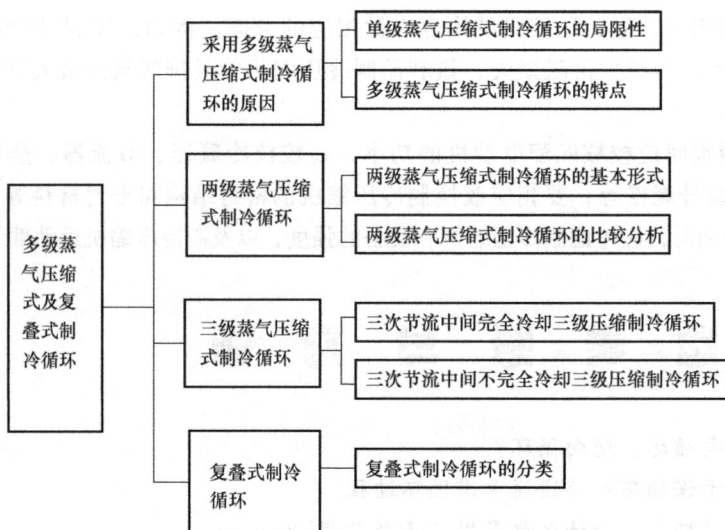

```
                              ┌─── 采用多级蒸气 ───┬─── 单级蒸气压缩式制冷循环的局限性
                              │    压缩式制冷循     │
                              │    环的原因         └─── 多级蒸气压缩式制冷循环的特点
                              │
                              ├─── 两级蒸气压缩 ───┬─── 两级蒸气压缩式制冷循环的基本形式
  多级蒸                     │    式制冷循环       │
  气压缩 ─────────────┤                     └─── 两级蒸气压缩式制冷循环的比较分析
  式及复                     │
  叠式制                     ├─── 三级蒸气压缩 ───┬─── 三次节流中间完全冷却三级压缩制冷循环
  冷循环                     │    式制冷循环       │
                              │                     └─── 三次节流中间不完全冷却三级压缩制冷循环
                              │
                              └─── 复叠式制冷 ─────┬─── 复叠式制冷循环的分类
                                   循环
```

【学习引导】

目的与要求

1. 熟悉多级制冷循环选用的原因、多级循环分类。

2. 掌握两级蒸气压缩式制冷循环的工作原理、特点和热力性能。

3. 掌握复叠式制冷循环的工作原理、特点和热力性能。

重点与难点

重点： 1. 两级蒸气压缩式制冷循环的工作原理、特点和热力性能。

　　　　 2. 复叠式制冷循环的工作原理、特点。

难点： 1. 两级蒸气压缩式制冷循环的工作原理、特点和热力性能。

　　　　 2. 复叠式制冷循环的工作原理、特点和热力性能。

【学习目标】

1. 了解单级蒸气压缩式制冷循环的局限性。
2. 了解多级蒸气压缩式制冷循环的特点。

【相关知识】

采用多级蒸气压缩式制冷循环，是根据单级蒸气压缩制冷循环的局限性和多级蒸气压缩制冷循环的特性所决定的。

一、单级蒸气压缩式制冷循环的局限性

通常在单级蒸气压缩式制冷机中，随冷凝温度 t_k 和采用制冷剂的不同，蒸发温度一般只能达到-20～-40℃，它主要受压缩比不能过大的限制。

压缩比与冷凝压力 p_k 和蒸发压力 p_0 有关，所谓压缩比就是压缩机的排气压力与吸气压力的比值，在单级蒸气压缩式制冷中也可近似作为冷凝压力 p_k 和蒸发压力 p_0 之比。当 p_k 一定时，随着蒸发温度 t_0 的降低，p_0 也相应下降，因而使压缩比上升，它将引起压缩机排气温度的升高，降低制冷剂循环量。同时，制冷压缩机温度升高，使得压缩机内润滑油变稀，甚至会出现结炭或拉缸现象。另一方面，由于压缩比的增大，导致压缩机的输气系数降低，实际压缩过程偏离等熵过程的程度增大，因而使循环的制冷量下降，功率消耗增加，制冷系数下降，经济性降低。

对于氨制冷剂，因等熵指数较大，排气温度较高，单级压缩所允许达到的最低蒸发温度 T_0 要高些，而对于氟利昂制冷剂而言，允许的最低蒸发温度 T_0 要低些。根据《中小型活塞式单级制冷压缩机型式及基本参数》所规定的工作条件，现代活塞式单级制冷压缩机的压力比一般规定：氨机压力比小于或等于8；氟机压力比小于或等于10。

所以单级蒸气压缩式制冷循环在应用中温中压制冷剂时，蒸发温度 T_0 通常为-30℃，最低只能达到-40℃。当需要制取更低的蒸发温度 T_0 时，就得应用两级循环压缩，温度更低时则应采用复叠式制冷循环。

二、多级蒸气压缩式制冷循环的特点

采用多级蒸气压缩式制冷循环，能够避免或减少单级蒸气压缩制冷循环中由于压缩比升高所引起的一系列不利的因素，从而改善制冷压缩机的工作条件。

1）采用多级蒸气压缩式制冷循环，可使每一级的压力比降低，减少活塞式制冷压缩容积影响，减少制冷剂蒸气与气缸壁之间的热交换，减少制冷剂在压缩过程中的损失等；同时提高制冷压缩机的输气系数，提高实际输气量，在其他条件不变的情况下，增加循环的制冷量。

2）每一级的压力比降低，可以提高制冷压缩机的指示效率，减少实际压缩过程中的不可逆损失。在有中间冷却的多级压缩中，可节省循环耗功；降低每一级的排气温度，保证制冷系统的高效安全运行。

3）降低了每一级的压力比，同样也降低了每级制冷压缩机的压力差，使得制冷机运行的平衡性增高，机械摩擦损失减少。

4）采用多级蒸气压缩式制冷循环，可提高制冷循环中的节流效应，减少节流损失，提高制冷效率。

5）采用多级蒸气压缩式制冷循环，对于离心式制冷机来说，可以节省能源，降低离心机工作转速，简化离心机的结构及减少离心机产生喘振的机会。

从热力学上分析，定温压缩过程是最佳压缩的热力过程，耗功最少。并且从理论上讲，当带有中间冷却的多级压缩级数越多，越接近等温压缩过程，省功越多，制冷系数也就越大。

在实际工程中不宜采用过多的压缩级数，因级数过多，使系统复杂，设备费用增加，技术复杂性提高。在应用中温中压制冷剂时，现代活塞式制冷机常采用两级蒸气压缩式制冷循环或者三级蒸气压缩式制冷循环。

课题二　两级蒸气压缩式制冷循环

【学习目标】

1. 了解两级蒸气压缩式制冷循环的形式。
2. 掌握一次节流中间完全冷却、一次节流中间不完全冷却两级压缩制冷循环。

【相关知识】

两级蒸气压缩式制冷循环是目前广泛使用的制冷循环形式，图 18-1 所示为两级蒸气压缩式氨制冷循环图。通过低压压缩机和高压压缩机组成两级压缩，再和其他设备与管路组成完整的两级压缩制冷循环系统，可以满足冷库一般 -18～-60℃ 之间的库温降温要求。

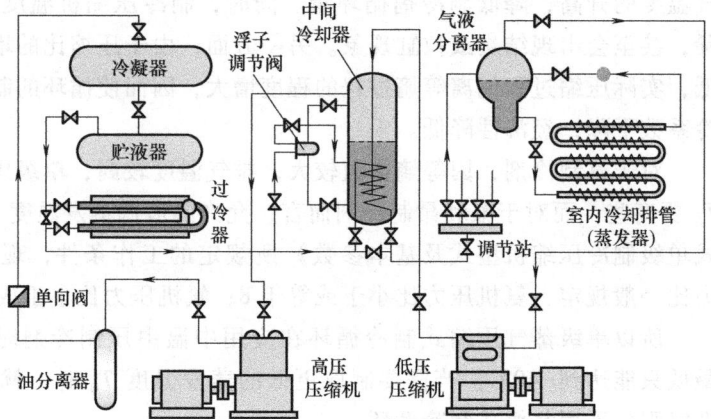

图 18-1　两级压缩氨制冷循环图

一、常见两级蒸气压缩式制冷循环的基本形式

两级蒸气压缩式制冷循环，按照它们的节流级数和中间冷却方式不同有各种形式，常见的有：

1）一次节流中间完全冷却两级蒸气压缩式制冷循环。
2）一次节流中间不完全冷却两级蒸气压缩式制冷循环。
3）一次节流中间完全不冷却两级蒸气压缩式制冷循环。
4）二次节流中间完全冷却两级蒸气压缩式制冷循环。
5）二次节流中间不完全冷却两级蒸气压缩式制冷循环。

采用何种循环形式不但与所采用的制冷机形式有关，也与制冷剂的种类有关。一次节流方式适用于活塞式、螺杆式等制冷机，二次节流方式适用于离心式制冷机。对于 R717 等制冷剂，从制冷系数、单位容积制冷量和制冷压缩机的排气温度等因素的分析可知，宜采用中间完全冷却方式；对于 R22 等制冷剂，可以采用中间不完全冷却方式。

1. 一次节流中间完全冷却两级压缩制冷循环

一次节流是指向蒸发器供液的制冷剂液体直接由冷凝压力 p_k 节流至蒸发压力 p_0 的节流过程。而中间完全冷却是指在中间冷却过程中，将低压级排气等压冷却到中间压力 p_m 下的干饱和蒸气的冷却过程。这是目前最常用的两级压缩制冷循环形式。

一次节流中间完全冷却两级蒸气压缩式制冷循环原理如图 18-2 所示。一次节流中间完全冷却两级蒸气压缩式制冷循环工作过程是：在蒸发器产生的压力为 p_0 的低压蒸气，首先被低压压缩机吸入并压缩到中间压力 p_m，进入中间冷却器，在液体制冷剂蒸发冷却到与中间压力 p_m 相对应的饱和温度 t_m，再进入高压压缩机，进一步压缩到冷凝压力 p_k，然后进入冷凝器，在其中被冷却和冷凝成液体。由冷凝器出来的制冷液体，经过中间冷却器内的盘管，在管内因盘管外液体的蒸发而进一步过冷，再经节流阀节流到蒸发压力 p_0，在蒸发器中蒸发制冷；另一路经节流阀节流到中间压力 p_m，进入中间

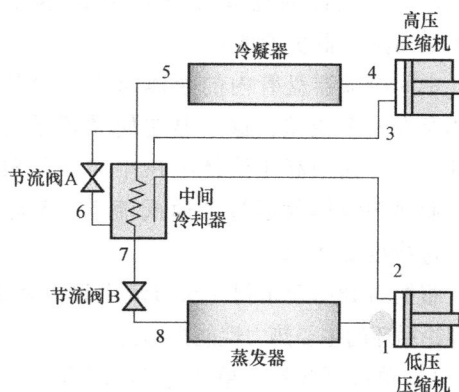

图 18-2　一次节流中间完全冷却两级
蒸气压缩式制冷循环原理

冷却器，节流后的液体在中间冷却器内蒸发冷却低压级压缩机的排气和盘管内高压制冷剂液体，节流后产生的部分蒸气和蒸发而产生的蒸气随同低压压缩机的排气一同进入高压压缩机，压缩到冷凝压力 p_k 后排入冷凝器中。循环就这样周而复始地进行。

从循环的工作过程可以看出，与单级蒸气压缩式制冷循环比较，它不仅增加了一台压缩机，而且增加了中间冷却器和一只节流阀，且高压级的制冷剂流量，因加上了中间冷却器内产生的蒸气而大于低压级的制冷剂流量。

在循环中采用中间冷却器，可将部分热量在中间冷却器前被冷却的制冷剂带走，减少高压级制冷压缩机的功率消耗，以提高制冷循环的经济性。所以采用中间冷却器对循环是有利的。但在使用中间冷却器时会存在这样一种情况，就是低压级排气与冷却器之间存在一定量的传热温差。对于氟利昂这个温差较小，而对于 R717 这个温差就较大，并且节省的功率也是很有限的，使用中间冷却器会使管道系统复杂，又可能提高低压级制冷压缩机的排气压力。因此在现代两级蒸气压缩式制冷循环中一般已不再使用中间冷却器，进入中间冷却器的制冷剂蒸气就是低压级排出的过热蒸气。在下面的热力分析中就不再考虑装设中间冷却器。

一次节流中间完全冷却两级蒸气压缩式制冷理论循环的压-焓图和温-熵图如图 18-3 所示。

8—1 为制冷剂蒸气在蒸发器内的吸热过程，从低温热源获取冷量 Q_0。

1—2 为低压级压缩过程，耗功 P_{0L}。

2—3 为低压级排气在中间冷却器内的等压冷却过程，低压级排气被完全冷却成中间压力 p_m 下的干饱和蒸气。

3—4 为高压级压缩过程，耗功 P_{0H}。

4—5 为制冷剂蒸气在冷凝压力 p_k 下等压冷却冷凝过程，向高温热源放热 Q_k。

5—6 为小部分制冷剂液体经节流阀由 p_k 至 p_m 的节流过程，并向中间冷却器供液。

5—7 为大部分制冷剂饱和液体在中间冷却器盘管中的再冷却过程，盘管内制冷剂液体向中间冷却器内的中间压力 p_m 下的制冷剂放热 Q_m（中间冷却器盘管和负荷）。

7—8 为制冷剂经节流阀 B 由 p_k 至 p_0 的节流过程，点 8 是向蒸发器供液的状态。

中间冷却器盘管内的液体与中间冷却器内的制冷剂液体存在一个温差，这一温差使循环系统中制冷剂液体得到过冷。如果高压液体不在中间冷却器盘管中再冷却时，制冷剂液体就通过旁通阀流动。5 与 7 状态点相重合，过冷度 $\Delta t_{sc} = 0$。

根据图 18-3 可求得一次节流中间完全冷却两级压缩制冷理论循环的主要热力性能指标为：

1）单位制冷量、单位容积制冷量。

$$q_0 = h_1 - h_8 \tag{18-1}$$

2）当制冷循环的制冷量为 Q_0 时，低压级制冷剂循环量 G_L。

$$G_L = \frac{Q_0}{q_0} = \frac{Q_0}{h_1 - h_8} \tag{18-2}$$

3）低压级制冷压缩机的理论功率。

$$P_{0L} = G_L w_{0L} = G_L(h_2 - h_1) \tag{18-3}$$

4）高压级制冷剂循环量一般由中间冷却器的能量关系求得，忽略中间冷却器向环境介质的散热，根据图 18-3 中间冷却器的能量平衡式，得

$$G_L h_2 + (G_H - G_L) h_6 + G_L h_6 = G_H h_3 + G_L h_7 \tag{18-4}$$

整理可得高压级制冷剂循环量为

$$G_H = G_L \frac{h_2 - h_7}{h_3 - h_6} \tag{18-5}$$

5）高压级制冷压缩机理论功率。

$$P_{0H} = G_H w_{0H} = G_H(h_4 - h_3) \tag{18-6}$$

6）冷凝器负荷。

$$Q_k = G_H q_k = G_H(h_4 - h_5) \tag{18-7}$$

7）中间冷却器盘管负荷。

$$Q_m = G_L q_m = G_L(h_5 - h_7) \tag{18-8}$$

8）理论循环制冷系数。

$$\varepsilon_0 = \frac{Q_0}{P_{0L} + P_{0H}} \tag{18-9}$$

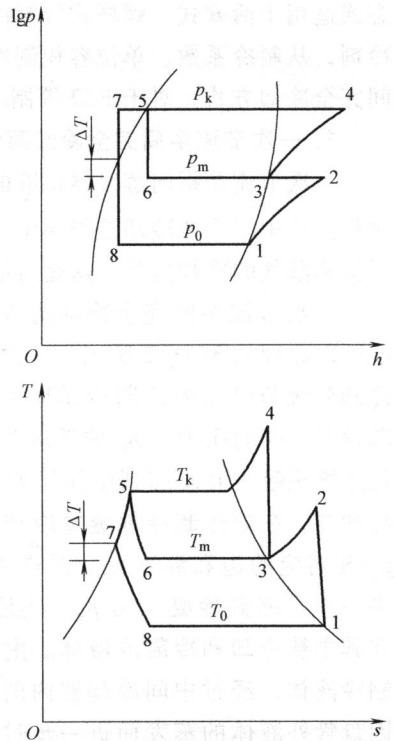

图 18-3　一次节流中间完全冷却两级蒸气压缩式制冷理论循环的压-焓图和温-熵图

以上是理论循环的分析计算方法。实际循环的分析方法与单级实际制冷循环一样，需考虑蒸气的过热、压缩的增熵不可逆性等，同样需计算高压级和低压级的指示功率、摩擦功率和轴功率等。

从理论循环计算耗功率、制冷量和制冷系数的公式中就可看出，在蒸发温度 t_0 与冷凝温度 t_k 已给定的情况下，耗功率、制冷量和制冷系数的大小是随中间压力 p_m 或中间温度 t_m 而变化的，所以合理地选择中间压力 p_m 可使循环功率消耗最少、制冷系数最大。这一结论对于两级压缩的理论循环和实际循环都是适用的。

两级蒸气压缩式制冷循环的中间温度 t_m、中间压力 p_m 对循环的制冷系数和制冷压缩机的输气量都有直接影响。合理选择中间温度 t_m、中间压力 p_m 是两级压缩制冷循环的一个重要问题。

最佳的中间温度 t_m、中间压力 p_m 选取应根据制冷循环的制冷系数最大，制冷压缩机高压、低压级功耗总量最小，设备投资费用最少等条件来确定。中间温度 t_m、中间压力 p_m 确定的常见方法有：

（1）比例中项计算法　用比例中项计算中间压力

$$p_m = \sqrt{p_k p_0} \tag{18-10}$$

（2）最大制冷系数法　由于每一级制冷压缩循环都有一个最大的制冷系数，两级压缩找出高压、低压最大制冷系数，经过计算找出最大的制冷系数所对应的中间温度 t_m、中间压力 p_m，这种方法计算比较复杂，使用较少。

（3）经验公式法　对于两级蒸气压缩式制冷循环最佳中间温度 t_m、中间压力 p_m 的确定，有很多工程人员和学者经过大量的工作经验，提出了不同的经验公式和图表，算出近似的中间压力值。

2. 一次节流中间不完全冷却两级蒸气压缩式制冷循环

只将低压级排出的过热蒸气等压冷却降低一定量的温度而未达到饱和状态的冷却过程称为中间不完全冷却。目前氟利昂两级压缩制冷系统常采用这种形式。

一次节流中间不完全冷却两级蒸气压缩式制冷循环原理如图18-4所示。一次节流中间完全冷却两级压缩制冷循环和一次节流中间不完全冷却两级压缩制冷循环的区别是：低压级的排气不在中间冷却器的制冷剂中冷却，而是与中间冷却器中产生的干饱和蒸气或湿饱和蒸气在节点（图18-4中2点与3点之间交点 E）相互混合冷却后再进入高压级制冷压缩机。因此高压级制冷压缩机吸入的制冷剂不是中间压力 p_m 下的干饱和蒸气，而是具有一定过热度的过热蒸气，这就是所谓的"中间不完全冷却"。

一次节流中间不完全冷却两级压缩制冷理论循环的压-焓图和温-熵图如图18-5所示。

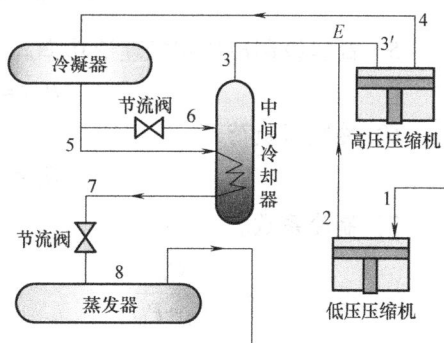

图 18-4　一次节流中间不完全冷却两级蒸气压缩式制冷循环原理

在实际循环中，为了使高压级压缩机高效地工作，其吸入的制冷剂蒸气通常不是干饱和蒸气，而是过热蒸气。其中的状态 3′点是过热蒸气状态，在这个状态点的蒸气被高压级吸入，故而称为不完全冷却。两者热力分析方法除了高压级制冷循环量和高压机耗功率的计算不同之处外，其余基本相同。一次节流中间不完全冷却两级蒸气压缩式制冷理论循环的热力性能同样有：

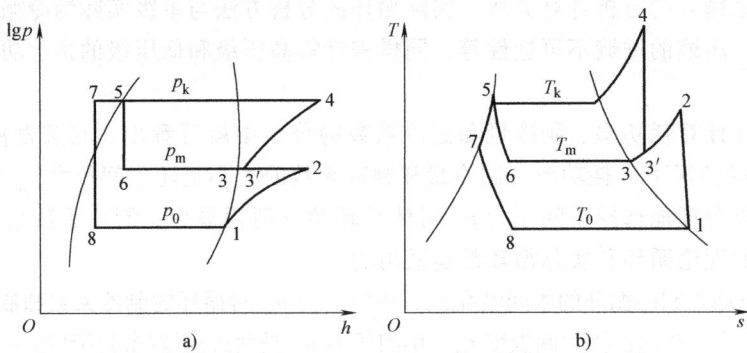

图 18-5　一次节流中间不完全冷却两级蒸气压缩式制冷理论循环的压-焓图和温-熵图

1）单位制冷量、单位容积制冷量。

$$q_0 = h_1 - h_8 \tag{18-11}$$

2）已知制冷量 Q_0（kW），低压级制冷剂循环量 G_L。

$$G_L = \frac{Q_0}{q_0} = \frac{Q_0}{h_1 - h_8} \tag{18-12}$$

3）低压级理论功率。

$$P_{0L} = G_L w_0 = G_L (h_2 - h_1) \tag{18-13}$$

4）高压级制冷剂循环量。高压级制冷剂循环量 G_H 同样由一次节流中间不完全循环的中间冷却器的能量分析得到，根据图 18-5 列出一次节流中间不完全冷却循环的中间冷却器能量平衡方程式为

$$(G_H - G_L) h_3 + G_L h_7 = (G_H - G_L) h_6 + G_L h_5 \tag{18-14}$$

整理得高压级制冷剂循环量为

$$G_H = G_L \frac{h_3 - h_7}{h_3 - h_6} \tag{18-15}$$

5）高压级制冷压缩机理论功率。

$$P_{0H} = G_H w_{0H} = G_H (h_4 - h_3) \tag{18-16}$$

6）冷凝器负荷。

$$Q_k = G_H q_k = G_H (h_4 - h_5)$$

7）制冷系数。

$$\varepsilon = \frac{Q_0}{P_{0L} + P_{0H}}$$

其他热力性能指标读者可自行分析。

3. 一次节流中间完全不冷却两级蒸气压缩式制式冷循环

所谓中间完全不冷却是指在两级压缩循环中不采用中间冷却的方式。

在冷藏运输以及某些特定的生产工艺制冷工段的制冷装置中，既要达到低温，又要

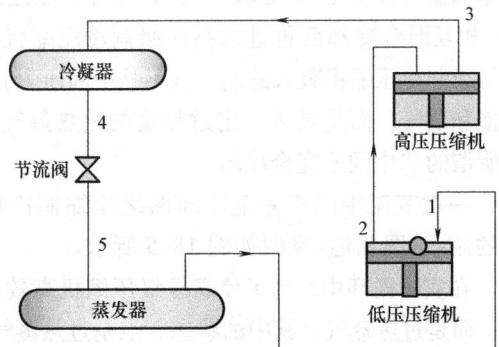

图 18-6　一次节流中间完全不冷却两级蒸气压缩式制冷循环

简化制冷系统，这时常采用一次节流中间完全不冷却两级压缩制冷循环（图18-6）。

这种循环和前面所述的两级压缩比较，取消了中间冷却器，因而系统进一步简化，但这种循环方式不省功，也不能提高循环的制冷量和制冷系数。这种循环实际上与一个单级蒸气压缩式制冷循环很相似，只不过压缩过程分为高压级和低压级。在实际循环中是其有利的一面，因为在这种特定条件下，采用一次节流中间完全不冷却两级压缩制冷循环，可以降低每一级的压力比，改善每一级制冷压缩机的工作性能，提高制冷压缩机的输气系数、指示效率，相应提高循环的实际输气量，降低轴功率，并且一定程度上提高了制冷量和制冷系数。一次节流中间完全不冷却两级压缩制冷理论循环压-焓图和温-熵图如图18-7所示。

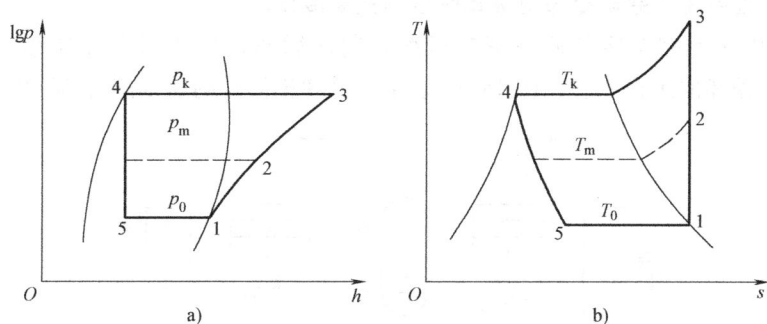

图18-7　一次节流中间完全不冷却两级蒸气压缩式制冷理论循环压-焓图和温-熵图

4. 二次节流中间完全冷却两级蒸气压缩式制冷循环

所谓二次节流就是指向蒸发器供液的制冷剂液体先从冷凝压力 p_K 节流到中间压力 p_m，再由中间压力 p_m 节流至蒸发压力 p_0 的节流过程。两次节流中间完全冷却方式一般适应于氨两级压缩制冷系统。如图18-8表示了二次节流中间完全冷却两级蒸气压缩式制冷循环的工作原理。

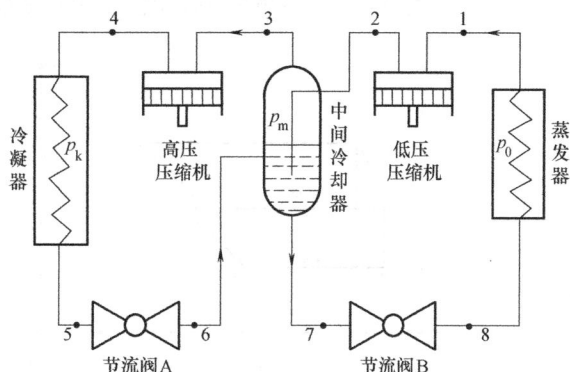

图18-8　二次节流中间完全冷却两级蒸气压缩式制冷循环的工作原理

其工作过程是：在蒸发器中吸热后的低压制冷剂蒸气经低压压缩机从蒸发压力 p_0 压缩至中间压力 p_m，由第Ⅰ级扩压管排出后进入中间冷却器被完全冷却至中间压力 p_m 下的干饱和蒸气。第Ⅱ级高压压缩机将制冷剂蒸气继续将中间压力 p_m 压缩至冷凝压力 p_k，然后经冷凝器等压冷却冷凝成饱和液体。

制冷剂饱和液体经节流阀 A 降低至中间压力 p_m，进入中间冷却器。一方面完全冷却第Ⅰ级（低压级排气，其冷却第Ⅰ级排汽的汽化蒸气和节流时产生的闪发性气体，作为补气随第Ⅰ级排气一起进入第Ⅱ级压缩机循环）；另一方面，压力为 p_m 的饱和液体存在于中间冷却器的下部，经节流阀 B 节流至蒸发压力 p_0 进入蒸发器吸热制冷。

图18-9是二次节流中间完全冷却两级压缩制冷理论循环的压-焓图和温-熵图。

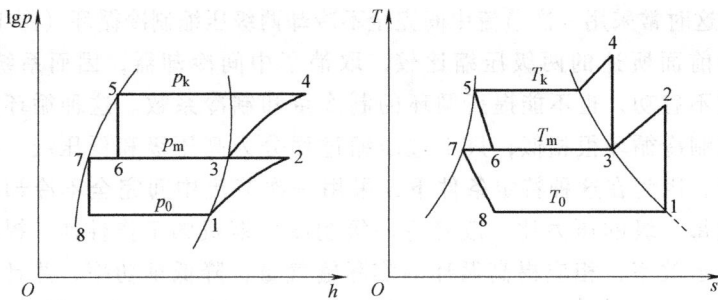

图 18-9　二次节流中间完全冷却两级蒸气压缩式制冷理论循环的压-焓图和温-熵图

5. 二次节流中间不完全冷却两级蒸气压缩式制冷循环

二次节流中间不完全冷却两级蒸气压缩式制冷循环适宜于氟利昂压缩制冷循环。图 18-10表示了该循环的工作原理，图 18-11 表示了该理论循环的压-焓图和温-熵图。

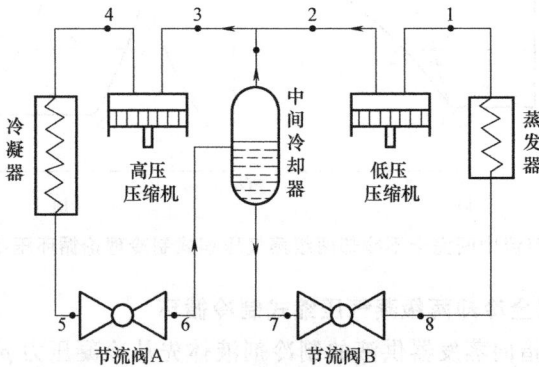

图 18-10　二次节流中间不完全冷却两级蒸气压缩式制冷循环的工作原理

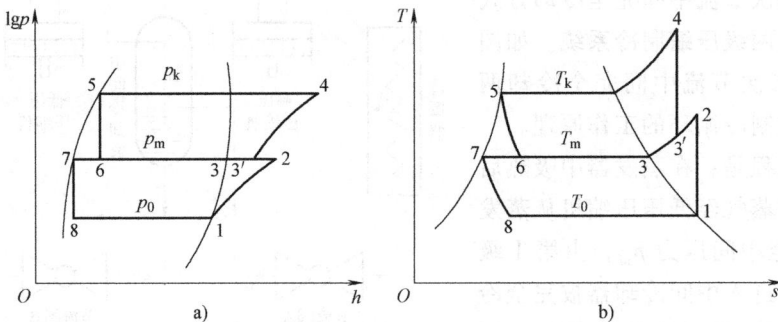

图 18-11　二次节流中间不完全冷却两级蒸气压缩式制冷循环的压-焓图和温-熵图

二、两级蒸气压缩式制冷循环的比较分析

上面对五种两级蒸气压缩式制冷循环进行了分析。从热力学角度看，这五种循环在制冷剂、蒸发温度 t_0、冷凝温度 t_k 及中间温度 t_m 分别相同的条件下，彼此存在着一定的差别。其主要差别在于：

1. 中间完全冷却和中间不完全冷却的差别

在其他条件相同的情况下，由于中间不完全冷却循环耗功大，因而中间不完全冷却循环的制冷系数要比中间完全冷却循环的制冷系数小。

2. 一次节流和二次节流的差别

由于在一次节流循环中，中间冷却器盘管具有传热温差 Δt，而使循环的单位制冷量减少，而在相同的冷却条件下，一次节流循环要比二次节流循环的制冷系数小。但是，中间冷却器盘管出液端传热温差比较小（$\Delta t = 3 \sim 7℃$），故而一次节流循环和二次节流循环的经济性差异也比较小。尽管一次节流循环比二次节流循环实际的经济性要差些，但活塞式制冷机一般仍采用一次节流较多，其原因在于：

1）一次节流可依靠高压制冷剂液体本身的压力供液到较远的用冷场所，适用于大型制冷装置。

2）高压制冷剂液体不与中间冷却器中的制冷剂相接触，可减少润滑油进入蒸发器的机会，从而提高换热设备的换热效果。

3）由于蒸发器与中间冷却器分别供液，便于操作，有利于制冷系统的安全运行。

课题三　三级蒸气压缩式制冷循环

【学习目标】

1. 了解三次节流中间完全冷却三级蒸气压缩式制冷循环。
2. 了解三次节流中间不完全冷却三级蒸气压缩式制冷循环。

【相关知识】

制冷剂的冷凝压力 p_k 是由环境介质（如空气或水）温度所决定的。在一定的冷凝温度 t_k 下，随着蒸发温度 t_0 的降低，冷凝压力 p_k 和蒸发压力 p_0 之差（$p_k - p_0$）增大，因而使压缩比 p_k / p_0 变大。当蒸发温度 t_0 过低时，如继续采用双级压缩，会带来如下问题：

1）每级压缩比增大，压缩机的输气系数 λ 大为降低，压缩机的输气量及效率显著下降。

2）每级压缩机排气温度过高，使润滑油的黏度急剧下降，影响压缩机的润滑。当排气温度过高接近润滑油的闪点时，会使润滑油碳化，以至于在阀片上产生结碳现象。

3）制冷剂节流损失增加，单位质量制冷量及单位容积制冷量下降过大，经济性下降。

为了获得比较低的温度（$-40 \sim -70℃$），同时又能使每级压缩机的工作压力控制在一个合适的范围内，就要采用多级压缩循环。从理论上讲，只要制冷剂的凝固温度足够低，随着级数的增加，能达到的蒸发温度 t_0 就更低。但是，当蒸发温度 t_0 很低时，蒸发压力 p_0 也相应很低。当蒸发压力 p_0 低于大气压时，一方面使空气渗漏入制冷系统内的可能性增加，不利于制冷机的正常工作；另一方面由于输气系数降低及蒸气比体积增大，使压缩机气缸尺寸增大，运行经济性降低。对于活塞式压缩机，因阀门自动启闭的特性，当吸气压力降低到 16kPa 以下时，压缩机已难以正常工作。因此，中温制冷剂的多级压缩制冷机的蒸发温度 t_0 也不可能很低。例如，对于 R134a 及 R22 等，当 $t_0 = -80℃$ 时，蒸发压力 p_0 已在 10kPa 以下，而氨在 $-77.7℃$ 时已经凝固。在应用中温制冷剂时，三级压缩制冷循环的蒸发温度 t_0 与两级压缩循环相差不大。所以，现代制冷机中，三级压缩循环应用很少，目前多应用于制造干冰的高压系统和某些品牌的离心式冷水机组中。本节简单介绍三次节流中间完全冷却三级压缩制冷循环和三次节流中间不完全冷却三级压缩制冷循环的工作原理。

一、三次节流中间完全冷却三级蒸气压缩式制冷循环

三次节流中间完全冷却三级蒸气压缩式制冷循环原理图、压-焓图及温-熵图如图18-12所示。

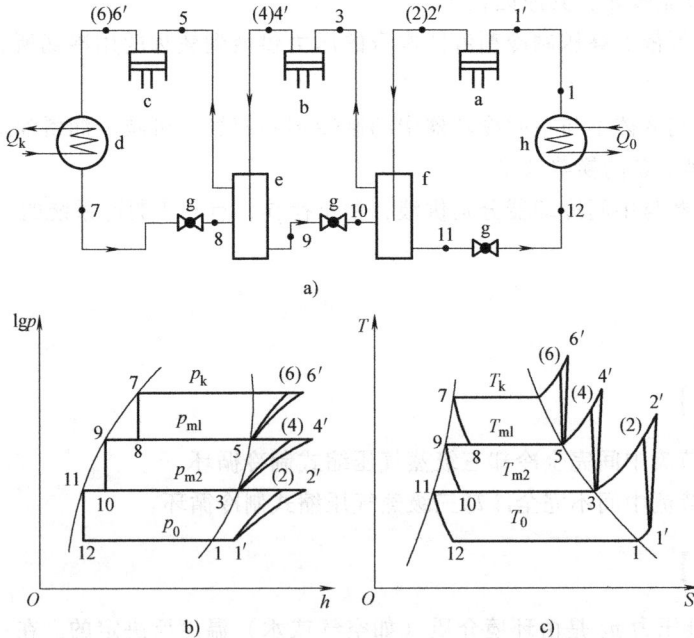

图 18-12　三级压缩制冷循环原理图、压-焓图及温-熵图

在循环中：

1—1′为吸气过热过程，1′为低压级吸气状态。

1′—2′为低压级压缩过程，循环量为 G_1 的制冷剂蒸发压力 p_0 压缩至中间压力 p_{m2}。

1′—（2）为假设理论制冷循环低压级压缩机的等熵压缩过程。

2′—3 为低压级压缩后的制冷剂蒸气在中间冷却器Ⅱ中完全冷却。

3—4′为中压级压缩过程，循环量为 G_m 的制冷剂蒸气由中间压力 p_{m2} 压缩至中间压力 p_{m1}。

3—（4）为中级压理论循环中压级压缩机假设的等熵压缩过程。

4′—5 为中压级压缩后的制冷剂蒸气在中间冷却器Ⅰ完全冷却。

5—6′为高压级压缩过程，循环量为 G 的制冷剂蒸气由中间压力 p_{m1} 压缩至冷凝压力 p_k。

6′—7 是制冷剂蒸气在冷凝器中冷却冷凝过程，并向高温热源放热 Q_k。

7—8 是高压制冷剂液体第一次节流，由冷凝压力 p_k 节流至中间压力 p_{m1}，并进入中间冷却器Ⅰ，完全冷却中压级排气，气体完全冷却后的中间低压级排气进入中压级循环。

9—10 是来自中间冷却器Ⅰ的制冷剂液体经第二次节流，由中间压力 p_{m1} 节流至中间压力 p_{m2}，并进入中间冷却器Ⅱ完全冷却低压级排气。气体随完全冷却后的低压级排气进入中压级循环。

11—12 是来自中间冷却器 II 的制冷剂液体经第三次节流，由中间压力 p_{m2} 节流至蒸发压力 p_0，并进入蒸发器。

12—1 是蒸发压力 p_0 的低压制冷剂在蒸发器内汽化吸热的过程，从低温热源吸热 Q_0。

三级压缩制冷循环的蒸发温度 t_0、冷凝温度 t_k 的确定相同于单级、双级压缩制冷循环。中间温度 t_{m1}、t_{m2} 和中间压力 p_{m1}、p_{m2} 的确定原则是制冷循环在制冷量 Q_0 一定时，各级压缩功耗的总量最少，制冷系数最大。

二、三次节流中间不完全冷却三级蒸气压缩式制冷循环

三次节流中间不完全冷却三级蒸气压缩式制冷循环常应用于离心式制冷系统如图 18-13 所示。

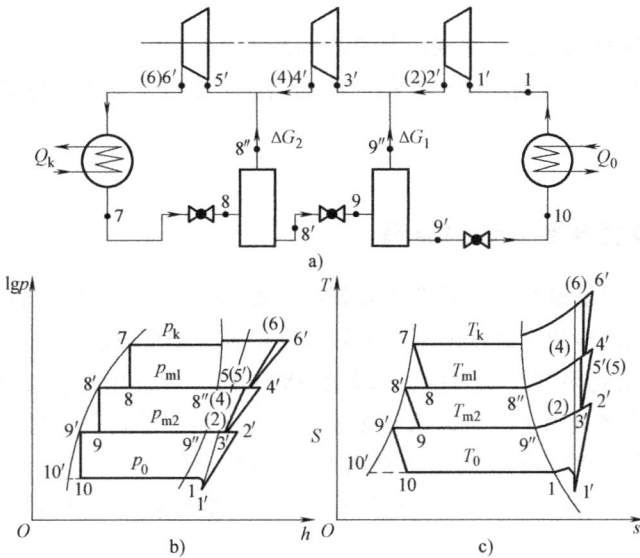

图 18-13　三次节流中间不完全冷却三级压缩制冷循环
a) 原理图　b) lg$p$-h 图　c) T-s 图

1—1′为吸气过程中的压力降低和蒸气过热过程，1′为第 I 级叶轮吸气状态。

1′—2′为制冷剂蒸气经离心机第 I 级叶轮由吸气压力 p_1 压缩至中间压力 p_{m2}。

2′—3′为第二级排气的中间不完全冷却过程，在这个过程中，第 I 级排气与来自中间冷却器 II 的第 II 级补气混合，并冷却第 I 级排气。

3′—4′为制冷剂蒸气经离心机第 II 级叶轮由中间压力 p_{m2} 压缩至中间压力 p_{m1}。

4′—5′为第 II 级排气的中间不完全冷却过程，在这个过程中，第 II 级排气与来自中间冷却器 I 的第 III 级补气混合，使第 II 级排气冷却。

5′—6′为制冷剂蒸气经第 III 级叶轮由中间压力 p_{m1} 压缩至冷凝压力 p_k。

6′—7 是制冷剂蒸气在冷凝器中冷却冷凝过程，向高温热源放出热量 Q_k。

7—8 是制冷剂的第一次节流，制冷剂液体压力由 p_k 节流至 p_{m1}，并冷却第 II 级压缩排气。随不完全中间冷却器冷却后的第 II 级排气，一起进入第 III 级压缩循环的气体量，此气体量称为第 III 级的补气量。

8′—9 是来自中间冷却器 I 的制冷剂液体经第二次节流，由中间压力 p_{m1} 节流至中间压

力 p_{m2}，并冷却第Ⅰ级压缩排气。随不完全中间冷却后的第Ⅰ级排气一起进入第Ⅱ级压缩循环的气体量，称为第Ⅱ级的补气量。

9′—10 是来自中间冷却器Ⅱ的制冷剂液体经第Ⅲ次节流，由中间压力 p_{m2} 节流至蒸发压力 p_0 的过程，第三次节流后的制冷剂湿饱和蒸气供入蒸发器。

10—1 是蒸发压力 p_0 的低压制冷剂在蒸发器内汽化吸热的过程，从低温热源吸热 Q_0。

课题四　复叠式制冷循环

【学习目标】

1. 掌握由两个单级压缩循环组成的复叠式制冷循环。
2. 了解由一个两级压缩循环和一个单级压缩循环组成的复叠式制冷循环。

【相关知识】

一、采用复叠式制冷循环的原因

当代科研和生产对低温制冷的要求越来越高，如需要 $-120 \sim -70℃$ 的低温冰箱、低温冷库等。由于采用中温制冷的双级压缩制冷装置所能得到的最低点蒸发温度 t_0，也受到蒸发压力 p_0 过低带来的一系列限制，如 R12、R22 在 $-80℃$ 时，蒸发压力 p_0 已低于 $0.01MPa$，而氨在 $-77.70℃$ 时，已经凝固了。所以采用多级压缩制冷循环受到了限制。

低温制冷循环中蒸发压力 p_0 过低会带来下列问题：

1）蒸发器与外界的压差增大，并且是负压，空气渗入系统的可能性增加，影响系统的正常工作。

2）比体积大，实际吸入气缸的气体减少，增加了气缸的尺寸。

3）对于活塞式压缩机，压缩机的吸排气是靠阀门自动启闭来完成的。当吸气压力低于 $0.01 \sim 0.051MPa$ 时，难以克服吸气阀的弹簧力，影响压缩机正常工作。

由于以上原因，当需要的蒸发温度 t_0 低于 $-70℃$ 时，就要采用低温制冷剂。它在常压下有较低的蒸发温度 t_0，如 R23 和 R503 在常压下的蒸发温度 t_0 分别为 $-82.1℃$ 和 $-88.7℃$，因此使低温下蒸发压力 p_0 得到提高。但是，低温制冷剂的冷凝温度 t_k 要求较低，用一般的水冷和空气冷却已无法凝结成液体，必须用人工冷源来冷凝低温制冷剂，从而出现了同时采用两种制冷剂的制冷系统，称为复叠式制冷循环。

二、复叠式制冷循环的分类

复叠式制冷循环通常由两个（或多个）采用不同制冷剂的单级（也可以是多级）制冷系统组合而成。通常在高温系统里使用沸点较高的制冷剂，在低温系统里使用沸点较低的制冷剂，各自成为一个使用单一制冷剂的制冷系统。高温系统中制冷剂的蒸发，用来冷凝低温系统中的制冷剂。只有低温系统中的制冷剂，在蒸发时向被冷却对象吸热（制取冷量），因而它既能满足在较低蒸发温度 t_0 下具有合适的蒸发压力 p_0，又能满足在环境温度下适中的冷凝器里，依靠高温系统制冷剂的蒸发，将低温系统的制冷剂冷凝成液体，高温系统中制冷剂再将热量传给环境介质（空气或水）。

复叠式制冷机可制取的低温范围是相当广泛的。至于是采用由两个单级压缩制冷循环组合，或由一个单级压缩循环和一个两级压缩循环的组合，还是由三个单级压缩循环组合，主要取决于所需制冷温度。

1. 由两个单级压缩循环组成的复叠式制冷循环

图 18-14 所示为两个单级系统组成的复叠式制冷循环图。低温系统中工作的制冷剂是 R13，高温系统中工作的制冷剂是 R22。高温系统由高温压缩机、冷凝器、回热器、节流阀和冷凝蒸发器组成。低温系统由低温压缩机、冷凝蒸发器、回热器、节流阀、蒸发器和膨胀容器组成。由于 R22 的蒸发和 R13 的冷凝是在同一个换热器内完成，因此称其为冷凝蒸发器。这种复叠式系统的最低蒸发温度 t_0 可达到 -90℃。

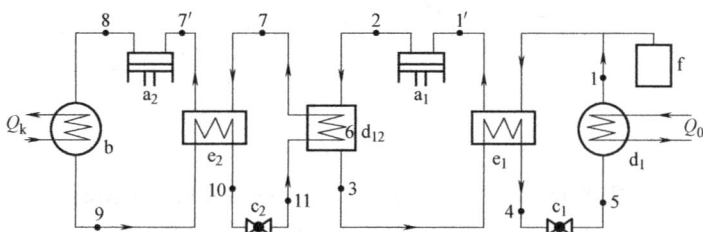

图 18-14　两个单级系统组成的复叠式制冷循环图

a_1—低温部分压缩机　a_2—高温部分压缩机　b—冷凝器　d_1—蒸发器

c_1—低温部分节流阀　c_2—高温部分节流阀　d_{12}—冷凝蒸发器

e_1—低温部分回热器　e_2—高温部分回热器　f—膨胀容器

从原理图中可以看到，复叠式制冷循环系统是由两个采用不同制冷剂的分系统进行制冷循环的。低压级制冷分系统从低温冷源处吸热，通过冷凝蒸发器传热至高压级制冷分系统，高压级制冷分系统排热至高温环境中。

在图 18-15 两个单级系统组成的复叠式制冷循环状态图 $\lg p\text{-}h$ 图、$T\text{-}s$ 图中可以看出循环的工作过程：低温部分（R13）循环由 1—1′—2—3—4—5—1 组成；高温部分（R22）循环由 6—7—7′—8—9—10—6 组成。R22 的蒸发和 R13 的冷凝是在同一个换热器内完成，即在冷凝蒸发器中完成热量交换。在实际制冷系统中，这个蒸发冷凝器设备和环境是隔热的，因此，R22 蒸发的吸热量应等于 R13 冷凝的放热量，且 R22 的蒸发温度 t_0 低于 R13 的冷凝温度 t_k，其温差为冷凝蒸发器的传热温差，通常为 5~8℃，在图中以 ΔT 表示。

2. 由一个两级压缩循环和一个单级压缩循环组成的复叠式制冷循环

这一循环的高温部分为一次节流中间不完全冷却、节流前液体过冷、带回热的两级压缩循环，采用制冷剂 R22 或 R507；低温部分为带回热的单级压缩循环，采用制冷剂为 R13。最低蒸发温度 t_0 可达 -110℃。循环系统的原理图如图 18-16 所示，热力状态图如图 18-17 所示。

在这个复叠式制冷循环中，低温部分为单级压缩制冷循环过程：0—1—1′—2—3—4—5—0；高温部分为一次节流中间不完全冷却两级压缩制冷循环过程：6—7—7′—8—9—9′—10—11—13—14—15—6 和 9′—10—11—12—9—9′。而复叠式制冷由两个独立的循环系统在

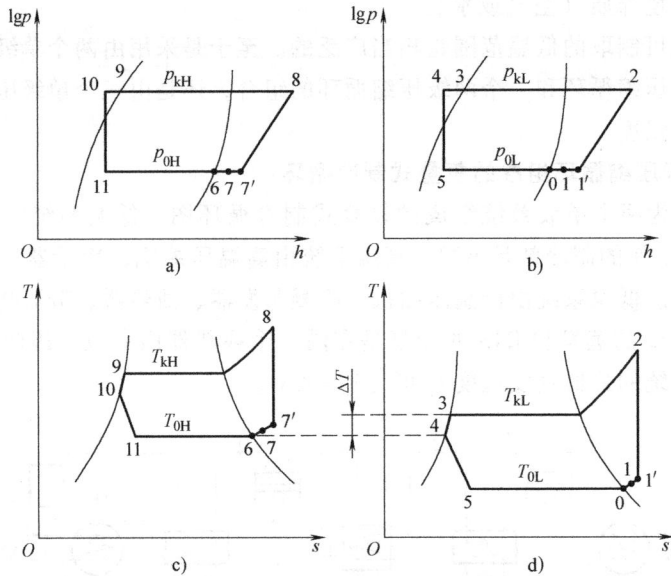

图 18-15　两个单级系统组成的复叠式制冷循环状态图

a）高温部分 lg$p$-h 图　　b）低温部分 lg$p$-h 图

c）高温部分 T-s 图　　d）低温部分 T-s 图

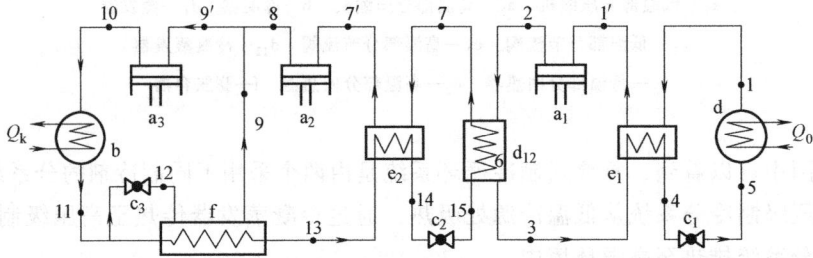

图 18-16　一个两级压缩循环和一个单级压缩循环系统的原理图

a_1—低温部分压缩机　a_2—高温部分低压级压缩机　a_3—高温部分高压级压缩机　b—冷凝器

c_1、c_2、c_3—节流阀　d—蒸发器　d_{12}—冷凝蒸发器　e_1、e_2—回热器　f—中间冷却器

冷凝蒸发器 d_{12} 中相连。

3. 由三个单级压缩循环组成的复叠式制冷循环

三个单级压缩循环组成的复叠式制冷循环由高、中、低温三部分组成，每个部分均为单级压缩循环。高温部分使用制冷剂 R22 或 R507，中温部分使用制冷剂 R23，低温部分使用 R50、R115。最低蒸发温度 t_0 可达 $-120 \sim -140℃$。

图 18-18 是某型低温箱由三个单级压缩循环组成的复叠式制冷实际循环系统图。它分别由三台单级压缩机构成高温、中温和低温制冷循环，高温部分采用 R22 制冷剂，中温部分采用 R23 制冷剂，低温部分使用 R50 制冷剂。在高温循环中，进入蒸发冷凝器 d_{23} 的 R22 液体，吸收了中温循环中压缩机排出的 R23 蒸气的冷凝热量而汽化，汽化后被压缩机吸入并压缩，再进入水冷式冷凝器冷凝成 R22 液体。从冷凝器出来的 R22 液体，经过干燥过滤

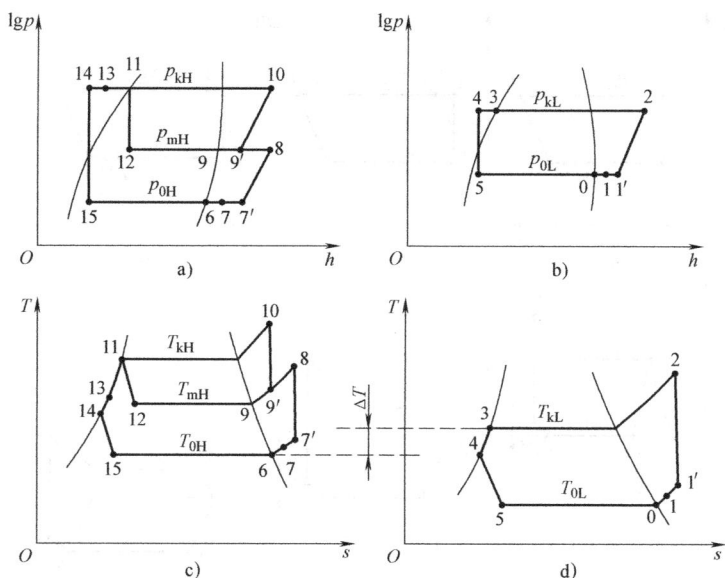

图 18-17　一个两级压缩循环和一个单级压缩循环系统的热力状态图

a) 高温部分 lg$p$-h 图　b) 低温部分 lg$p$-h 图　c) 高温部分 T-s 图　d) 低温部分 T-s 图

器、热力膨胀阀后重新进入蒸发冷凝器 d_{23} 汽化蒸发，如此不断循环。在中温循环中，R23 液体在低温蒸发冷凝器 d_{12} 内吸收了被冷却对象的热量后汽化蒸发，汽化的 R23 经回热器被加热后被压缩机吸入并压缩，然后进入油分离器，分离后的 R23 蒸气进入中温冷凝蒸发器 d_{23} 冷凝放热后冷凝成 R23 液体，出来后再经过过滤器、回热器、热力膨胀阀重新进入蒸发冷凝器 d_{12} 制冷，然后重复循环。在低温循环中，R50 制冷剂液体在低温蒸发器中吸热汽化蒸发成为蒸气，经过低温压缩机进行压缩后，进入低温蒸发冷凝器 d_{12}，放热冷凝成为制冷剂液体，经过回热器继续过冷，成为过冷的制冷剂液体，再回到低温蒸发器 d 吸热汽化，进行重复循环。

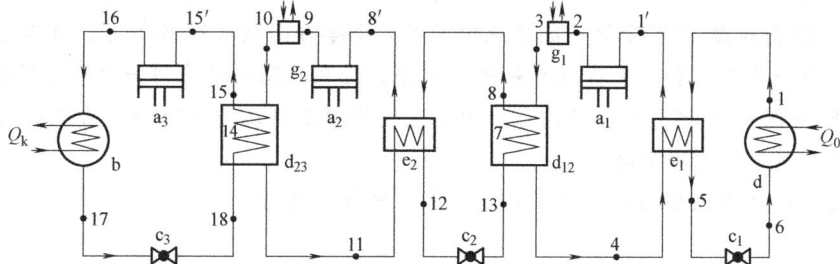

图 18-18　三个单级压缩循环组成的复叠式制冷循环原理图

a_1—低温部分压缩机　a_2—中温部分压缩机　a_3—高温部分压缩机

b—冷凝器　c_1、c_2、c_3—节流阀　d—蒸发器

d_{12}—中、低温部分蒸发冷凝器　d_{23}—高、中温部分蒸发冷凝器

e_1—低温部分回热器　e_2—中温部分回热器　g_1、g_2—冷却器

图 18-19 是三个单级压缩循环组成的复叠式制冷循环压-焓图、温-熵图。

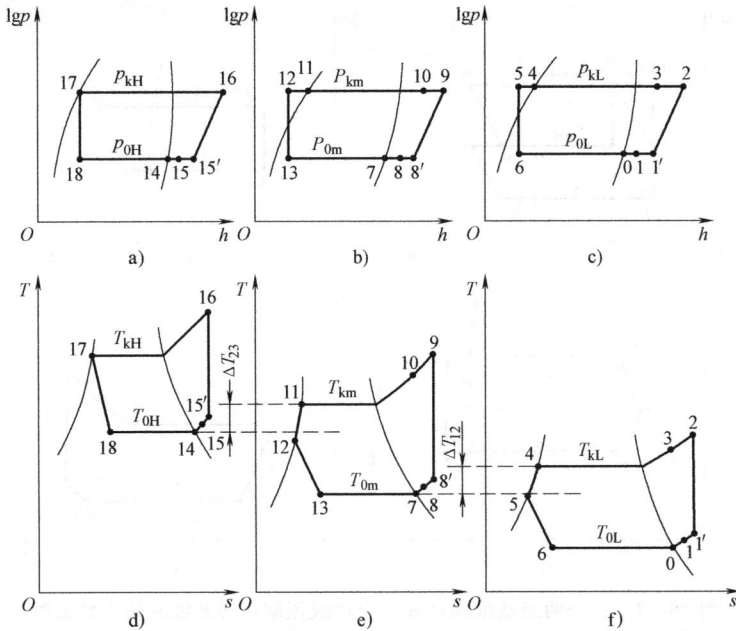

图 18-19　三个单级压缩循环组成的复叠式制冷循环热力状态图

a) 高温部分 lg$p$-h 图　b) 中温部分 lg$p$-h 图　c) 低温部分 lg$p$-h 图

d) 高温部分 T-s 图　e) 中温部分 T-s 图　f) 低温部分 T-s 图

思 考 题 与 习 题

1. 多级蒸气压缩式制冷循环有什么特点？

2. 两级蒸气压缩式制冷循环有哪些基本形式？

3. 用压-焓图和温-熵图分析一次节流中间完全冷却两级压缩制冷理论循环过程。

4. 用压-焓图和温-熵图分析一次节流中间不完全冷却两级压缩制冷理论循环过程。

5. 试分析一次节流和二次节流的差别，为什么活塞式制冷机采用一次节流的较多？

6. 用压-焓图和温-熵图分析三次节流中间完全冷却三级压缩制冷循环的过程。

7. 什么是复叠式制冷循环？

8. 简述由两个单级压缩循环组成的复叠式制冷循环过程。

单元十九

吸收式制冷循环

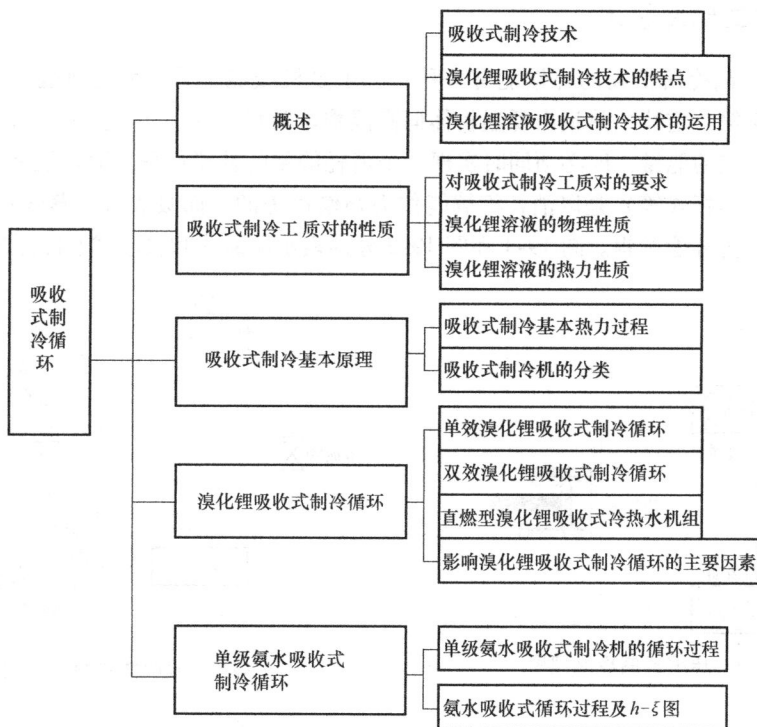
【学习引导】

目的与要求

1. 掌握吸收式制冷工质对的性质及选择要求。

2. 掌握吸收式制冷基本原理、循环过程及热力分析。

3. 了解单效溴化锂吸收式制冷循环过程及影响制冷循环的主要因素。

重点与难点

重点：1. 吸收式制冷工质对的性质及选择要求。

2. 单效溴化锂吸收式制冷循环过程及影响制冷循环的主要因素。

难点： 1. 吸收式制冷工质对的性质及选择要求。

2. 吸收式制冷基本原理。

3. 单效溴化锂吸收式制冷循环过程及热力分析。

课题一　概述

【学习目标】

1. 掌握溴化锂吸收式制冷技术。
2. 了解溴化锂吸收式制冷技术在工业生产中的应用。

【相关知识】

一、吸收式制冷技术

当前，人工制冷所消耗的补偿能有两种：一种是机械能，另一种是热能。

根据热力学第二定律，热量由低温物体向高温物体转移是一个非自发的过程。实现这一过程，必须消耗一定的能量，即必须同时实现一个消耗能量的补偿过程。通常压缩式制冷机（活塞式、离心式、螺杆式等）是以消耗机械能作为补偿过程的，而吸收式、蒸气喷射式制冷机，则以消耗热能作为补偿过程。图19-1和图19-2分别表示压缩式和吸收式制冷原理图。

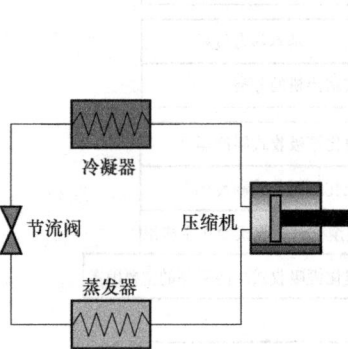

图19-1　压缩式制冷原理图

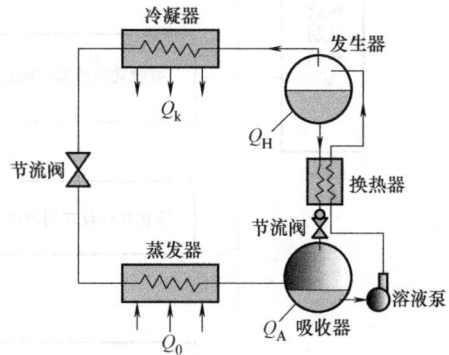

图19-2　吸收式制冷原理图

如图19-2所示，Q_0 为蒸发器，它的作用是吸取被冷却物的热量；Q_k 为冷凝器，它将热量传给周围的环境介质；因为冷凝器中的压力比蒸发器高，工质由冷凝器进入蒸发器时，需经节流阀节流，以降低压力。Q_H 表示能量的补偿部分，是实现制冷过程的关键部分。吸收式制冷机中，冷凝器、蒸发器、节流阀的作用与压缩式制冷机相同，只是能量补偿部分的设备改变了。吸收式制冷机中，能量补偿部分的设备包括发生器、吸收器、溶液节流阀和溶液泵。工质在发生器中被加热，分离出制冷剂蒸气，在冷凝器中凝结成液体，经节流后进入蒸发器吸热蒸发，进行制冷。制冷剂蒸气在吸收器中被来自发生器的另一部分工质——吸收剂所吸收，然后由溶液泵输送，重新进入发生器。如果在压缩式制冷机中把能量的补偿部分称为"机械式"压缩机，那么在吸收式制冷机中，能量的补偿部分就可称为"热化学"压缩机，因为它的制冷工质是利用溶液的热力性能来实现"化学"压缩的。

蒸气压缩式制冷一般采用单一制冷剂，如 R717、R22 等。吸收式制冷机则使用两种沸点相差较大的物质组成的二元溶液（工质对）作为制冷剂工质对，其中低沸点组分为制冷剂，高沸点组分为吸收剂。吸收式制冷机利用溶液在一定条件下能析出低沸点组分的蒸气，而在另一个条件下又能吸收低沸点组分的蒸气这一特性来完成制冷循环。目前，对吸收式制冷机中采用的吸收剂-制冷剂工质对研究较多，但获得广泛应用的只有氨-水溶液和溴化锂-水溶液。前者多用于低温系统，后者多用于空气调节系统。

二、溴化锂吸收式制冷技术的特点

溴化锂吸收式制冷机是一种以热能为动力，以水为制冷剂，以溴化锂溶液为吸收剂，用来制取高于 0℃ 的冷水（一般取 7~10℃ 的冷水）的制冷设备。与其他类型的制冷机相比，它的显著优点是：

1）以热能为动力，无须耗用大量的电能，而且对热能的要求不高，能利用各种低势热源和废气、废热，如高于 20kPa（表压）的饱和蒸气，75℃ 以上的热水以及地下热、太阳能等。该设备有利于热源的综合利用，因此运转费用低。若利用废气、废热来制冷，则几乎不需要花费什么运转费用就能获得大量的冷源，其经济性高。

2）整个制冷机组除功率小的屏蔽泵外，没有别的运动部件，振动噪声小，运行安静，特别适用于医院、会堂、办公室等场合。

3）以溴化锂-水溶液为工质，制冷机在真空状态下运行，无臭、无毒、无爆炸危险，安全可靠，被称为无公害的制冷装置，满足了环境保护的要求。

4）冷量调节范围宽，负荷变化时性能稳定，可在 10%~100% 的范围内进行冷量的无级调节，而且调节时机组的热力系数几乎不下降，能很好地适应负荷变化的要求。

5）结构简单，制造方便。机组中除屏蔽泵、真空泵和真空阀门等附属设备外，几乎都是一般的热交换设备，加工制造容易。

6）对机组安装要求低。因为运行时振动极小，故不需要特殊的机座。安装时只需要一般地面校正水平，接上所需的汽、水管道和电源即可。

7）操作简单，维护保养方便。机组中只要适当地配置一些自动控制元件，就可达到自动化操作的要求；机组的保养工作，主要在于维持所需的真空度。

溴化锂吸收式制冷机的主要缺点是：

1）在有空气的情况下，溴化锂溶液对普通碳钢具有较强的腐蚀性。这不仅影响机组的寿命，而且直接影响机组的性能和正常运行。

2）制冷剂在真空状态下运行，空气容易渗入。实践证明，即使渗入极微量的空气，也会严重地影响机组的工作性能。为此，整个制冷装置要求严格地密封，这就给机组的制造和安装增添了困难。

3）由于热能为动力，加之溴化锂溶液吸收制冷剂蒸气是放热过程，制冷剂蒸气的冷凝和吸收过程都需要冷却，因此冷却负荷较大。

三、溴化锂溶液吸收式制冷技术的运用

自从第一台溴化锂吸收式制冷机生产使用以来，经过不断改进和提高，现在，无论是型

式、结构、性能都得到了迅速发展，很多国家系列化地生产这种机型，广泛地应用于空调或其他生产工艺过程。图 19-3 所示为我国生产的直燃吸收式溴化锂冷水机组，我们称之为"直燃机"，是直接燃烧天然气、煤气、液化石油气或柴油作为能源，以水-溴化锂溶液作为工作介质的冷热源设备。由于直燃机不以电为能源（只需极少的电作为循环辅助动力），并具有制冷、采暖、加热水的功能，因此可以大幅度削减电力投资和供热设备投资。目前吸收式制冷产品的研究主要有以下几方面：

图 19-3 直燃吸收式溴化锂冷水机组

1）利用太阳能作为溴化锂吸收式制冷机热源等型式的产品。

2）高效燃气冷、温水机的研究。

3）利用低温热源的溴化锂吸收式制冷机。

4）吸收式热泵的分析研究。

在我国，自 1966 年上海第一冷冻机厂等单位试制成功溴化锂吸收式制冷机以来，通过样机的研制和对溴化锂溶液的物性、腐蚀和传热等基础性试验研究，使溴化锂吸收式制冷机性能大大改进，从而获得了较快的发展。目前全国各地，例如：上海、北京、天津、青岛、洛阳、郑州、西安、武汉等地都制造此类产品。我国是一个幅员辽阔、资源丰富的国家，有各种各样的废热可供利用。近年来，溴化锂吸收式制冷机虽然有很快的发展，但与国际先进水平相比，还有较大的差距。随着我国经济的蓬勃发展，各行各业对空调及生产工艺用冷源的需求日趋迫切。因此溴化锂吸收式制冷机有着广阔的发展前途。根据当前热能的利用和发展情况，国产溴化锂吸收式制冷机应在提高蒸气双效机经济性、可靠性，降低金属材料消耗的同时，积极开发直燃双效、热水型新机种，以便扩大应用范围。

课题二　吸收式制冷工质对的性质

【学习目标】

1. 了解吸收式制冷工质对的特性及其要求。
2. 掌握溴化锂溶液的物理、化学、热力性质。

【相关知识】

吸收式制冷机与压缩式制冷机不同，吸收式制冷机的工质除了制冷剂外，还需要有吸收剂。制冷剂用来产生冷效应，吸收剂用来吸收产生冷效应后的制冷剂蒸气，以实现对制冷剂的"热化学"循环过程。制冷剂与吸收剂组成工质对。

一、对吸收式制冷工质对的要求

吸收式制冷机的工质通常是一种二元溶液，由沸点不同的两种物质所组成。其中，低沸点的组分用作制冷剂，高沸点的组分用作吸收剂。在吸收式制冷工质中，对制冷剂的要求与压缩式制冷机基本相同，如汽化热大、工作压力适中、成本低、毒性小、不爆炸、不腐蚀等。对吸收剂则要求具有下列的一些特性：

1）在相同压力下，它的沸点比制冷剂高，而且相差越大越好。这样，在发生器中蒸发出来的制冷剂纯度就高，有利于提高制冷机的热力系数。

2）具有强烈吸收制冷剂的能力，即具有吸收温度比它低的制冷剂蒸气的能力。

3）在化学性质方面与制冷剂要求一样，无臭、无毒、不爆炸、不燃烧、安全可靠。对普通金属材料的腐蚀性小。

4）价格低廉，容易获得。

当然，要寻找一种二元溶液都满足上述有关制冷剂和吸收剂的要求是比较困难的。经过制冷专业科技和工程人员长期的研究实践，确定了几种类型工质。第一类是以水作为制冷剂的工质对，比如水-溴化锂溶液、水-氯化锂水溶液等；第二类是以氨为制冷剂的工质对，如氨-水溶液、乙胺-水溶液等；第三类是以醇作为制冷剂的工质对，如甲醇-溴化锂溶液、乙醇-溴化锂溶液等。目前，获得广泛应用的只有氨-水溶液和溴化锂-水溶液。前者多用于低温系统，后者多用于空气调节系统。本书以溴化锂-水溶液为例说明吸收式制冷工质的性质。

溴化锂水溶液由固体的溴化锂与水溶解而成。纯净溴化锂分子式为：LiBr，呈白色固体状，溴化锂的化学性质与氯化钠相似，其熔点为 549℃，沸点为 1265℃，无毒、有苦咸味、不挥发，性质稳定。

在溴化锂-水溶液二元工质对中，水是制冷剂。用水作为制冷剂有许多优点：价格低廉、取用方便、汽化潜热大、无毒、无味、不燃烧、不爆炸等，缺点是常压下蒸发温度 t 高，而当蒸发温度 t_0 降低时，蒸发压力 p_0 也很低，蒸气的比体积又很大。此外，水在 0℃ 就会结冰，因此，用它作为制冷剂时所能达到的低温仅限于 0℃ 以上。

在常压下，水的沸点是 100℃，而溴化锂的沸点为 1265℃，两者相差 1165℃。因此溶液沸腾时产生的蒸气几乎都是水的成分，而不会有溴化锂的成分，无须精馏就可得到纯制冷剂蒸气。这是溴化锂溶液用作吸收式制冷剂工质的优点。

目前，吸收式制冷剂溴化锂的产品常以水溶液的形式供应给使用者。其要符合以下要求：

1）性状：无色透明液体。

2）质量分数：不低于 50%。

3）水溶液 pH 值：9.0~10.5 之间。

4）杂质的含量：

氯化物（Cl^-）最高质量分数：不大于 0.5%；

硫酸盐（SO_4^-）最高质量分数：不大于 0.05%。

多硫化物含量：溴酸盐（BrO_3^-）无反应，没有多硫化物。

5）溶液中不应含有二氧化碳（CO_2）、臭氧（O_3）等不凝性气体。

二、溴化锂溶液的物理性质

溴化锂溶液的物理性质是无色液体，没有毒性，入口有咸味，接触到皮肤上微痒。使用过程中要特别防止溅入眼内，防止眼睛受伤。

1. 溶解度

图 19-4 所示为溴化锂溶液的结晶曲线图。

纵坐标表示结晶温度，横坐标表示溴化锂在溶液中的质量分数。曲线上的点表示溶液处于饱和状态。曲线的上方表示溶液中不会有晶体存在，而下方则包含有固体的溴化锂。从图 19-4 中可知，在某一个质量分数下，如果降低溶液的温度，就会有固体溴化锂析出。这在溴化锂吸收式制冷机的运行过程中必须十分注意，设备运行中必须注意防止结晶现象，否则会影响制冷机的正常运行。

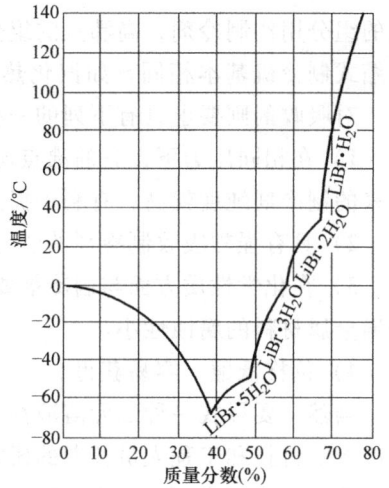

图 19-4　溴化锂溶液的结晶曲线图

2. 密度

溴化锂在单位溶液体积中的质量为溴化锂的密度，在等温条件下从溴化锂溶液密度曲线图中查得溶液的质量分数。溴化锂溶液的密度比水大，这是因为溶液中含有溴化锂的缘故。溴化锂吸收式制冷机使用的溶液，初始状态的质量分数为 60% 左右，室温下密度约为 1.7g/cm^3。

3. 比热容

溴化锂溶液的比热容常用比定压热容，即在压力不变的条件下，单位质量溶液温度变化 1℃ 所需的热量，用符号 c_p 表示。溴化锂溶液的比热容曲线如图 19-5 所示。

从图 19-5 可知，溴化锂溶液的比热容随着温度的升高而增大，随着质量分数的升高而减少，且它的比热容相当小，当温度为 25℃，质量分数为 51% 时，比热容为 2.1kJ/(kg·K)，而水的比热容

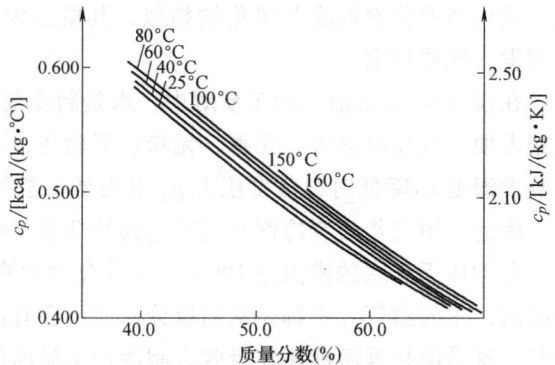

图 19-5　溴化锂溶液的比热容曲线

为 4.2kJ/(kg·K)。溶液的比热容小，有利于提高机组的效率。因为这意味着发生过程所需要加给溶液的热量比较小，而吸收过程必须从溶液中带走的热量也比较小。

4. 黏度

图 19-6 所示为溴化锂溶液的动力黏度曲线图。从图中可知，溴化锂溶液的黏度比较大。溶液的黏度大，对传热有较大的影响，在设计过程中应加以考虑。

5. 饱和蒸气压

图 19-7 所示为溴化锂溶液的饱和蒸气压图。

图中，纵坐标表示溶液的温度，横坐标表示溶液的质量分数，图中的曲线为等压线簇。从图中可知，溴化锂溶液的饱和蒸气压与水相比很小，这说明它的吸湿性很强。

6. 腐蚀性

溴化锂溶液是一种较强的腐蚀介质，对普通金属材料，如碳钢、纯铜等具有较强的腐蚀性。尤其在有氧气存在的情况下，其腐蚀更为严重。溴化锂溶液对金属材料的腐蚀，不仅大

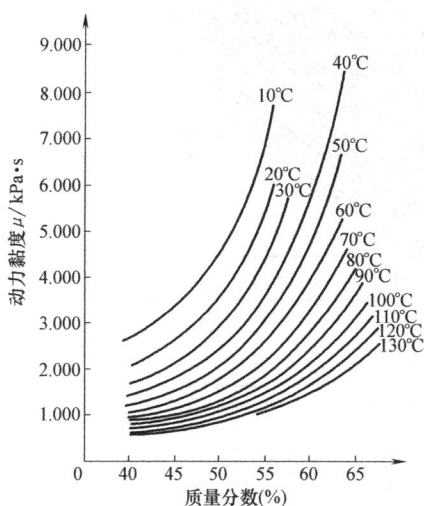

图 19-6　溴化锂溶液的动力黏度曲线图

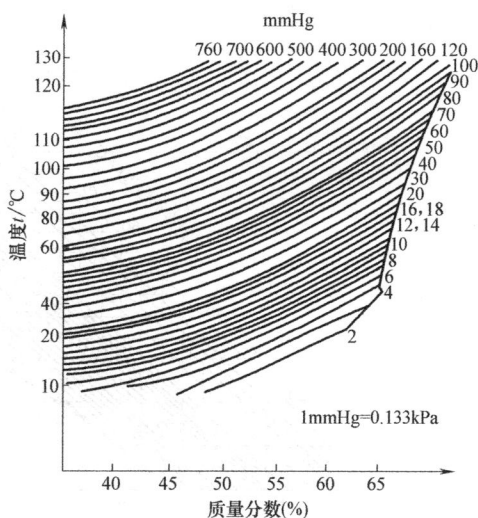

图 19-7　溴化锂溶液的饱和蒸气压图

大缩短了制冷机的使用寿命，而且腐蚀产物如铁锈、不凝性气体（氢气）等直接影响机组的性能和正常运行。因此，了解溴化锂溶液对金属材料的腐蚀性，从而提出防腐措施，是溴化锂吸收式制冷机中的一个重要任务。

　　在溴化锂溶液中添加缓蚀剂，可降低溶液对设备的腐蚀。添加铬酸盐、钼酸盐、硝酸盐以及锑、铝、铅的化合物，都可以有效地抑制溴化锂溶液对金属材料的腐蚀。溶液中的这种添加物称为缓蚀剂。试验表明，铬酸锂是一种很好的缓蚀剂，这是因为铬酸锂能在金属表面形成保护膜。试验证明 Q235 钢和纯铜的腐蚀率都随铬酸锂含量的增大而降低。一般在温度不超过 120℃ 时，在溶液中加入 0.1%～0.3%（质量分数）范围的铬酸锂（Li_2CrO_4）和 0.02%（质量分数）的氢氧化锂（LiOH），使溶液呈碱性，pH 值保持在 9.5～10.5 之间，具有良好的缓蚀效果。

　　综上所述，溴化锂溶液对 Q235 钢和纯铜具有较强的腐蚀性。引起腐蚀的主要因素是氧的作用，因此隔绝氧气是防止腐蚀的最主要措施。此外，在溶液中添加铬酸锂等缓蚀剂，并使溶液维持一定的 pH 值，也能有效地抑制溴化锂溶液对金属材料的腐蚀作用。

三、溴化锂溶液的热力性质

　　设计溴化锂吸收式制冷机时，不仅要了解溴化锂溶液的物理性质和腐蚀性，而且要了解其热力性质。溴化锂溶液的热力性质可通过它的热力状态图来说明。参见附图 B-12 溴化锂-水溶液的 h-ξ 图。

　　溴化锂溶液的热力状态图是对溴化锂吸收式制冷机进行计算必不可少的曲线图。这里介绍压力-温度（p-t）图、比焓-质量分数（h-ξ）图。

1. 压力-温度（p-t）图

　　溴化锂溶液的 p-t 图表明了溴化锂溶液中压力、温度和质量分数之间的相互关系，是最基本的热力状态图。图中的三个状态参数只要知道任意两个，另外一个也就随之确定了。p-t 图还可以用来表示溴化锂溶液在加热或冷却过程中热力状态的变化。图 19-8 所示为溴化锂

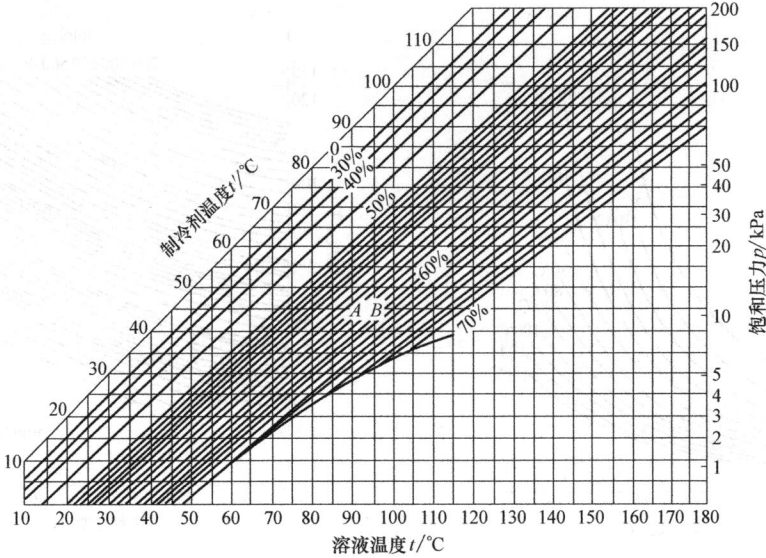

图 19-8　溴化锂溶液的 $p\text{-}t$ 图

溶液的 $p\text{-}t$ 图。

如图 19-8 所示，温度为 87℃，压力为 9.3kPa 的饱和溶液，它的质量分数为 58%（状态点 A）。若在等压下加热，温度升高，溶液中的水分被蒸发出来，则溶液的质量分数也就随之增大。当温度升高至 96℃时，与之相应的质量分数也增大至 62%（状态点 B）。这样，溶液的状态就由点 A 变为点 B。这就是等压沸腾过程。相反，如果处于点 B 状态的溶液被冷却，压力不变，而温度降低，就有吸收水蒸气、降低质量分数的趋势。这就是等压吸收过程。图中左上角第一条曲线为纯水的压力与饱和温度的关系，右下角的折线为结晶线，即不同温度下溶液的饱和质量分数。温度越低，饱和质量分数也越低。因此，溴化锂溶液的质量分数过高或温度过低时均易形成结晶，这一点在设计及运行中都是很重要的，也是需要避免的。

但是，$p\text{-}t$ 图不能表示溶液状态变化过程中焓的变化。因此在溴化锂吸收式制冷机设计时，通常借助于比焓-质量分数（$h\text{-}\xi$）图来说明热量变化的过程。

2. 比焓-质量分数（$h\text{-}\xi$）图

图 19-9 所示为溴化锂溶液的 $h\text{-}\xi$ 图。

溴化锂溶液的 $h\text{-}\xi$ 图是对溴化锂吸收式制冷机进行制冷循环分析和热力计算的主要线图，它的横坐标表示溶液的质量分数，纵坐标表示溶液的比焓值。图的下半部为液相部分，由等温线簇组成网络线；图的上半部为气相部分，只有等压线簇。当压力不大时，压力对液体的比焓和混合热的影响很小，故可认为液态等温线与压力无关，液态溶液的比焓只是温度和质量分数的函数。不论是饱和液态还是过冷液态溶液的比焓，都可在 $h\text{-}\xi$ 图上用等温线与等质量分数线的交点求得。

图 19-9 所示下半部的实线为等压饱和液线。某一压力下溶液的饱和液态一定落在该压力值的等压线上。某一等压线以下为该溶液的过冷区，当压力升高时，过冷区的上界线也随着等压线上移。根据某状态点与相应等压饱和液线的位置关系，可以判别该点的相态。

溴化锂溶液的 $h\text{-}\xi$ 图只有液态区，气态为纯水蒸气，集中在 $\xi = 0$ 的纵坐标上。由于平

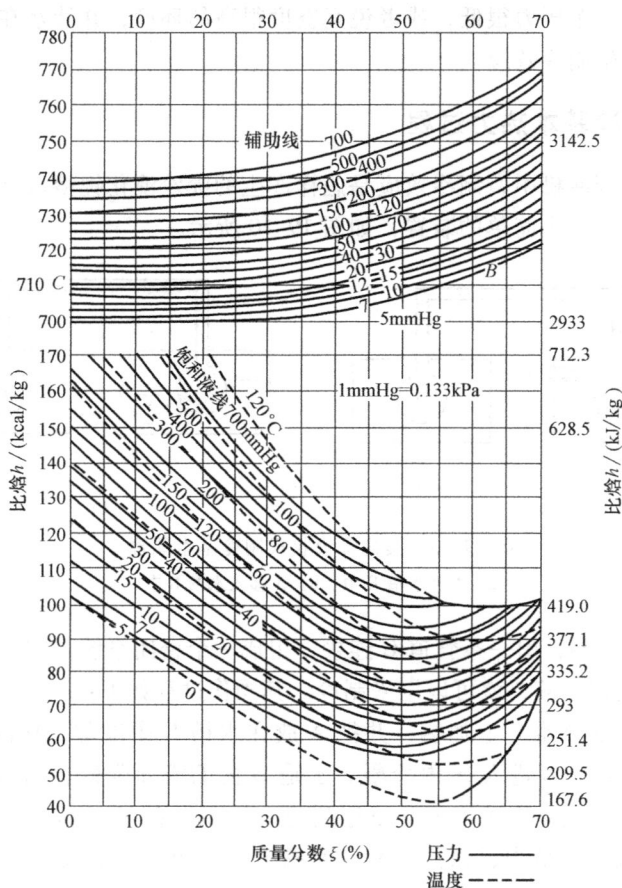

图 19-9 溴化锂溶液的 h-ξ 图

衡时气液同温，故蒸气的温度由与之平衡的液态溶液的温度求得。因溶液沸点升高特性，平衡态溶液面上的蒸气都是过热水蒸气，其比焓值可从纵坐标查得。与液相部分相对应，气相部分也有相应数量的等压线。但这个等压线只是辅助线，并不说明蒸气的浓度，只是确定蒸气的比焓值。参见附图 B-12 溴化锂-水溶液的 h-ξ 图。

课题三 吸收式制冷基本原理

【学习目标】

1. 掌握吸收式制冷基本工作原理。
2. 了解吸收式制冷机的分类方法。

【相关知识】

液体的沸点温度与对应的压力是分不开的，不同的压力值有不同的沸腾蒸发温度。水在 1 个大气压下的沸腾蒸发温度 t_0 为 100℃，但是，如果把水的压力降低，则它的蒸发温度 t_0 也跟着降低。在真空情况下，例如 7.5mmHg（绝对压力）时，水蒸发温度 t_0 就降低为 7℃。

也就是说，只要创造一个压力很低，或者说真空度很高的环境，并让水在其中蒸发，就能把周围的热量带走，产生制冷效应。

一、吸收式制冷基本热力过程

在溴化锂吸收式制冷机中，制冷效应是怎样产生的呢？溴化锂溶液又起什么作用呢？为了说明这一问题，来看一个简单的装置，如图 19-10 所示。

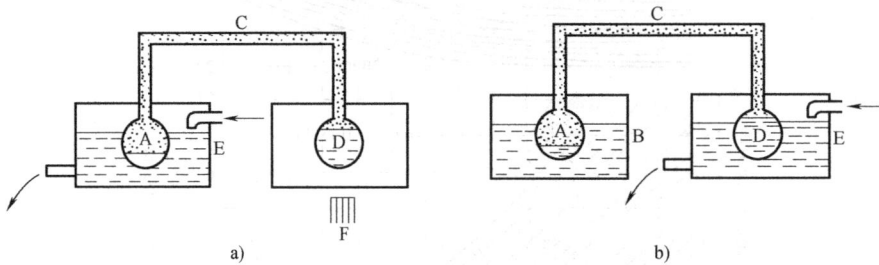

图 19-10 溴化锂吸收式制冷基本原理

a）A 在水槽 E 中 b）A 移入水槽 B 中

设有 A、D 两个容器，用一条管道 C 连接，组成一个密闭系统。把容器内抽成真空，再向容器 D 中充以溴化锂溶液，就可以用来制冷。其操作过程如下：

首先，把 D 放在加热器 F 上加热，并把 A 放在水槽 E 中冷却，D 内的溶液温度升高，水分不断蒸发出来，经过 C 进入 A 内冷凝。于是 D 内的液面降低，而 A 中出现了凝结水，液面逐渐升高；当 D 中溴化锂溶液的含量达到与 A 内的冷凝压力 p_k 相对应的平衡含量时，停止加热，把 D 移入 E 容器内，而把 A 移入水槽 B 中。由于 D 被冷却，其中溴化锂溶液吸收水蒸气的能力增强，于是 D 中的水蒸气被含量较高的溴化锂溶液吸收，压力下降；由于密闭的容器是真空状态，水的蒸发温度很低，A 中的水蒸发，产生制冷效应，而把水槽中的热量带走，使水的温度降低。但当 D 中的溴化锂溶液达到与其温度相对应的饱和含量时，过程又停止了。反复进行上述操作，就能把水槽 B 中的热量带走，达到制冷的目的。

由上述可知，为了实现吸收制冷，需先从溴化锂溶液中释放出制冷剂水蒸气，并将它冷凝成冷剂水，然后令其在低压下蒸发，用以产生制冷效应。为了使制冷过程能继续进行，需再用溴化锂溶液来吸收蒸发过程中产生的制冷剂水蒸气，以维持所需的真空。因此吸收制冷必须包括发生、冷凝、蒸发和吸收这样几个过程。这也就说明了溴化锂吸收式制冷机的基本原理。在图 19-10 所示的装置中，容器 D 是为了实现发生及吸收过程，故可称为发生吸收器；容器 A 是为了进行冷凝和蒸发过程，故称为冷凝蒸发器；图中的操作过程是交替进行的，故不能连续获得冷量。

为了能连续制取冷量，将上述过程用能连续制冷的吸收式制冷机来实现，其基本组成及工作原理如图 19-11 所示。

溴化锂吸收式制冷机由发生器、冷凝器、吸收器、蒸发器、换热器、溶液泵、节流阀、加热热源等设备组成。

工作过程是：发生器靠外界热源供给的热量在稍高于冷凝压力 p_k 下使溶液中的制冷剂汽化，产生制冷剂蒸气。制冷剂蒸气进入冷凝器被冷却水变为液体。液态制冷剂经节流阀进入蒸发器。在低压下制冷剂吸热汽化实现制冷。变成蒸气的低压制冷剂再进入吸收器，在吸

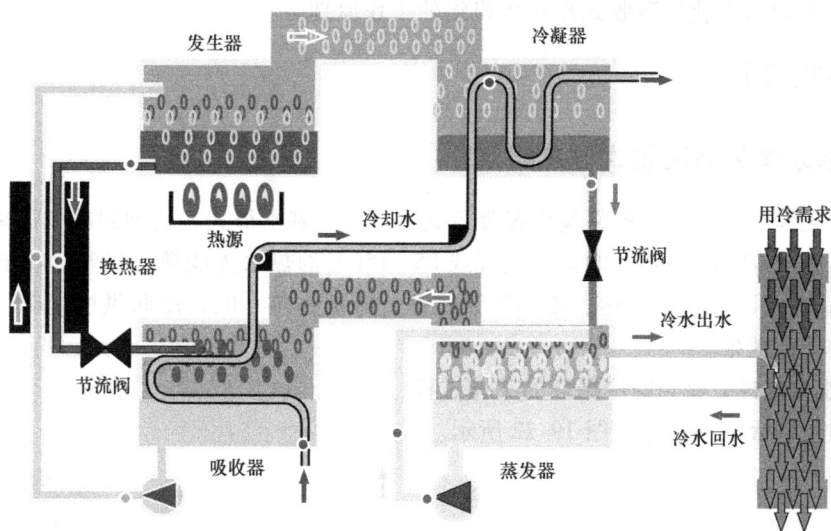

图 19-11 溴化锂吸收式制冷机基本组成及工作原理

收器内被由发生器出来、又经减压的浓溶液所吸收，溶液又恢复到原来的含量，同时此溶液被水冷却。吸收器中的溶液再送到发生器以完成制冷循环。

二、吸收式制冷机的分类

吸收式制冷机的分类方法有很多种，根据使用能源分为以下几种：

（1）蒸气型 使用蒸气作为驱动能源，根据工作蒸气的品质高低，还可分为单效和双效型。单效型工作蒸气压力范围为 0.03~0.15MPa（表压），双效型工作蒸气压力范围一般为 0.4~0.8MPa（表压），特殊的低压双效型工作蒸气压力可低至 0.25MPa（表压）。

（2）直燃型 以油，气等可燃物为燃料，不仅能够制冷，而且可以供热及提供卫生热水。

（3）热水型 使用热水作为能源。通常以工业余热、废热、地热热水、太阳能热水为热源，根据热源温度可分为单效热水型及双效热水型。单效型机组热水温度范围为 85~150℃，高于 150℃的热水可作为双效机组的热源。

（4）太阳能型 由太阳能集热装置获取能量，用来加热溴化锂机组发生器内稀溶液，进行制冷循环。

目前更多的是将上述的分类加以综合，如蒸气单效型、蒸气双效型、直燃型冷温水机组等。

课题四 溴化锂吸收式制冷循环

【学习目标】

1. 掌握单效溴化锂吸收式制冷、双效溴化锂吸收式制冷循环过程。

2. 了解影响溴化锂吸收式制冷循环的主要因素。

3. 了解直燃型溴化锂吸收式冷热水机组的工作原理。

【相关知识】

一、单效溴化锂吸收式制冷循环

单效溴化锂吸收式制冷机是溴化锂吸收式制冷机的基本形式。这种制冷机可采用低势热能，通常采用 0.03~0.15MPa 的饱和蒸气或 85~150℃ 的热水为能源，但制冷机的热力系数较低，为 0.65~0.7。利用余热、废热等为能源，特别在热、电、冷联供中配套使用，无疑有着明显的节能效果。

1. 单效溴化锂吸收式制冷循环的工作过程

单效溴化锂吸收式设备如图 19-12 所示。

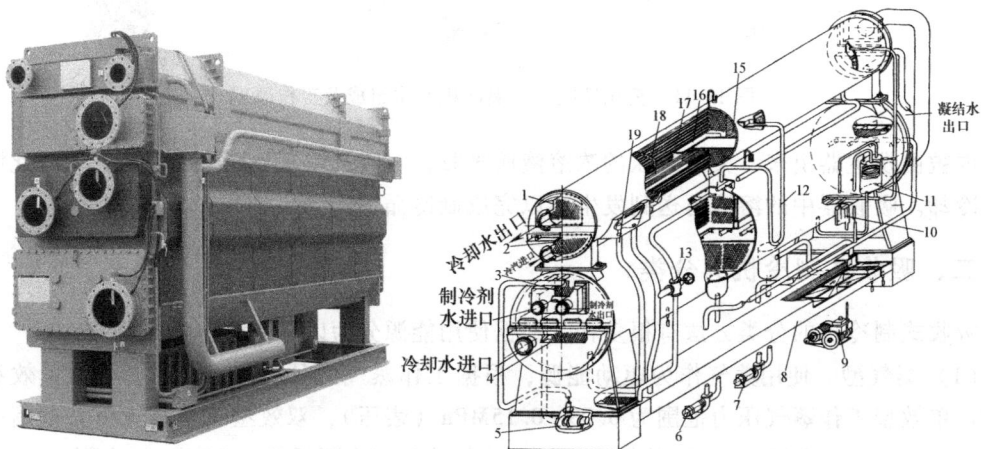

图 19-12　单效溴化锂吸收式设备

1—冷凝器　2—发生器　3—蒸发器　4—吸收器　5—蒸发器泵　6—发生器泵
7—吸收器泵　8—溶液换热器　9—真空泵　10—阻油器　11—冷剂分离器
12—节流装置　13—三通调节阀　14—喷淋管　15—挡液板　16—水盘
17—传热管　18—隔板　19—防晶管

单效双筒溴化锂吸收式制冷机的工作原理可用图 19-13 来说明。

这一系统是连续工作的。为了实现上述四个过程，系统中设有四个主要设备：发生器、冷凝器、蒸发器和吸收器。为了提高机组的热力系数，还设有溶液换热器。此外，为了使装置能连续工作，使工质在各设备中进行循环，还装有发生器泵（溶液泵）、蒸发器泵（冷剂泵）等屏蔽泵，以及相应的连接管道、阀门等。

溴化锂吸收式制冷机工作时，发生器与冷凝器的压力较高，通常密封在一个筒体内，称为高压筒；蒸发器和吸收器的压力较低，密封在另一个筒体内，称为低压筒。高压筒和低压筒通过 U 形管及溶液管道连接。

单效溴化锂吸收式制冷机的工作过程如下：

1）发生器 2 中稀溶液被外来热源加热，产生制冷剂水蒸气，进入冷凝器 1 并在其中冷凝形成冷剂水。冷剂水经节流阀（U 形管）进入蒸发器 3，由于压力的急剧降低，喷淋在蒸发管簇外表面的冷剂水又受到管簇内制冷剂水的加热，迅速吸热汽化，未完全汽化的部分冷剂水落于蒸发器水盘中，被蒸发器泵（冷剂泵 8）连续地送到蒸发器的喷淋装置而被均匀地喷淋于蒸发器管簇的外表面，继续吸热汽化。同时蒸发器管簇内的制冷剂水被冷却到所需的温度，即达到了制冷的目的。

2）发生器 2 出来的浓溶液，经过溶液换热器 4 降温后，流入吸收器 6，吸收由蒸发器 3 产生的冷剂水蒸气，形成稀溶液，然后由发生器泵（溶液泵 7）经溶液换热器升温后，输送到发生器 2 重新被外来热源加热，形成浓溶液。如此循环就组成一个连续的制冷循环。

在溴化锂吸收式制冷系统中，由于冷凝器与蒸发器之间的压差很

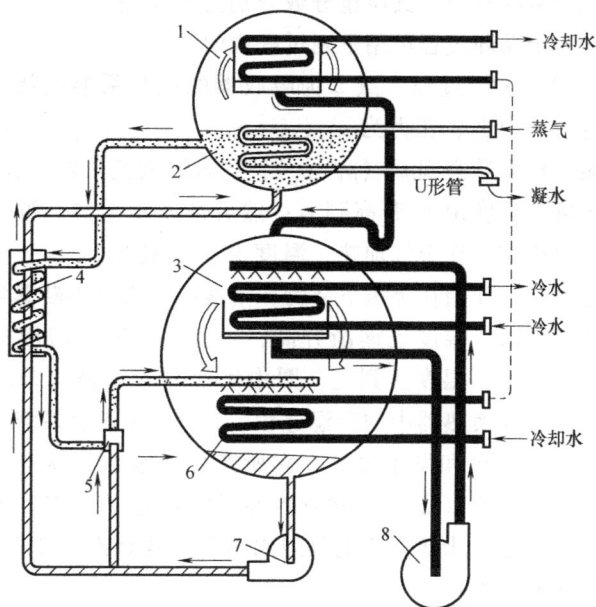

图 19-13　单效双筒溴化锂吸收式制冷机的工作原理
1—冷凝器　2—发生器　3—蒸发器　4—溶液换热器
5—引射器节流阀　6—吸收器　7—溶液泵　8—冷剂泵

小，一般只有 6.5~8kPa，所以，只需 6.9~8.3kPa 就能达到平衡，因此节流机构采用 U 形管、节流小孔或短管就能完成。系统中设置的溶液换热器，可使浓溶液和稀溶液在各自进入吸收器和发生器之前进行热量交换，既可减少冷却水的消耗量，又可减少外界对稀溶液的加热量，使装置的经济性获得提高。由于水蒸气的比体积很大，将发生器和冷凝器置于同一容器内（高压侧），将蒸发器和吸收器置于另一个容器内（低压侧），可以免除很粗的蒸气连接管道。

由于溴化锂吸收式制冷机是在高真空下工作，为了抽除不凝性气体，机组中还必须设有抽气装置。这种抽气装置可以是机械真空泵，也可以是其他形式的自动抽气装置。

2. 单效溴化锂吸收式制冷理论循环

为了对制冷循环进行理论分析，做如下的假定：

1）工质在流动过程中没有任何流动阻力。发生器的工作压力 p_g 等于冷凝器的工作压力 p_k；吸收器的工作压力 p_a 等于蒸发器的工作压力 p_0，即 $p_g = p_k$，$p_a = p_0$。

2）在发生器中无发生不足的现象，即由发生器出来的浓溶液是压力为 p_g、温度为 t_4 的饱和溶液；同样在吸收器中也没有吸收不足的现象，即由吸收器出来的稀溶液是压力为 p_a、温度为 t_2 的饱和溶液。

3）溶液换热器可以实现热量的完全回收，浓溶液可以被冷却到稀溶液进口处的温度，即 $t_8 = t_2$。

4）蒸发器无冷量损失，各设备无热量损失，即与环境介质不进行热交换。

在理想条件下，单效溴化锂吸收式制冷理论循环在 h-ξ 图上的表示用图 19-14 来说明。

图中 p_k、p_0 分别表示冷凝压力和蒸发压力。点 2 和 4 为吸收器出口稀溶液及发生器出

口浓溶液的状态，其质量分数分别为 ξ_a 和 ξ_r。

整个循环过程可用下列过程说明。

（1）发生过程　点2为吸收器的饱和稀溶液状态，其质量分数为 ξ_a，压力为 p_a（$p_a = p_0$），温度为 t_2；经过发生器泵，压力升高到 p_k（$p_k = p_g$），进入溶液换热器，在等压、等浓度下温度由 t_2 升高到 t_7；然后进入发生器，被发生器传热管内的工作蒸气加热，温度由 t_7 升高到 p_k 压力下饱和状态的 t_5，开始在等压下沸腾，溶液中的水分不断蒸发，浓度逐渐变浓，温度也逐渐升高；过程终了时，溶液的质量分数达到 ξ_r，温度达到 t_4，图中用状态点4表示。2—7表示稀溶液在换热器中的升温过程，7—5—4表示稀溶液在发生器中的加热和发生过程。它所产生的水蒸气状态，用开始发生的状态（点5′）和发生终了的状态（点4′）的平均值点3′表示。由于发生的是纯水蒸气，故状态点3′位于 $\xi = 0$ 的纵坐标轴上。

（2）冷凝过程　从发生器产生的水蒸气（点3′）进入冷凝器，在压力 p_k 不变的情况下，被冷凝器管内流动的冷却水冷却，首先变为饱和蒸气，继而被冷凝成饱和液体（点3）。3′—3表示冷剂蒸气在冷凝器中的冷却及冷凝过程。

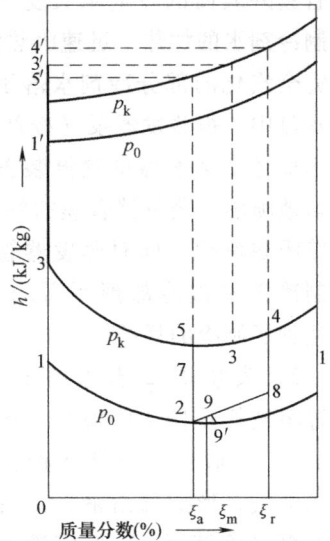

图19-14　单效溴化锂吸收式制冷理论循环在 h-ξ 图上的表示

（3）节流过程　压力为 p_k 的饱和冷剂水（点3）经过节流装置（U形管），压力降为 p_0 后进入蒸发器，节流前后因冷剂水的比焓值及含量均不发生变化，故节流后的状态点与节流前的状态点3重合。但由于压力的降低，有部分冷剂水汽化成冷剂蒸气（点1′），尚未汽化的大部分冷剂水，温度降低到与蒸发压力 p_0 相对应的饱和温度 t_1（点1），并积存在蒸发器水盘中。节流前的点3，表示冷凝压力 p_k 下的饱和水状态，节流后的点3，则表示压力为 p_0 下的饱和蒸汽1′和饱和液体1相混合的湿蒸气状态。

（4）蒸发过程　积存在蒸发器水盘中的冷剂水（点1），通过蒸发器泵均匀喷淋在蒸发器管簇的外表面，吸收管内制冷剂水的热量而蒸发，使冷剂水在等压、等温下由点1变为点1′，1—1′表示冷剂水在蒸发器中的蒸发过程。

（5）吸收过程　质量分数为 ξ_r、温度为 t_4、压力为 p_k 的浓溶液，在自身的压力与压差作用下，由发生器流至溶液换热器，将部分热量传递给稀溶液，温度由 t_4 降为 t_8（点8），4—8表示浓溶液在换热器中的放热过程。点8状态的浓溶液进入吸收器，和吸收器中状态为点2的部分稀溶液混合，形成状态点为9′的中间溶液，质量分数为 ξ_m，温度为 $t_{9'}$，然后由吸收器泵均匀喷淋在吸收器管簇的外表面。中间溶液进入吸收器后，由于压力的突然降低，先闪发出一部分水蒸气，溶液浓度变浓，用点9表示。中间溶液吸收来自蒸发器的水蒸气，质量分数由 ξ_m 降至 ξ_a，温度由 t_9 降至 t_2（点2），吸收过程中放出的热量由管内冷却水带走。8—9和2—9′表示混合过程，9—2表示吸收器中的吸收过程。

假定送往发生器中的稀溶液质量为 F kg，质量分数为 ξ_a，它被蒸气加热，产生 D kg冷剂水蒸气，剩下的（$F-D$）质量分数变为 ξ_r 的浓溶液流出发生器。根据发生器中的物量平衡关系，得

$$\xi_a F = (F-D)\xi_r$$
$$\xi_a F/D = (F/D-1)\xi_r$$

令 $F/D=a$，则
$$a = \frac{\xi_r}{\xi_r - \xi_a}$$

a 称为循环倍率，它表示在发生器中，每产生 1kg 冷剂蒸气所需溴化锂稀溶液的循环量，$(\xi_r - \xi_a)$ 称为放气范围。

单效溴化锂吸收式制冷机一般采用 0.03~0.15MPa（表压）的蒸气或热水（75℃以上）作为加热热源，循环的热力系数较低（一般为 0.65~0.75）。如果有压力较高的蒸气可以利用，则可采用双效溴化锂吸收式制冷循环，热力系数可提高到 1 以上。

二、双效溴化锂吸收式制冷循环

1. 双效溴化锂吸收式制冷机工作原理

所谓双效溴化锂吸收式制冷机，是在制冷机中装有高压发生器和低压发生器。在高压发生器中，采用压力较高的蒸气（一般为 0.6~0.8MPa）或燃气、燃油等高温热源来加热，在高压发生器中产生的高温制冷剂水蒸气用来加热低压发生器，使低压发生器中的溴化锂溶液进一步产生制冷剂水蒸气。这样不仅有效地利用了制冷剂水蒸气的汽化热，同时又减少了冷凝器的热负荷，使机组的经济性得到提高。

双效溴化锂吸收式制冷机循环形式较多，如图 19-15 所示，其中较为常见的是串联双效吸收式制冷机和并联双效吸收式制冷机的流程图。

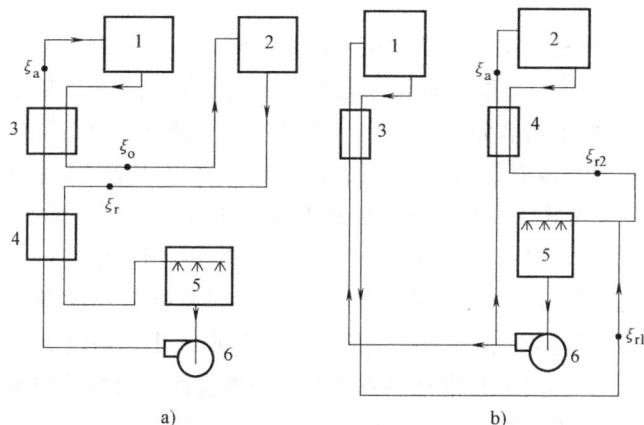

图 19-15 双效吸收式制冷机的流程图
a）串联流程 b）并联流程
1—高压发生器 2—低压发生器 3—高温换热器 4—低温换热器
5—吸收器 6—溶液泵

下面以双效溴化锂吸收式制冷机并联形式系统的流程图来说明双效溴化锂的工作过程。

并联形式系统制冷机，它由高压发生器、低压发生器、冷凝器、蒸发器、高温换热器、低温换热器、凝水换热器、泵、引射器等组成。高压发生器由一个单独的高压筒组成，低压发生器、冷凝器和蒸发器、吸收器分置于另外两只筒体内。图 19-16 所示为并联的双效吸收式制冷机的原理图。

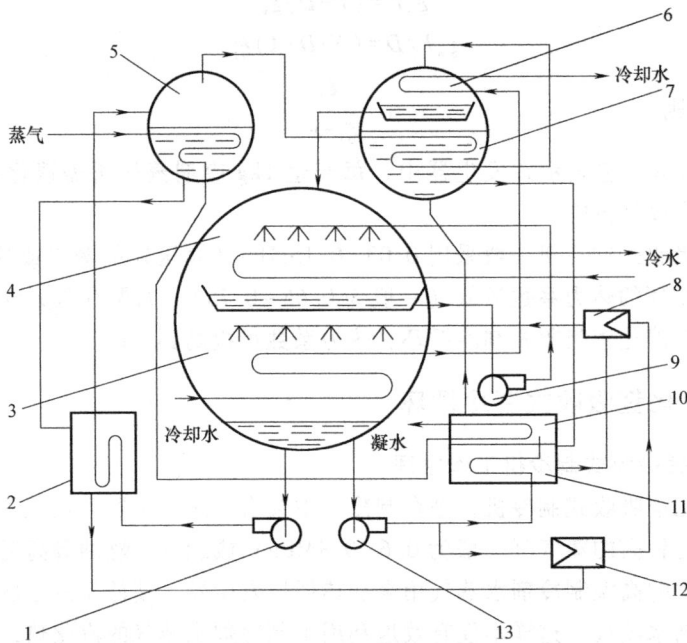

图 19-16　双效溴化锂吸收式制冷机并联形式系统原理图

1—高压发生器泵　2—高温换热器　3—吸收器　4—蒸发器　5—高压发生器　6—冷凝器　7—低
压发生器　8、12—引射器　9—制冷剂水泵　10—凝水换热器　11—低温换热器　13—溶液泵

　　这种流程的工作过程是：由吸收器 3 出来的稀溶液，分为两路，一路经高压发生器泵 1
升压后，流入高温换热器 2，温度升高后，进入高压发生器 5，被管内的工作蒸气加热，产
生高温制冷剂水蒸气，溶液的含量变浓，由高压发生器 5 排出，经高温换热器 2 降温后，被
引射器 12 抽入。另一路经溶液泵 13 升压后，又分成两路，一路经低温换热器 11 及凝水换
热器 10，温度升高后进入低压发生器 7，在其中被高压发生器产生的高温制冷剂水蒸气加
热，产生制冷剂水蒸气，而高温制冷剂水蒸气放出潜热后凝结成制冷剂水，节流后与低压发
生器产生的制冷剂水蒸气一起进入冷凝器 6，被管内冷却水冷却和冷凝，形成制冷剂水。该
制冷剂水节流后流入蒸发器 4，由于压力的降低，部分水汽化，剩余的制冷剂水积存于水盘
中，被制冷剂水泵吸入，均匀地喷淋在蒸发器管簇的外表面，吸取管内制冷剂水的热量而蒸
发，使制冷剂水得到冷却而制冷。另一路作为引射器 12 的高压流体，除引射由高压发生器
出来的浓溶液外，其混合液又作为引射器 8 的工作流体，引射由低压发生器流出，经低温换
热器降温后的浓溶液形成中间溶液后，均匀喷淋在吸收器管簇外表面，吸收由蒸发器产生的
制冷剂水蒸气，从而保持蒸发器内所需低压，使制冷剂水能在低压、低温下不断蒸发而制取
冷量。中间溶液吸收了制冷剂水蒸气后，重新变成稀溶液，再分别由高压发生器泵及溶液泵
送出。吸收过程中产生的热量，由吸收器管簇内的冷却水带走，从而保证吸收过程的连续
进行。

　　综上所述，与单效机相比，双效机增加了高压发生器、高温换热器和凝水回热器，使热
力系数有很大提高，有利于降低能耗和推广应用。双效溴化锂吸收式制冷机除用蒸气作为加
热热源外，燃油或燃气（天然气、城市煤气或液化石油气）直燃型双效机也已有成熟的产

品生产。

2. 双效溴化锂吸收式制冷机的理论循环

利用 h-ξ 图对目前广泛应用的低温换热器前分流的并联流程双效机进行分析，如图 19-17 所示。

由于采用分流流程，从吸收器流出的质量分数为 ξ_0 的稀溶液，离开吸收器分两部分输入高、低压发生器。高、低压发生器内的压力分别为 p_r 与 p_k，高、低压发生器的溶液质量分数分别增至 ξ_{y1} 和 ξ_{y2}。

分流流程在 h-ξ 图上是由两个长方形叠加在一起组成的循环回路。其中 2—10—11—12—13—8—9—2 为经过高压发生器的溶液循环过程的回路四边形。2—7—5—4—8—9—2 则为经过低压发生器的溶液循环过程的回路四边形。除等质量分数线为一公共边外，另一公共边为 13—8—9—2 过程线，此线是吸收器内吸收冷剂蒸气的过程线，

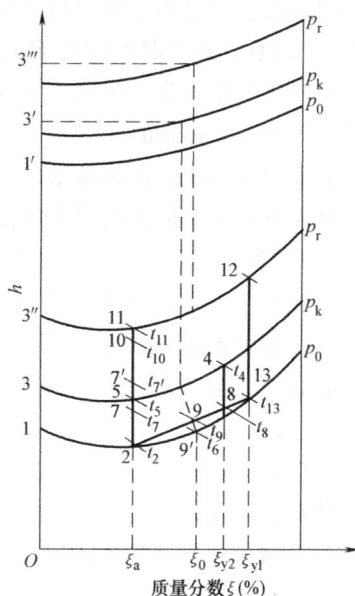

图 19-17　双效吸收式并联制冷机流程 h-ξ 图

这一过程中的 8—9 为高低压发生器所输出的不同质量分数的溶液混合过程。

点 2 状态，溴化锂稀溶液离开吸收器被发生泵输送。在低温换热器前分流，溶液质量分数保持 ξ_a 不变，一部分稀溶液经低温换热器与凝水回热器加热升温进入低压发生器，另一部分稀溶液经高温换热器加热升温后进入高压发生器。因此，溶液从点 2 状态开始，沿等质量分数 ξ_a 线向上，分别在 p_r 与 p_k 两条等压线上做两个理论循环。

（1）溶液的理论循环

1）经高压发生器的溶液循环，沿 p_r 等压线变化的回路。

① 2—10 过程，为分流后高压经高温换热器加热升温的过程，其温度的升高为高压发生器流经高温换热器的浓溶液提供热量。稀溶液在此过程中的质量分数没有变化，仍保持 ξ_a，并沿等质量分数线变化，温度由 t_2 升至 t_{10} 后进入高压发生器。

② 10—11 过程，为进入高压发生器后稀溶液被加热蒸气继续加热的过程。将被换热器升温到 t_{10} 的稀溶液，加热至与发生器压力 p_r 条件下对应的饱和状态。温度升至 t_{11}，质量分数仍为 ξ_a。

③ 11—12 过程，为高压发生器内稀溶液蒸发出制冷剂蒸气的发生过程。从点 11 状态开始，稀溶液由工作蒸气加热至沸腾，产生制冷剂蒸气，其状态对应于气相区域内的点 $3'''$ 处。溶液沿等压力 p_r 线向上变化，至点 12 为发生终了状态。温度由 t_{11} 升至 t_{12}，溶液由于放出制冷剂蒸气，质量分数从 ξ_a 增至 ξ_{y1}。点 $3'''$ 是从点 11 至点 12 整个蒸发发生过程的平均值所对应的制冷剂蒸气状态点。

④ 12—13 过程，为离开高压发生器质量分数为 ξ_{y1} 的高温浓溶液，经高温换热器被稀溶液降温冷却的过程。整个过程质量分数不变，保持 ξ_{y1}，温度从 t_{12} 降至 t_{13}。点 13 为浓溶液进入吸收器的状态。

2）经低压发生器溶液循环，沿 p_k 等压线变化的回路。

① 2—7 过程，为分流后的稀溶液，在低温换热器中，被从低压发生器来的高温浓溶液

加热升温的过程。该过程溶液质量分数不变，保持 ξ_a，溶液温度从 t_2 升至 t_7。

②7—7′过程，点 7 状态的稀溶液，经凝水回热器继续加热，温度由 t_7 升至 $t_{7'}$，质量分数不变。相对于低压发生器内压力 p_k 的溶液饱和温度，点 7 状态的稀溶液处于过热状态。

③7′—5 过程，过热的稀溶液进入低压发生器，其产生闪发现象，很少一部分制冷剂蒸气从稀溶液中闪发出来，使稀溶液的温度略有降低，质量分数略有升高。因质量分数变化很小，故没有在 h-ξ 图上标出质量分数变化的数值。

④5—4 过程，是稀溶液在低压发生器内被高压发生器产生出点 3‴状态的制冷剂蒸气加热，低压发生器中的稀溶液蒸发出制冷剂蒸气的发生过程。沿等压线 p_k，产生点 3′状态的制冷剂蒸气，溶液质量分数由 ξ_a 升至 ξ_{y2}，溶液的温度由 t_5 升至 t_4，点 4 是发生终了状态。点 3 状态的制冷剂蒸气是由点 5 到点 4 的整个发生过程的平均状态值向上在气相区域的等压线 p_k 上找出的对应点。

⑤4—8 过程，是质量分数为 ξ_{y2} 的浓溶液离开低压发生器，经低温换热器冷却降温的过程。质量分数没有变化，始终为 ξ_{y2}，温度从 t_4 降至 t_8，进入吸收器，与从高压发生器来的 t_{13} 状态质量分数为 ξ_{y1} 的浓溶液混合，进入吸收过程。

⑥13—8—9—2 过程，即为吸收过程。在吸收器内点 13 状态浓溶液和点 8 状态的浓溶液，与吸收器中原有的点 2 状态的稀溶液混合，经吸收器泵输送并喷淋，吸收蒸发器送过来的制冷剂蒸气。混合后的溶液质量分数为 ξ_0，温度为 t_9。它们的混合过程压力逐渐接近 p_0，最后沿等压力 p_0 线变化至点 2 状态，质量分数回到 ξ_a。

吸收过程的实际过程为 9′—2。混合状态 9，先是完成 9—9′过程。点 9 状态相对于吸收器压力 p_0 时处于过热状态，在混合喷淋过程中，有部分制冷剂水产生闪发现象，使混合溶液的温度降至 t_9，质量分数略有增大，闪发后压力与 p_0 重合，溶液沿等压力 p_0 线变化，完成 9′—2 的冷却吸收过程。9′—2 过程是吸收制冷剂蒸气后，混合溶液质量分数变为稀溶液，温度恢复到 t_2，质量分数返回初始质量分数 ξ_a 的过程，完成一个溶液循环。从点 2 开始又进入下一个循环周期。

（2）制冷剂蒸气的制冷循环　与单效机的制冷循环一样，制冷循环全部在制冷剂蒸气与制冷剂水之间变化，各状态点均在 h-ξ 图的纵坐标上标出（$\xi=0$），其循环过程是：

1）点 3‴状态是高压发生器产生的制冷剂蒸气状态，点 3″状态是制冷剂蒸气加热低压发生器内稀溶液后被冷凝成压力为 p_r 的制冷剂水状态。

2）3‴—3″过程，为制冷剂蒸气凝结成制冷剂水的过程。压力没有变化，始终为 p_r，状态由气态变为液态，即由制冷剂蒸气变为制冷剂水。

点 3′状态，是低压发生器产生的制冷剂蒸气的状态，点 3 是制冷剂蒸气在冷凝器中被冷凝成冷剂水的状态，其压力均为 p_k。

3）3′—3 过程，是低压发生器所产生的制冷剂蒸气在冷凝器中被冷凝的过程。产生了点 3 状态的制冷剂水，其中也混有点 3″状态的制冷剂水。点 3″的制冷剂水经节流装置使压力从 p_r 降至 p_k。3′—3 过程的压力值为 p_k，也是由制冷剂蒸气变为制冷剂水过程中，凝结热被冷却水带到制冷系统外的过程。

4）3—1 过程，为节流过程。冷凝器中的制冷剂水经节流装置进入蒸发器，压力由 p_k 降至 p_0。

5）1—1′过程为蒸发过程。制冷剂水在蒸发器中经喷淋吸热而蒸发。蒸发器内，喷淋在管簇外的制冷剂水吸收制冷剂水（载冷剂）的热量，蒸发为点 1′ 状态的制冷剂蒸气。点 1′ 状态的制冷剂蒸气被吸收器中溴化锂浓溶液吸收进入溶液循环。再次产生点 3‴ 状态的制冷剂蒸气，使制冷剂循环得以周而复始。

蒸发过程吸收制冷剂水的热量，使制冷剂水的温度降低，将低温水送至需要用冷量的单位部门，达到制冷目的，即产生出制冷机的制冷效应。

三、直燃型溴化锂吸收式冷热水机组

直燃型溴化锂吸收式冷热水机组以燃气或燃油为能源，以所产生的高温烟气为热源，按蒸气吸收式制冷循环的原理工作。这种机组具有燃烧效率高，对大气环境污染小，体积小，占地省，既可用于夏季供冷，又可用于冬季采暖，必要时还可提供生活热水，使用范围广等优点，因而近年来国内外发展极为迅速。图 19-18 所示为直燃型溴化锂吸收式冷热水机组。

直燃型双效溴化锂冷热水机组的制冷原理与蒸气型双效溴化锂吸收式冷水机组基本相同，只是高压发生器不用蒸气加热，而是以燃料在其中直接燃烧产生的高温烟气为热源，因而具有热源温度高、传热损失小等优点。

直燃型双效冷热水机组和蒸气型双效冷水机组相同，溶液回路也有串联流程与并联流程之分，图 19-19 所示为直燃型溴化锂吸收式双效串联式冷热水机组，其采用燃油或天然气为动力热源，对高压发生器进行加热。其流程原理如下：

图 19-18　直燃型溴化锂吸收式冷热水机组

机组以高温的烟气为高压发生器的热源。溶液在高压发生器、低压发生器和吸收器之间串联循环流动。

制冷时，蒸发器和冷凝器盘管构成的制冷回路向空调环境提供冷量，同时，通过冷凝器中的冷却水回路向大气环境排放空调热负荷和吸收式制冷循环的补偿热能。

制热时，吸收器、冷凝器与冷却水塔脱开，冷却水不再外流至冷却塔向环境中放热，而是通过冷热切换阀，使其冷却水回路停止工作。由机组中专设的热水器、加热盘管构成专用的热水回路，向采暖环境提供热量或制取卫生热水。同时，低压发生器停止工作，从高压发生器流出的冷剂蒸气在蒸发器管簇上冷凝放热，使冷水回路（制热时为热水回路）管内的热水被加热而升温。而在蒸发器中冷凝的冷剂水流入吸收器后使浓溶液稀释成稀溶液，完成溶液的循环，从而达到制热的目的。

在这种冷热水机组中，可以通过切换阀实现工况的变换，交替地制取冷水和热水，夏季制冷水供空调用，冬季制热水供采暖用。

四、影响溴化锂吸收式制冷循环的主要因素

1. 工作蒸气压力变化对循环的影响

在其他条件不变的情况下，溴化锂吸收式制冷循环的制冷量随着加热的工作蒸气压力的

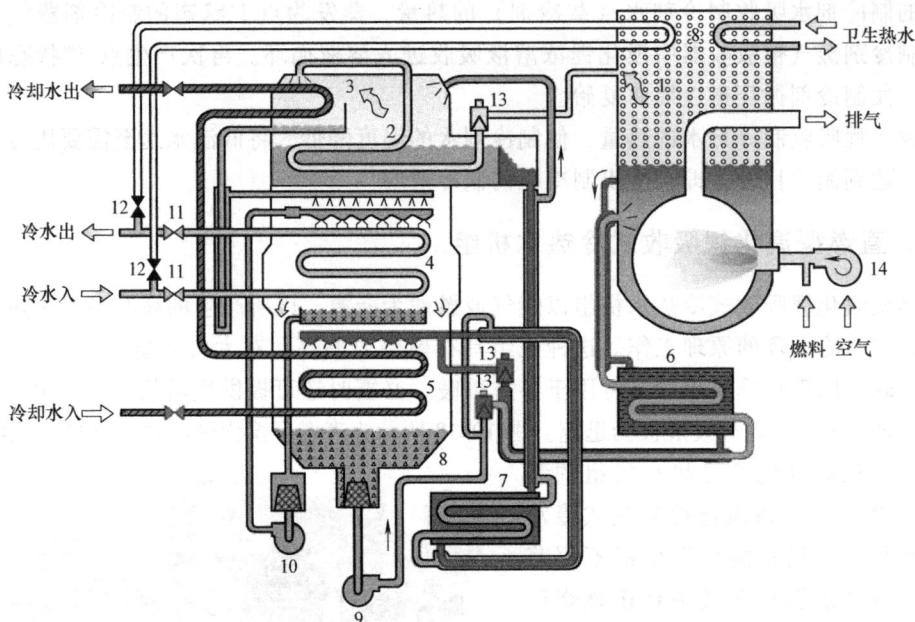

图 19-19 直燃型溴化锂吸收式双效串联式冷热水机组

1—高温发生器 2—低温发生器 3—冷凝器 4—蒸发器 5—吸收器 6—高温换热器 7—低温换热器 8—热水器 9—溶液泵 10—冷剂泵 11—冷水阀（开） 12—温水阀（关） 13—冷热切换阀（开） 14—燃烧机

升高而增大，一般情况下加热的工作蒸气压力每变化 0.01MPa，制冷量变化 3%~5%。如果工作蒸气压力下降，会引起浓溶液温度和质量分数的降低，随之吸收器中吸收制冷剂水蒸气的能力也降低，因而制冷量降低。

提高蒸气的压力是提高溴化锂制冷机组制冷量的方法之一，但随着蒸气压力的提高，浓溶液的浓度上升，机组在高浓度下运行时易产生溴化锂结晶，因此加热蒸气压力不宜过高，其上限以高压发生器出口浓溶液不结晶为原则（一般不超过 160℃）。

2. 制冷剂水出口温度的变化对循环的影响

当其他条件不变的情况下，制冷剂水出口温度对制冷量的影响非常大。制冷量随制冷剂水出口温度的升高而增大，随制冷剂水出口温度的降低而减小。

制冷剂水出口温度的降低，首先引起蒸发压力的降低。在吸收器里浓溶液得不到有效的稀释，稀溶液的浓度相对升高，循环效率下降，因此制冷量降低。一般当制冷剂水出口温度变化 1℃ 时，制冷量变化 6%~7%。

在满足生产工艺和舒适要求的前提下，制冷剂水出口温度应偏高控制，这样不仅可以获得较高的制冷量，而且可以达到节能降耗的目的。作为空调用的溴化锂吸收式制冷机，制冷剂水出口温度一般控制在 7~10℃ 为宜，最低不低于 5℃。

3. 冷却水进口温度变化对循环的影响

在其他条件不变的情况下，冷却水进口温度对制冷量的影响也是比较大的。制冷量随冷却水进口温度的降低而增大；随着冷却水进口温度的升高而减小。冷却水进口温度降低，首先引起吸收器稀溶液温度与冷凝压力的降低，促使吸收式效果增强，因此稀溶液质量分数降低。而后者却将引起浓溶液质量分数升高；两者均是质量分数差加大，使制冷量增大。

实验表明，冷却水首先进入吸收器再经过冷凝器的溴化锂吸收式制冷循环，冷却水进口温度变化 1℃ 时，制冷量变化 5~6℃。值得注意的是，对于溴化锂吸收式制冷循环，冷却水进口温度不能过低，否则将会引起浓溶液结晶或者制冷剂水被污染等故障。一般情况下，冷却水进口温度应控制在 25~32℃ 为宜。

4. 不凝性气体对循环的影响

不凝性气体是指溴化锂吸收式制冷机中既不能冷凝又无法吸收的气体，如外部渗入的空气及内部因腐蚀而产生的氢气、氧气均属于不凝性气体。这类气体即使是微量的，也会极大地损害机组的性能，引起制冷量大幅度地下降。

少量不凝性气体的存在，引起制冷量大幅度的下降有两个原因：一是当吸收器内存在不凝性气体时，在总压力（蒸发压力）不变的情况下，制冷剂水蒸气分压力降低了，影响了吸收器的吸收速度；二是由于不凝性气体的存在，制冷剂水蒸气与溶液的接触面减少了，也影响了吸收的速度。由于以上原因，造成制冷剂蒸气被溶液吸收的量大幅度减少，制冷量必然大幅度下降。

溴化锂吸收式制冷系统是处于真空中运行的，外界的空气很容易漏入系统中。所以，要及时地抽除机组内不凝性气体，提高制冷机工作性能。常用的抽气装置有机械真空泵抽气装置和自动化抽气装置。

课题五　　单级氨水吸收式制冷循环

【学习目标】

了解单级氨水吸收式制冷机的循环过程及其工作原理。

【相关知识】

一、单级氨水吸收式制冷机的循环过程

氨水吸收式制冷循环的工作原理与溴化锂吸收式制冷循环相似，也是利用热能和借助溶液特性来完成循环的，所不同的是：

在氨水吸收式制冷循环中，氨为制冷剂，水为吸收剂。氨水吸收式制冷循环是一种可以获得 0℃ 以下的低温吸收式制冷循环。

在氨水吸收式制冷机中，由于氨和水在相同压力下的汽化温度比较接近，例如在一个标准大气压力下氨与水的沸点分别为 -33.4℃ 和 100℃，两者仅相差 133.4℃，因而对氨水溶液加热时，产生的蒸气中也含有较多的水分。氨蒸气质量分数的高低直接影响到整个装置的经济性和设备的使用寿命。为了提高氨蒸气的质量分数，必须进行精馏，即氨和水的彻底分离。实际上，精馏过程是在精馏塔设备内进行的。精馏塔进料口以下发生热、质交换的区域称为提馏段，进料口以上发生热、质交换的区域称为精馏段。精馏塔还有一个发生器（又

称再沸器）和回流冷凝器，前者用来加热氨水浓溶液，产生氨和水蒸气，供进一步精馏用；后者用来产生回流液，也供精馏过程使用。

图 19-20 所示为单级氨水吸收式制冷机流程图。质量分数为 ξ'_r：$f$kg 的浓溶液（点 1a）进入精馏塔，在精馏塔内的发生器中被加热，吸收热量 q_h 后，部分溶液蒸发，产生的蒸气经过提馏段，得到质量分数为 ξ''_d 的氨蒸气（$1+R$）kg，随后经过精馏段和回流冷凝器，使上升的蒸气得到进一步的精馏和分凝，质量分数提高到 ξ''_{Ra}（5″），由塔顶排出，排出的蒸气质量为 1kg。回流冷凝器中，因冷凝 Rkg 回流液所放的热量 q_R 被冷却水带走，在发生器底部得到质量分数为 ξ'_a 的稀溶液（$f-1$）kg，用点 2 表示。

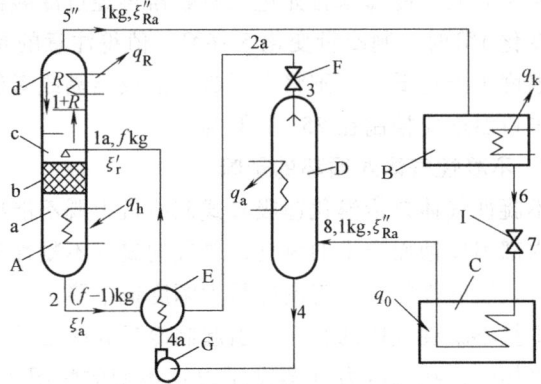

图 19-20　单级氨水吸收式制冷机流程图

A—精馏塔（a—发生器　b—提馏段　c—精馏段　d—回流冷凝器）

B—冷凝器　C—蒸发器　D—吸收器　E—换

热器　F—节流阀　G—溶液泵

从精馏塔 A 塔顶排出的几乎是纯氨的蒸气进入冷凝器 B 中，在等压、等质量分数下冷凝成液体（点 6），冷凝时放出的热量 q_k 由冷却水带走。液氨经过节流阀 I，压力由 p_k 降到 p_0，形成湿蒸气（点 7），然后进入蒸发器 C，在蒸发器 C 内，液氨吸收被冷却物体的热量 q_0 而汽化，然后由蒸发器 C 排出（点 8）。点 8 的状态可以是湿蒸气，也可以是饱和蒸气，甚至是过热蒸气，它取决于被冷却物体所要求的温度。

从发生器 a 的底部排出质量分数为 ξ'_a 的（$f-1$）kg 稀溶液，经过溶液换热器 E 后温度降低到点 2a。因为点 2a 状态的压力为 p_h，故溶液为过冷溶液。过冷溶液经过节流阀 F，压力由 p_h 降到 p_a（即 p_0），状态由点 3 表示，然后进入吸收器 D，吸收由蒸发器产生的 1kg 蒸气，形成了 $f$kg、质量分数为 ξ'_r 的浓溶液（点 4），吸收过程中放出的热量 q_a 被冷却水带走。点 4 状态的浓溶液经溶液泵 G 升压，压力由 p_a 提高到 p_h（点 4a），再经溶液换热器 E 加热，温度升高到状态点 1a，最后从精馏塔 A 的进料口进入精馏塔，循环又重复进行。

二、氨水吸收式循环过程及 h-ξ 图

上述系统的工作过程可在氨水溶液的 h-ξ 图中表示，如图 19-21 所示。图中点号与图 19-20 相对应。

假定进入精馏塔内的状态为 1a、质量分数为 ξ'_r 的浓溶液位于饱和液体线 p_k 的下方（假设 $p_h = p_k$），即处于过冷状态。溶液经过提馏段到发生器，一路上与发生器中产生的氨蒸气进行热、质交换，首先消除过冷，使浓溶液达到饱和状态 1，随后在发生器中被加热。随着温度的升

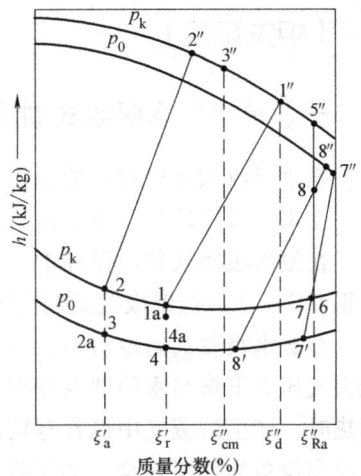

图 19-21　氨水吸收式制冷机工作流程的 h-ξ 图

高，溶液在等压条件下不断蒸发，质量分数逐渐变小，到离开精馏塔底部时质量分数变为 ξ''_a，温度为 t_2，用点 2 表示。发生开始时的蒸气状态和发生终了时的蒸气状态分别用点 1″ 和 2″ 表示，它们分别与质量分数为 ξ'_r 和 ξ''_a 的沸腾状态的溶液相平衡。因此离开发生器的蒸气状态应处于 1″ 和 2″ 之间，假定为状态 3″，质量分数为 ξ''_{cm}。经过提馏段时，与质量分数为 ξ'_r 的浓溶液进行热、质交换，理想情况下，出提馏段的蒸气质量分数应与进料口处浓溶液 ξ'_r 的平衡蒸气 1″ 相对应，即氨蒸气的质量分数由 ξ''_{cm} 提高到 ξ'_a，再经过精馏段和回流冷凝器，与从回流冷凝器冷却下来的回流液进行热、质交换，蒸气的质量分数进一步提高，温度降低，离开塔顶时，质量分数为 ξ''_{Ra}，用点 5″ 表示。回流液在回流过程中，质量分数逐渐降低，理想情况下，离开精馏塔最底下一块塔板时，质量分数应与进料口浓溶液的质量分数 ξ'_r 相同。

质量分数为 ξ''_{Ra} 的饱和氨蒸气离开塔顶后进入冷凝器，在等压、等质量分数条件下冷凝成饱和液体，用点 6 表示（冷凝后的液体也可达到冷凝压力 p_k 下的过冷状态，视冷却水的温度和冷凝器的结构而定），然后经过节流阀绝热节流到状态 7。由于节流前、后的焓值与质量分数均未发生变化，故在 h-ξ 图上点 6 与点 7 是重合的，但正像本章中已经指出的那样，这两点代表的状态是不相同的，点 6 表示冷凝压力 p_k 下的饱和液体，点 7 表示蒸发压力 p_0 下的湿蒸气，它由饱和液体（点 7′）和饱和蒸气（7″）所组成。节流后的干度为 $x = $ 7、7′、7″，温度可由试凑法确定，即首先在饱和蒸气压力液线上假定某一温度 t_7（点 7′），通过辅助压力线找到相应压力下饱和蒸气状态点 7″，连接 7′、7″，如果该线正好通过点 7，假定的温度 t_7 即为节流后的温度，否则，重新假定 t_7，直到 7′、7″ 通过点 7 为止。节流后的湿蒸气进入蒸发器，在等压、等质量分数下蒸发至状态点 8。点 8 一般仍处于湿蒸气状态，由点 8′ 的饱和液体和点 8″ 的饱和蒸气组成。它的温度同样可用试凑法求出。

由发生器引出状态为点 2 的稀溶液，经过溶液换热器，被冷却到 p_k 压力下的过冷状态 2a（假定 2a 正好处于蒸发压力 p 的饱和液线上），再经节流阀节流到状态点 3，然后进入吸收器。同样，节流前、后的状态点 2a 和 3 在 h-ξ 图上是重合的，但代表的状态不同。在吸收器中，如果忽略蒸发器和吸收器之间的压力损失，吸收过程是在 p_0 等压条件下进行的，状态为 3 的饱和稀溶液吸收由蒸发器出来的蒸气（点 8），沿等压线质量分数逐渐变大，吸收终了时质量分数达到 ξ'_r，用点 4 表示。点 4 状态的浓溶液经过溶液泵后，压力由 p_0 升高到 p_k，用点 4a 表示。如果忽略因溶液泵对浓溶液做功而引起的温度变化，则点 4 与点 4a 重合，点 4a 表示 p_k 压力下的过冷液体。过冷液体经过溶液换热器，在质量分数不变的情况下温度升高，用状态点 1a 表示，最后再进入精馏塔的进料口，循环重新开始。氨水的热力性能如附图 B-13 所示。

应该特别强调的是，无论在冷凝过程还是蒸发过程中，尽管是在定压下发生相变，但溶液的温度都不是定值。从图 19-21 可以看出，冷凝过程中，溶液的温度由 $t_{5''}$ 降至 t_6；蒸发过程中，溶液的温度由 t_7 升至 t_8。这与单一组分工质在等压下相变时温度不发生变化是不相同的。这是因为当压力保持不变时，随着冷凝或蒸发过程的进行，溶液的质量分数在不断变化。冷凝过程中，溶液中低沸点组分（氨）越来越多，因此饱和温度越来越低；相反，蒸发过程中，溶液中低沸点组分越来越少，故饱和温度逐渐升高。出蒸发器时湿蒸气的干度越大，最终蒸发温度 t_0 越高，甚至有可能超过被冷却介质允许的温度。因此，可以通过控制湿蒸气的干度来满足被冷却介质温度的要求。

系统中设置溶液换热器，能明显地提高整个装置的经济性。通过溶液内部进行热交换，一方面可以提高进入发生器的浓溶液的温度，减少发生器中加热蒸气的消耗量，另一方面可以降低进入吸收器的稀溶液的温度，从而减少吸收器中冷却水的消耗量，并增强溶液的吸收效果。溶液在换热器中温度的变化，与换热器传热表面积的大小有关。稀溶液的温度变化将大于浓溶液的温度变化。因为稀溶液的质量 $(f-1)$ kg 小于溶液的质量 f kg，而它们的比热容相差不大。

思 考 题 与 习 题

1. 溴化锂吸收式制冷技术有哪些特点？
2. 对吸收式制冷工质对有哪些要求？
3. 溴化锂水溶液有什么特性？
4. 按照使用动力要求，吸收式制冷机分哪几种？
5. 简述吸收式制冷的工作原理。
6. 单效溴化锂吸收式制冷机由哪些设备组成？
7. 简述单效溴化锂吸收式制冷机循环的工作过程。
8. 简述双效溴化锂吸收式制冷机循环的工作过程。
9. 什么是直燃型溴化锂吸收式冷热水机组？
10. 影响溴化锂吸收式制冷循环的主要因素有哪些？
11. 简述单级氨水吸收式制冷机的循环过程。

单元二十

其他制冷技术

【内容构架】

其他的制冷技术
- 蒸气喷射式制冷理论循环
  - 蒸气喷射式制冷的工作原理
  - 蒸气喷射式制冷理论循环热力状态图
  - 蒸气喷射式制冷机
  - 蒸气喷射式制冷循环的特点
- 空气压缩式制冷循环
  - 无回热空气压缩式制冷理论循环
  - 回热空气压缩式制冷理论循环
  - 空气压缩式制冷循环的特点
- 混合制冷剂制冷循环
  - 劳伦兹循环
  - 混合制冷剂单级压缩基本制冷循环
  - 混合制冷剂制冷循环的特点
- 热电制冷
  - 珀乐帖效应
  - 热电制冷的基本原理
  - 热电制冷的特点
- 磁制冷
  - 磁制冷基本原理
  - 磁制冷循环
  - 磁制冷的特点
- 吸附式制冷
  - 吸附现象
  - 吸附制冷的原理
  - 吸附制冷的特点

【学习引导】

目的与要求

1. 了解各种制冷方法的原理及所用工质，能够理解各种制冷装置（系统）的工作过程。

2. 了解各种制冷方法的主要特点，能够根据特点理解应用情况。

3. 了解蒸气喷射式、空气压缩式、混合制冷剂制冷循环的热力状态图。

重点与难点

重点： 1. 各种制冷方法的原理及所用工质。

2. 各种制冷循环的特点。

难点： 蒸气喷射式、空气压缩式、混合制冷剂制冷循环的热力过程。

课题一　　蒸气喷射式制冷理论循环

【学习目标】

1. 理解蒸气喷射式制冷循环的工作原理。

2. 了解蒸气喷射式制冷机及其制冷循环的特点。

【相关知识】

蒸气喷射式制冷是一种以水为制冷剂、以高压水蒸气为动力的制冷方式。它也属于蒸气压缩式制冷的一种，该制冷方式的压缩系统不是压缩机，而是蒸气喷射器。

众所周知，水是最易获得的工质，并且无毒、无味、不燃、不爆，汽化潜热大，约为 2500kJ/kg 左右。当制取 0℃ 以上温度时，液体汽化法制冷以水作为制冷工质是理想的。但是，必须解决以下两个问题：

第一，虽然水的汽化潜热很大，但由于水蒸气的比体积较大，因此水的单位容积汽化潜热较小。例如，在 5℃ 时，蒸气的单位容积汽化潜热是氨和 R22 的 1/300，是 R12 的 1/184。获取相同的制冷量，以水作为制冷剂的蒸气体积流量较氨和氟利昂都大得多，若仍采用压缩机来完成压缩过程，则压缩机体积庞大。

第二，用水汽化制冷，需要蒸发器内有一定的真空度。例如，水的蒸发温度为 5℃ 时，相应的蒸发压力只有 891Pa（0.00891bar），较大气压力要低得多。又由于水蒸气的比体积很大，一般的真空泵无法满足水汽化所需要的压力环境。

为了解决上述问题，人们在制冷系统中采用了蒸气喷射器。蒸气喷射器由喷管、吸入室、混合室及扩压器组成，具有相当于真空泵和压缩机的双重功能。它可借助喷管对工作蒸气的降压增速作用，抽取蒸发器内产生的制冷剂蒸气，以维持蒸发器需要的真空度；又可借助扩压器对气流的降速增压作用，将制冷剂蒸气的压力由蒸发压力 p_0 提高到冷凝压力 p_k，使之能在常温下冷凝液化。通常，蒸气喷射器的抽气量较大，通过的蒸气体积流量也大，而自身的结构尺寸相对较小。

由此可见，如果采用蒸气喷射器取代压缩机，就可实现用水作为制冷工质，这种液体汽化法制冷方式称为蒸气喷射式制冷，简称为蒸喷式制冷。蒸气喷射式制冷装置是以热能为动力源的制冷设备。

蒸气喷射式制冷的工质除了水之外，还有氨、R12、R11、R114 等，目前应用于空调工程中的蒸气喷射式制冷装置基本上都是以水为工质的。

一、蒸气喷射式制冷的工作原理

蒸气喷射式制冷循环原理如图 20-1 所示。蒸气喷射式制冷循环由正向循环和逆向循环共同组成。在循环中锅炉、喷射器、冷凝器、水泵组成热动力循环（正向循环）；喷射器、冷凝器、节流阀、蒸发器组成制冷循环（逆向循环）。喷射器又由喷嘴、吸入室（混合室）、扩压器三个部分组成。喷射式的吸入室与蒸发器相连，扩压器与冷凝器相连。

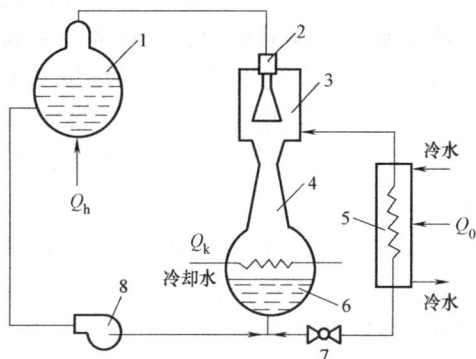

图 20-1　蒸气喷射式制冷循环原理
1—锅炉　2—喷嘴　3—混合室　4—扩压器
5—蒸发器　6—冷凝器　7—节流阀　8—水泵

工作过程如下：用锅炉产生的高温高压工作蒸气进入喷嘴，膨胀并以高速流动（流速可达 1000m/s 以上），于是在喷嘴出口处形成很低的压力，这就为蒸发器中水在低温下汽化创造了条件。由于水汽化时需从未汽化的水中吸收潜热，因而使未汽化的水温度降低（制冷）。这部分低温水便可用于空气调节或其他生产工艺过程。蒸发器中产生的制冷剂水蒸气与工作蒸气在混合室中混合，一起进入扩压器，在扩压器中流速降低、压力升高，进入到冷凝器，在冷凝器中被外部冷却水冷却变为液态水。液态水再由冷凝器引出，分两路：一路经过节流阀降压后送回蒸发器，继续蒸发制冷；另一路用水泵提高压力送回锅炉，重新加热产生工作蒸气。

图 20-1 所示是蒸气喷射式制冷理论循环。在实际工程中，冷凝器中冷凝下来的水通常不再送入锅炉和蒸发器中，而是排入冷却水池，作为冷却水继续循环使用。锅炉和蒸发器的补水，则另有水源供给。

蒸气喷射式制冷利用扩压器的降速升压作用来实现蒸气的压缩，但由于蒸发压力比较低，扩压器的出口压力仍小于大气压力，这样易使冷凝器中残存一些未凝结的蒸气和从外部渗入的空气，影响冷凝器的传热效率。为解决这一问题，实际工程中通常在冷凝后增设一级或两级辅助用的喷射器和冷凝器。通过辅助喷射器的引射、增压，可将残留气体排入大气。

二、蒸气喷射式制冷理论循环热力状态图

图 20-2 所示是蒸气喷射式制冷理论循环的温-熵图。实线部分表示蒸气喷射式制冷理论循环，虚线部分表示实际循环。

理论循环中：

1—2：等熵膨胀过程。高压工作蒸气进入喷嘴绝热膨胀，降压增速，压力从 p_1 降低至蒸发压力 p_0，造成吸入室具有一定的真空度，使与吸入室连通的蒸发器获得的水在低温下沸腾汽化，并且使吸入室对蒸发器中产生的低压蒸气具有引射作用。

2—4 和 3—4：等压混合过程。喷嘴中流出的低压高速工作蒸气，与吸入室吸入的低压制冷剂蒸气一起进入混合室等压均匀混合，交换能量，混合蒸气仍具有很高的流速。

4—5：等熵压缩过程。混合蒸气在扩压器中进行等熵压缩，压力由蒸发压力 p_0 升高到冷凝压力 p_k。

5—6：混合气体在冷凝器中的冷凝过程。冷凝水由冷凝器引出，分两路：一路经过节流阀降压后送回蒸发器，继续蒸发制冷，用 6—7—3 表示；另一路用水泵提高压力送回锅炉，重新加热产生工作蒸气，用 6—8—9—1 表示。

图中 4—5—6—7—4 循环，代表制冷剂蒸气经蒸发器、喷射器、冷凝器和节流阀再回到蒸发器的逆向制冷循环。而 1—10—6—8—9—1 循环，则代表高压工作蒸气经

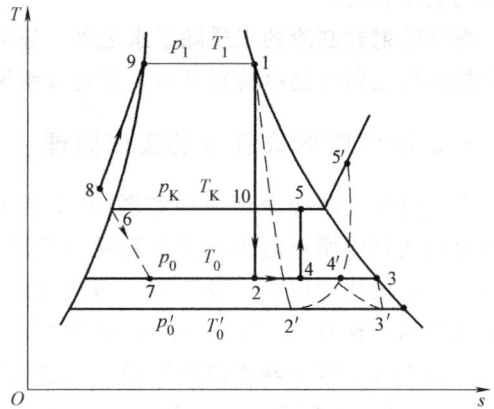

图 20-2　蒸气喷射式制冷理论循环的温-熵图

锅炉、喷射器、冷凝器和水泵再回到锅炉的正向热力循环。显然蒸气喷射式制冷是依靠消耗工作蒸气的热能（由锅炉中的化学能转化而来）作为补偿才得以实现制冷的。

三、蒸气喷射式制冷机

蒸气喷射式制冷机的工作介质为水，也可以用低沸点的氟利昂制冷剂，获得更低温度。

按照蒸发器的形式不同，蒸气喷射式制冷机可分为卧式和立式两类。立式蒸气喷射式制冷机按水的蒸发过程又可分为单效蒸发（蒸发器只有一个舱）和多效蒸发（蒸发器分成几个舱，水依次在其中蒸发）两种，两效或三效蒸发方式应用较多。按主喷射器后混合蒸气冷凝方式不同，有混合式和表面式。

图 20-3 是单效蒸气喷射式制冷机系统图。蒸气喷射式制冷机的运转性能受工作蒸气压力、蒸发温度和冷凝温度等因素的影响。当工作蒸气压力低于设计压力时，工作蒸气流量及被引射的冷蒸气流量都将减少，使得制冷量下降，单位制冷量蒸气消耗量增大，工作蒸气压力太低时，制冷机将不能制冷；工作蒸气压力高于设计值时，将增加冷凝器的负

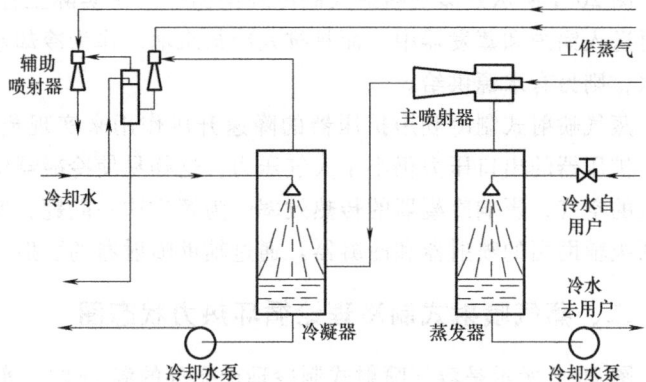

图 20-3　单效蒸气喷射式制冷机系统图

担。当蒸发温度低于设计值时，要求喷射器吸入室有更低的压力，加大了喷射器的扩压比，使被引射的冷蒸气量减少，制冷量下降，当蒸发温度过低时，吸入室压力将比蒸发压力还高，使得制冷机无法工作。当冷凝压力高于设计值时，扩压比增大，将使制冷量下降，甚至不能制冷；冷凝压力低于设定值时，扩压器的效率下降，使单位蒸气消耗量增大，运行不合理。冷凝压力取决于水温，受环境温度制约。当冷却水温降低时，可适当降低工作蒸气压

力，当冷却水温升高时，可适当提高工作蒸气压力和提高蒸发温度，这样可获得合适的冷凝压力。

四、蒸气喷射式制冷循环的特点

1）蒸气喷射式制冷循环以水为工质，运行安全可靠，无毒、无污染。

2）蒸气喷射式制冷系统设备结构简单，金属耗量少，一次性投资低，加工、制造容易。

3）蒸气喷射式制冷系统没有运动部件，使用寿命长，操作、维修比较简单且维修量少。

4）蒸气喷射式制冷循环耗电量少，用于较多工业余热的场合，能够节约能源。

5）蒸气喷射式制冷蒸气和冷却水消耗量都较大，制冷效率低，运行时噪声大。

6）以水为工质，只能制取 0℃ 以上的温度。为了获取更低的温度，正在研制以氨、氟利昂为工质的蒸气喷射式制冷机。

【典型实例】

【实例 1】　蒸气喷射式制冷主要适用于制取 6~20℃ 的冷媒水，尤其在制取 10℃ 以上冷媒水时效率较高。因此，实际工程中主要用于具有大量废热的化工、冶金、纺织厂等地方，为空调提供冷源。同时，蒸气喷射式制冷装置需要大量的冷却水，所以适用于水源丰富的地区。近年来，由于溴化锂吸收式制冷技术不断取得进步，效率和性能不断改善，蒸气喷射式制冷的应用越来越少。然而，在直接冷却物料而不需要冷媒的一些特定场合仍然具有生命力。例如，在药品生产、混凝土骨料预冷、腐蚀性溶液冷却等方面都有应用。

课题二　空气压缩式制冷循环

【学习目标】

了解空气压缩式制冷循环的工作原理，制冷循环的特点及其应用。

【相关知识】

当制冷工质在整个压缩式制冷循环中仅以气体状态存在时，这种制冷循环被称作气体压缩式制冷循环。以空气为制冷工质的，称为空气压缩式制冷循环。

空气压缩制冷属于气体膨胀制冷。根据制冷机理的不同，可分为不做外功的膨胀制冷和做外功的膨胀制冷。前者是利用压缩空气的节流效应获得冷量的，实现装置是一个节流阀；后者是基于压缩空气绝热膨胀对外做功而获取冷量的，实现装置是膨胀机。本课题只讨论使用膨胀机的空气压缩式制冷循环。

根据不同使用条件，按照工质空气是否循环使用，空气压缩制冷循环可分为闭式循环和开式循环；按照制冷系统中是否使用回热器，可分为回热循环和无回热循环。

一、无回热空气压缩式制冷理论循环

1. 制冷循环基本组成

无回热空气压缩制冷循环包括四个基本过程：压缩过程、冷却放热过程、膨胀过程、吸

热过程。对应的热力设备有（图20-4）：

（1）空气制冷压缩机　在制冷循环中空气制冷压缩机是消耗外界机械功压缩和输送制冷剂（空气）的设备。

（2）冷却器　冷却器是制冷系统中向高温热源放热的换热设备。空气在冷却器中不发生相变，只是被冷却介质冷却而放出显热。

（3）膨胀机　膨胀机是使制冷系统中的空气由高压降低至低压，并产生低温气流的设备。

（4）吸热器　吸热器是空气从低温热源吸收热量，从而实现制冷的换热器。

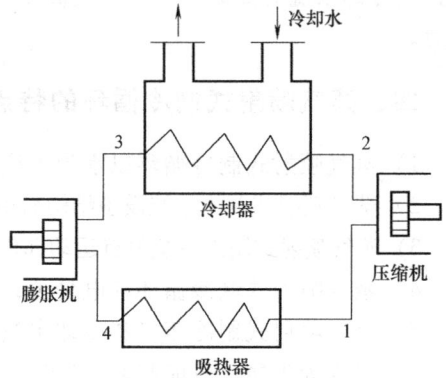

图20-4　无回热空气压缩式制冷装置

2. 无回热空气压缩制冷理论循环的热力状态图

无回热空气压缩制冷循环以空气为工质，循环的 T-s 图和 p-h 图如图20-5所示。从吸热器出来的空气状态为1，其温度 $T_1 = T_C$（T_C 为吸热器温度），压力为 p_1，接着进入压缩机进行压缩，升温升压到 T_2、p_2，再进入冷却器进行定压放热，温度下降到 T_3，然后进入膨胀机实现膨胀，使压力下降到 p_4，温度进一步下降到 T_4，最后进入吸热器进行定压吸热过程，完成整个制冷循环。制冷循环的最高压力 p_2 与最低压力 p_1 之比称作增压比，用 π 表示。进行循环分析时，为突出主要问题，假定所有的过程都是可逆过

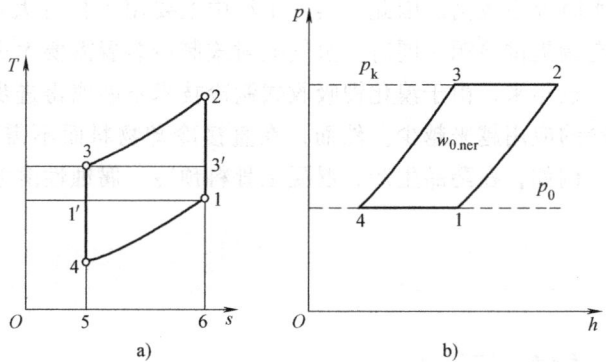

图20-5　无回热空气压缩制冷循环的 T-s 图和 p-h 图

程，在压缩机内的压缩过程及膨胀机内的膨胀过程均为可逆绝热过程（等熵过程），吸热过程和放热过程均为等压过程，并且循环空气为理想气体。

在理论循环中：1—2为等熵压缩过程，2—3为等压放热过程，3—4为等熵膨胀过程，4—1为等压吸热制冷过程。

无回热空气压缩制冷循环分析参看图20-4、图20-5，循环中工质从低温热源吸热量，亦即循环中单位质量工质的制冷量为

$$q_2 = h_1 - h_4 = c_p(T_1 - T_4) \tag{20-1}$$

排向高温热源的热量为

$$q_1 = h_2 - h_3 = c_p(T_2 - T_3) \tag{20-2}$$

膨胀机中回收的功为

$$w_e = h_3 - h_4 = c_p(T_3 - T_4) \tag{20-3}$$

所以，循环消耗的净功是

$$w_{net} = w_C - w_e = h_2 - h_1 - (h_3 - h_4) = (h_2 - h_3) - (h_1 - h_4) = q_1 - q_2$$

因此，循环的制冷系数为

$$\varepsilon = \frac{q_2}{w_{net}} = \frac{h_1 - h_4}{(h_2 - h_3) - (h_1 - h_4)} = \frac{T_1 - T_4}{(T_2 - T_3) - (T_1 - T_4)} = \frac{1}{\frac{T_2 - T_3}{T_1 - T_4} - 1} \quad (20\text{-}4)$$

考虑到 1—2、3—4 都是可逆绝热过程，因而有

$$\frac{T_2}{T_1} = \left(\frac{p_2}{p_1}\right)^{\frac{\kappa-1}{\kappa}} = \frac{T_3}{T_4}$$

将之代入制冷系数表达式可得

$$\varepsilon = \frac{1}{\frac{T_3}{T_4} - 1} = \frac{T_4}{T_3 - T_4} = \frac{T_1}{T_2 - T_1} = \frac{1}{\left(\frac{p_2}{p_1}\right)^{(\kappa-1)/\kappa} - 1} = \frac{1}{\pi^{(\kappa-1)/\kappa} - 1}$$

上式表明，循环增压比 π 越小，制冷系数越大。但增压比越小，单位质量工质的制冷量也越小。所以，π 不能太小。

无回热空气压缩制冷循环的制冷量为

$$q_{Q,2} = q_m c_p (T_1 - T_4) \quad (20\text{-}5)$$

式中 q_m——循环工质的质量流量，可见制冷量取决于温差 $T_1 - T_4$ 和质量流量 q_m。

二、回热空气压缩式制冷理论循环

目前实际应用的空气压缩制冷循环都采用回热，图 20-6 所示是回热空气压缩式制冷装置。从冷藏室出来的空气（温度为 T_1，等于冷藏室温度 T_0）先进入回热器升温到高温热源温度 T_{1R}（通常等于环境温度 T_L），接着进入压缩机进行压缩，升温、升压到 T_{2R}、p_{2R} 后进入冷却器，实现定压放热，温度降至 T_5（等于环境温度 T_L）。随后进入回热器进一步降温至 T_{3R}（等于冷藏室温度 T_0），再进入膨胀机实现可逆绝热膨胀，压力降至 p_4，温度降至 T_4，最后进入冷藏室实现定压吸热过程，升温到 T_1，完成循环 1_R—2_R—5—3_R—4—1—1_R，如图 20-7 所示。

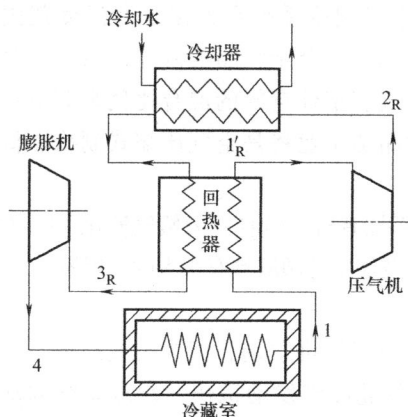

图 20-6　回热空气压缩式制冷装置

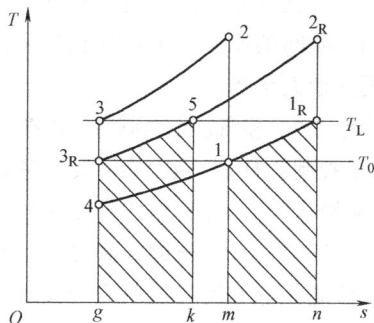

图 20-7　回热式空气压缩制冷循环 $T\text{-}s$ 图

理论上，在回热器中制冷工质空气在过程 5—3_R 中的放热量（$T\text{-}s$ 图中 $53_R gk5$ 区域面积）等于在过程 1—1_R 中的吸热量（$T\text{-}s$ 图中 $11_R nm1$ 区域面积）。与无回热的循环相比较，循环中工质的吸热量没有变化，都是过程 4—1 吸收的热量 $q_{4\text{-}1}$；由于面积 $2_R 5kn2_R$ 等于面

积 $23gm2$，故循环放热量也没有变化，因此循环的制冷系数也没有变化。但是循环的增压比却从 p_2/p_1 下降到 p_{2R}/p_1，这为使用增压比不能很高的叶轮式压气机和膨胀机提供了可能。由于叶轮式压气机及膨胀机可提供大流量的空气，所以采用叶轮式压气机及膨胀机的回热空气压缩制冷循环能够获得较大的制冷量。

三、空气压缩式制冷循环的特点

1）制冷工质是空气，安全无害、无污染，易得。

2）在使用温度高于−80℃时，空气压缩式制冷循环的制冷系数小于蒸气压缩式制冷循环，且温度越高，差值越大；在使用温度低于−80℃时，其制冷系数高于蒸气压缩式制冷循环，且易于获得低温。

3）空气压缩制冷循环实际流程灵活多变，对于不同的使用目的和要求适应性较强。可实现不同温度、不同制冷量共用一套空气压缩制冷机。

4）可采用蓄冷循环，实现利用小容量制冷设备短时供应大冷量的目的，从而减少机组装机容量，降低成本。

5）制冷量容易调节，维护操作简单。

6）空气压缩式制冷机噪声大，但可通过控制措施加以改善。

【典型实例】

【实例2】 空气压缩式制冷在低温领域的应用。

空气制冷机极易制取低温，并在很宽的冷却负荷和低温运行工况范围内具有优良的性能，特别适用于需要低温和工况条件变化较大的场合。

现代食品冷冻和冷藏工艺有不断向低温方向发展的趋势，根据不同的食品和不同的冷冻或冷藏工艺要求，要求库温在−100~0℃大范围内可调节，并要求制冷系统长期在−30℃以下运行，采用单级蒸气压缩制冷很难满足这种低温要求和运行工况，采用多级压缩或复叠式蒸气制冷，则导致系统 COP 的降低和投资的增加。空气制冷系统在低温下宽温度范围内运行性能优良，工质无臭无害和制冷速度快的特性使其非常适合于食品的冷冻冷藏。一种带蓄冷器的开式空气制冷系统用于冷库，通过改变冷却空气和室外空气的混合比例来调节各个冷冻间和冷藏间的库温，可以达到很好的节能效果。食品加工业将是空气压缩式制冷在低温领域应用的最大市场。

除此之外，空气压缩式制冷在冷凝回收工业有害挥发性有机化合物、天然气液化、冷藏运输、制药业的控制低温反应及冷冻干燥处理和石化工业的存储及加工等领域具有很大的发展潜力。

【实例3】 空气压缩式制冷在空调领域的应用。

长期以来，空气压缩式制冷在空调领域的应用只限于飞机空调，因为飞机座舱空气制冷空调装置能充分利用飞机原有设备和条件：利用飞机涡轮喷气发动机作为制冷系统的动力源和压缩机，以机外冲压空气作为冷却介质，只增加透平膨胀机及其附属设备，提高设备利用率，实现系统小型化。

值得注意的是，无论是低温领域还是空调领域，我国在空气制冷技术的实用化方面仍处于起步阶段，除飞机空调外，目前只限于低温环境试验装置、橡胶的低温粉碎和矿场开采工作面的现场冷却。

课题三　混合制冷剂制冷循环

【学习目标】

1. 了解混合制冷剂单级压缩基本制冷循环过程。
2. 了解混合制冷剂制冷循环的特点及其应用。

【相关知识】

混合制冷剂是由两种或两种以上纯制冷剂组成的混合物，可分为共沸混合制冷剂和非共沸混合制冷剂。由于纯制冷剂在品种和性质上的局限性，采用混合物作为制冷剂为调制制冷剂的性质和扩大制冷剂的选择范围提供了更大的自由度。共沸混合制冷剂有：R500、R501、R502、R503 等；非共沸混合制冷剂有：R401A、R402A、R410A 等。共沸混合制冷剂几乎具备单一制冷剂的所有特征，可以像单一制冷剂一样使用，而非共沸混合制冷剂则不同。本课题阐述的混合制冷剂制冷循环特指非共沸混合制冷剂制冷循环。

一、劳伦兹循环

前面介绍的制冷循环假定低温热源和高温热源的温度不发生变化，而在实际工程中随着制冷循环的进行，低温、高温热源的温度都在发生变化，这样循环的不可逆损失增大，效率降低。为了减少传热不可逆损失，应采用能使蒸发温度、冷凝温度随低温热源和高温热源温度变化而变化的制冷循环。在低温热源温度不断下降和高温热源温度不断升高的情况下，采用劳伦兹循环，如图 20-8 所示。

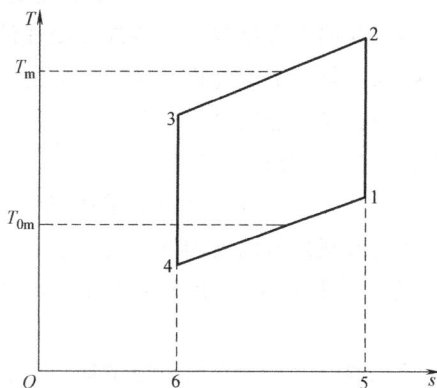

图 20-8　劳伦兹循环

劳伦兹循环由两个可逆等熵过程和两个可逆多变过程组成。图 20-8 中设平均吸热温度为 T_{0m}，平均放热温度为 T_m，则

吸热

$$q_0 = T_{0m}(s_1 - s_4) \tag{20-6}$$

放热

$$q = T_m(s_2 - s_3) = T_m(s_1 - s_4) \tag{20-7}$$

制冷系数

$$\varepsilon_0 = \frac{T_{0m}}{T_m - T_{0m}} = \frac{1}{\dfrac{T_m}{T_{0m}} - 1} \tag{20-8}$$

劳伦兹循环是变温热源条件下的理想制冷循环，为变温热源条件下的逆向循环提出了提高循环效率的方向和途径。大量实验证明：在变温热源条件下，采用非共沸混合制冷剂制冷循环是有效的，能取得明显的节能效果，最高能节能 50% 以上。

二、混合制冷剂单级压缩基本制冷循环

实际工程中的混合制冷剂单级压缩制冷理论循环采用如图 20-9a 的形式，图 20-9b 所示

是 $T\text{-}s$ 图。

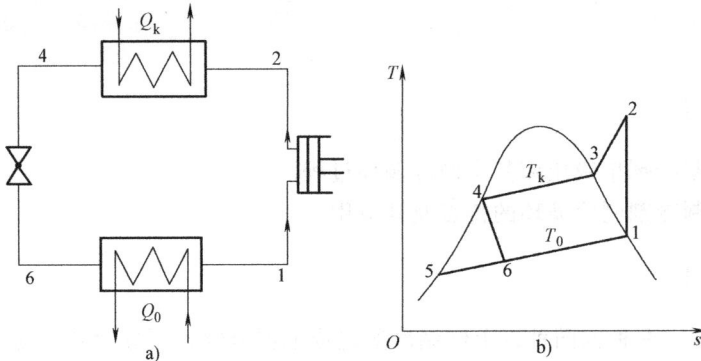

图 20-9　混合制冷剂单级压缩制冷理论循环和 $T\text{-}s$ 图

循环过程（理论循环）：

1—2：等熵压缩过程。混合制冷剂由蒸发压力 p_0 下的干饱和蒸气压缩到冷凝压力下的 p_k 过热蒸气。

2—3—4：等压冷凝过程。冷凝温度和冷却介质温度随换热进行相应的降低或升高，从而使得非共沸混合物制冷剂冷却冷凝成液体，并放热至环境中。

4—6：等焓节流过程。冷凝后的混合制冷剂的饱和液体节流成湿蒸气。

6—1：等压蒸发过程。节流后的制冷剂湿蒸气在蒸发压力下等压汽化吸收热量过程，从而为被冷却物体或空间提供了冷量。

混合制冷剂单级压缩制冷循环与单一制冷剂单级压缩制冷循环相比较，前者制冷剂在等压下冷凝或蒸发时温度均发生变化，冷凝温度由 T_k 逐渐降低至 T'_k，蒸发温度由 T_0 逐渐升高至 T'_0，这样就能与冷却介质和被冷却物体之间保持尽可能小的温差，从而达到节能的目的。

采用混合制冷剂不仅可以节能，而且可以扩大温度使用范围。但在实际循环中，由于相变温度滑移，蒸发器和冷凝器中的实际温度分布和系统中混合制冷剂成分的改变都对整个系统的性能产生影响。

三、混合制冷剂制冷循环的特点

1）混合制冷剂制冷循环适用于在变温热源条件下进行，能减少传热过程中的不可逆损失，获得较大的制冷系数，实现有效节能；采用混合制冷剂的制冷循环可以扩大温度使用范围。

2）在蒸发器中制冷剂与被冷却介质、在冷凝器中制冷剂与冷却介质要求采用逆流。

3）需大传热面积的换热设备。采用混合制冷剂会降低传热系数，因此需增大换热设备的传热面积。

4）要求系统密封。当系统泄漏时，会引起混合物成分的变化，从而影响循环性能，因此要求系统密封性好且要定时检测制冷剂质量分数的变化。

5）不适用于启动频繁的系统中。混合制冷剂系统工作时，达到设定质量分数才能高效运行，而此系统启动后不能很快达到最佳质量分数，启动周期长，因此不适用启动频繁的系统。

由于非共沸混合制冷剂系统存在泄漏问题，影响循环性能，人们开始考虑使用近共沸混合制冷剂。近共沸混合制冷剂是能兼有共沸与非共沸二者之长，使用温度范围大，大致与单一制冷剂一样方便，系统泄漏对混合制冷剂的影响不会太大。目前非共沸和近共沸混合制冷剂仍在研究之中。

【典型实例】

【实例 4】　混合制冷剂制冷循环在空调器中的应用。

作为最传统的空调器用制冷剂，R22 由于存在对臭氧层的破坏作用，将根据蒙特利尔条约逐渐被替换。R22 的替代制冷剂有 R407C（HFC32、HFC125、HFC134）和 R410A（HFC32、HFC125）。R407C 制冷剂为非共沸点混合制冷剂，由三种单一制冷剂组成，其热力学性质与单一制冷剂相比在蒸发冷凝时有约 6℃ 的温度梯度，且成分组成比不同，采用 R407C 制冷剂的空调器的换热器设计困难，同时设备维修、制冷剂添注困难。采用 R407C 制冷剂的空调器系统压力虽与 R22 接近，但系统性能降低。相比之下，R410A 制冷剂虽然也是两种制冷剂混合，但有单一制冷剂的近似共沸点，使用方便，比 R407C 性能好，为最有利的替代制冷剂。由于制冷循环所选用的制冷剂不同，空调器的制冷系统生产工艺要求也不同，具体区别见表 20-1。

表 20-1　R22、R407C、R410A 三种制冷剂制冷系统生产工艺要求对比

	R22	R407C	R410A
压缩机	用冷冻矿物油	专用压缩机、POE \PVE 油	专用压缩机、POE \PVE 油
冷凝器	设计压力 2.94MPa	设计压力 3.3MPa	设计压力 4.15MPa
蒸发器		压力校验	压力校验
节流装置		毛细管内径大	毛细管内径大
四通阀		专用	专用
截止阀		专用	专用
铜管		确认耐压和壁厚，1.1 倍	确认耐压和壁厚，1.6 倍
干燥过滤器	分子筛 XH-9	分子筛 XH-10 或 XH-11C	分子筛 XH-10 或 XH-11C
高分子材料	CR 合成橡胶	HNBR 合成橡胶	HNBR 合成橡胶
蒸发器和冷凝器加工		水分残留少，POE 挥发油	水分残留少，POE 挥发油
焊接工艺		无氯离子助焊剂	无氯离子助焊剂
检漏		新设备	新设备
冷媒充注方式		液态充入、压力变更	液态充入、压力变更
蒸发压力(0℃)	498kPa(绝对压力)	499kPa(绝对压力)	804kPa(绝对压力)
冷凝压力(50℃)	1943kPa(绝对压力)	2112kPa(绝对压力)	3061kPa(绝对压力)
冷媒充注设备		新设备	新设备

课题四 热电制冷

【学习目标】

1. 理解热电制冷的基本工作原理。
2. 了解热电制冷的特点及其应用。

【相关知识】

热电制冷又称为温差电制冷，或半导体制冷。它是利用热电效应（即珀尔帖效应）的一种制冷方法。

一、珀尔帖效应

1834 年法国物理学家珀尔帖在铜丝的两头各接一根铋丝，再将两根铋丝分别接到直流电源的正、负极上，通电后，发现一个接头变热，一个接头变冷，这说明：当有直流电通过两种不同材料组成的电回路时，两个结点处分别发生了吸、放热效应。这个现象称为珀尔帖热电效应。它是热电制冷的依据。

对珀尔帖效应的物理解释是：电荷载体在导体中运动形成电流。由于电荷载体在不同的材料中处于不同的能级，当它从高能级向低能级运动时，便释放出多余的能量；反之，从低能级向高能级运动时，需要从外界吸收热量。能量在两种材料的交界处以热的形式吸收或放出。

二、热电制冷的基本原理

热电制冷是利用电能直接使热量从低温物体转移至高温物体的。热电制冷器的基本元件是热电偶。由于半导体材料本身的物理特性，使得它产生的珀尔帖效应比其他导体材料要显著很多，所以热电制冷器的基本元件都用半导体材料制成。如图 20-10 所示，把一只 P 型半导体和一只 N 型半导体连接成热电偶，接上直流电源后，在接头处就会产生温差和热量的转移。

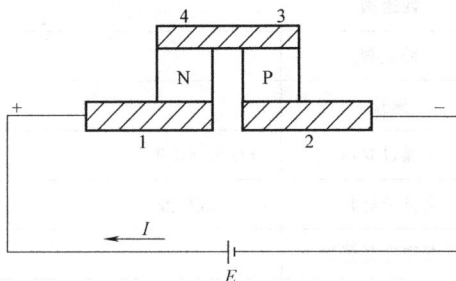

图 20-10 基本热电偶

在图 20-10 中，上面接头处的电流方向是由 N 指向 P，3、4 结点温度下降并从周围环境吸热，因此是冷端。而 1、2 结点温度上升并向周围环境放热，因此是热端。其工作原理是 N 型半导体中的电子由负极流向正极，P 型半导体中的空穴由正极流向负极。电子和空穴均为载流子。它们在半导体中的势能大于在金属中的势能，因此当载流子流过半导体连接点时，必然会引起能量的传递。当载流子由较高势能向较低势能位移时，它向外界放出热量；当载流子由较低势能向较高势能位移时，必须吸收外界的热量。利用这一原理，把吸收外界热量的连接端置于被冷却的空间，同时使热端向环境介质排热，从而达到制冷的目的。显然，通过改变电流方向可实现从制冷变为加热的目的。

一对热电偶能制取的冷量极其有限，实用中是把许多对热电偶组合起来使用，如图 20-11 所示。把若干对半导体在电路上串联起来，而在传热方面则是并联的，这就构成了一个常见的制冷热电堆。按图示接上直流电源后，这个热电堆的上面是冷端，下端是热端。借助换热器等各种传热设备，使热电堆的热端不断散热并且保持一定的温度，把热电堆的冷端放到工作环境中去吸热降温，这就是热电制冷器的工作原理。

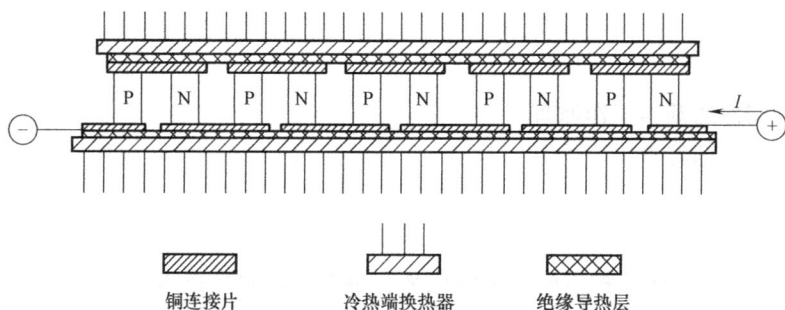

图 20-11　热电堆

三、热电制冷的特点

1）体积小。特别适用于在小体积、小负荷的用冷场合。

2）结构简单。整个制冷器由热电堆和导线连接而成，没有任何机械运动部件，因而无摩擦、无噪声、可靠性高、寿命长，而且维修方便。

3）启动快、控制灵活。只要接通电源，即可迅速制冷。冷却速度和制冷温度都可以通过调节工作电流方便地实现。

4）操作具有可逆性。既可以用来制冷，又可以用于制热（只要改变工作电流的方向即可）。

5）不用制冷剂，无污染。

6）主要缺点是效率低，耗电量大。受热电材料的限制，在制冷量大时，与蒸气压缩式制冷机相比，其制冷效率低，耗能大。但是，在制冷量 20W 以下，温差不超过 50℃ 时，热电制冷的效率高于蒸气压缩式制冷的效率。

【典型实例】

【实例 5】 在医疗卫生方面的应用。

在外科小手术中，用热电制冷器对浅表的腔壁很薄的小脓肿进行冷冻麻醉，可以简单、安全地施行切开排脓手术；利用热电制冷的白内障摘除器进行白内障切除手术；对高烧病人进行局部或全身快速降温；热电制冷器还是低温手术的制冷设备；药用热电冷藏箱，用于保存血浆、疫苗、血清、药品。总之，热电制冷在医学上有着广泛的应用。

【实例 6】 在电子器件方面的应用。

对使用条件严格、对温度反应敏感的电子元器件，可以用热电制冷器制冷，以维持元器件低温或恒温的工作条件。例如，红外探测器必须在低温下才能有高灵敏度和探测率，电阻、电容、电感、晶体管、石英晶体管等电子元器件要求在恒温条件下工作。

在高精尖科技领域，常对各种电子元器件的温度性能要求很高，为了确保电子元器件的温度性能，需要对其进行标定测量。在标定测量中，需要超级恒温槽，采用热电制冷制作，温度控制精度可达 0.005℃。

课题五　磁制冷

【学习目标】

1. 了解磁制冷的基本工作原理。
2. 了解磁制冷的特点。

【相关知识】

磁制冷是一种利用磁性物质的磁热效应来获得冷量的制冷技术。

一、磁制冷基本原理

早在 1907 年，郎杰斐发现，顺磁物质绝热去磁过程中，其温度会降低。从机理上说，固体磁性物质（磁性离子构成的系统）在受磁场作用磁化时，系统的磁有序度加强，对外放热；再将其去磁，则磁有序度下降，从外界吸热。

磁性物质在磁场作用下绝热磁化时升温、绝热退磁时降温的物理现象称为磁热效应。这就是磁制冷的基本原理。

磁性物质的磁热效应的大小，与物质中原子的磁量子数有关。磁量子数越大，物质的磁热效应越强；还与物质所处的温度环境有关，磁性材料处于居里温度 T_c 附近时，磁热效应最大。

二、磁制冷循环

利用顺磁盐作为工质绝热退磁的热效应，可构成多种类型磁制冷循环。本课题仅介绍在低温磁制冷中常见的卡诺循环和高温磁制冷中常见的埃里克森循环。

1. 基本概念

螺旋线圈通电时，产生感应磁场 B_0。在线圈中插入磁性物体（如铁棒），物体磁化后产生附加磁场 B'。于是，总的磁感应强度为

$$B = B_0 + B'$$

式中　B_0——螺旋线圈通电时产生的感应磁场；

　　　B'——在线圈中插入磁性物体，物体磁化后产生的附加磁场。

不同的磁介质产生的附加磁场不同，附加磁场与原磁场方向相同的磁介质为顺磁物体（如铁、锰）；附加磁场与原磁场方向相反的磁介质为抗磁体（如铋、氢等）。磁制冷循环中通常使用顺磁物质作为工质。磁感应强度单位是特斯拉，用符号 T 表示。

设物体的磁矩为 M。物体在磁场 H 中磁矩增加 dM 时，磁场对物体做功为 $\mu_0 H dM$。该过

程中物体吸热 dQ，内能增加 dU。则由热力学第一定律得

$$dQ = dU - \mu_0 H dM \tag{20-9}$$

式中　M——磁矩；

　　　H——磁场强度；

　　　μ_0——真空磁导率。

与气体热力学第一定律表达式 $dQ = dU + pdV$ 相类比，磁系统中的 $\mu_0 H$ 相当于气体系统中的压力 p；M 相当于体积 V。用 $T\text{-}s$ 图可以描述磁性物体的磁热状态，反映出磁场 B 与物体温度 T、磁熵 s（常用磁感应强度代替磁场强度 H）三者之间的关系。

2. 低温磁制冷

在 16K 以下的极低温区，由于固体的晶格振动和传导电子的热运动可以忽略，故磁离子系统的磁熵变近似等于整个固体的总熵变。这种情况下，磁制冷采用卡诺循环，磁材料用稀土顺磁盐。

磁制冷卡诺循环如图 20-12 所示。

磁卡诺循环由两个绝热过程及两个等温过程组成。

1—2：等温磁化（放出热量）。

2—3：绝热退磁（温度降低）。

3—4：等温退磁（吸收热量制冷）。

4—1：绝热磁化（温度升高）。

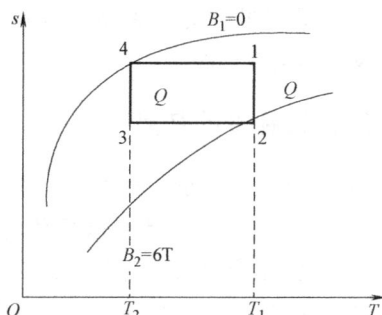

图 20-12　磁制冷卡诺循环

由于等温磁化过程中从磁体向高温热源放热不充分以及绝热不完全等因素的存在，导致磁卡诺循环效率降低。室温下磁卡诺循环获得的温差较小，没有实用价值。但磁卡诺循环制冷机在低于 20K 的低温领域性能较好，得到了广泛的研究。

已开发的磁材料：钆镓石榴（$Gd_3Ga_5O_{12}$）、镝铝石榴石（$Dy_3Al_5O_{12}$）、钆镓铝石榴石 [$Gd_3(Ga_{1-x}Al_2)_5O_{12}$，$x = 0.10 \sim 4$]，其制冷温度范围：4.2 ~ 20K。

正在开发的磁材料：RAl2 和 RNi2（R 代表 Gd、Dy、Ho、Er 等重稀土），其制冷温度范围为 15 ~ 77K。

3. 高温磁制冷

温度在 20K 以上，特别是室温附近，磁性离子系统热运动大大加强，顺磁盐中磁有序度难以形成，它在受外磁场作用前后造成的磁系统熵变大大减小，磁热效应也大大减弱。所以进入高温区制冷，低温磁制冷所采用的材料和循环都不适用，故很长时间高温磁制冷没有什么发展。直到 1976 年美国国家宇航局的布朗首次完成高温磁制冷实验，促进了该领域的发展。目前，埃里克森制冷机是高温磁制冷领域研究的重点之一。

埃里克森制冷循环（图 20-13）由两个等温过程和两个等磁场强度过程组成：

1—2：等温磁化（放出热量）。

2—3：等磁场强度（温度降低）。

3—4：等温退磁（吸收热量制冷）。

4—1：等磁场强度（温度升高）。

制冷原理是磁性物质在周期性变化的过程中，从低温端吸热、在高温端放热的过程。埃

里克森制冷循环不具有理想的回热，但因它可能获得比卡诺循环更大的温差，因而其研究非常引人注目。

目前，人们希望磁制冷方式步入高温制冷应用的研究仍在进行，研究包括以下主要方面：

（1）寻找合适的磁材料（工质），要求材料的特点是：离子磁矩大，居里点接近室温，以较小磁场作用与撤除作用时能够引起足够大的磁熵变。

（2）外磁场，需采用高磁通密度的永磁体。

（3）研究最合适的磁循环并解决实现循环所涉及的热交换问题。

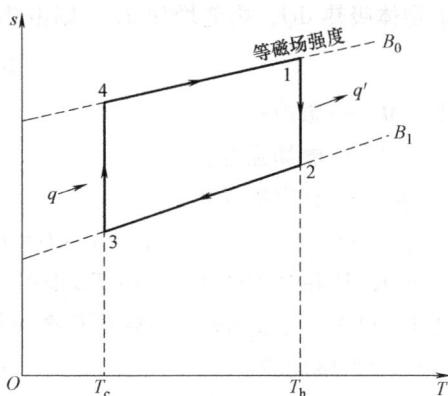
图 20-13　埃里克森循环

三、磁制冷的特点

1）对环境影响小。蒸气压缩式制冷需使用制冷剂，而大多数制冷剂都会破坏环境，但磁制冷原理决定磁制冷不会破坏环境。

2）单位体积的制冷功率大，易于小型化。磁制冷以固体材料为工质，密度是压缩气体的 30 倍。因此。磁制冷机易于小型化，既可以节省空间，又可以制成大功率系统。

3）效率高。磁制冷循环自身工作效率接近卡诺循环效率，考虑到摩擦、热交换损失等，磁制冷机的制冷效率在 70% 左右。

4）可靠性高，寿命长。由于运动部件少，工作频率低，因而具有较高的可靠性和较长的使用寿命。

5）制冷温度范围广。磁制冷的制冷温度范围取决于磁工质，而目前已开发的磁工质能够实现的制冷温度范围为 0.001~300K，比其他制冷方式能够实现的制冷温度范围大得多。

【典型实例】

【实例7】　在国防领域方面的应用。

磁制冷在空间和核技术等国防领域有着广泛的应用前景。在这个领域里要求冷源设备的重量轻，振动和噪声小，操作方便，可靠性高，工作周期长，工作温度和制冷量范围广。磁制冷机完全符合这些条件，例如，冷冻激光打靶的氘丸，核聚变的氘和氚丸，红外元件的冷却，磁窗系统的冷却，扫雷艇超导磁体的冷却等。

【实例8】　在其他方面的应用。

1987 年，美国 Astronatic 公司开始生产小批量磁冰箱。中国海尔与包头稀土研究所联合研发磁制冷机用于冰柜和空调。目前，国内外研制的磁制冷机主要用于低温技术科学研究。

课题六　　吸附式制冷

【学习目标】

了解吸附制冷的基本工作原理，了解吸附式制冷的特点。

【相关知识】

随着世界能源的日益紧张，人们对余热及太阳能的利用日益重视。从低品位热源中获得冷量，用于冷冻或空气调节，目前常用吸收式制冷机实现。但当热源温度低和冷凝温度较高时，吸收式制冷机的效率就会很低。因此，人们开始采用吸附式制冷系统。吸附式制冷是利用吸附现象实现制冷的一种方法。

一、吸附现象

吸附是物质在相的界面上浓度自动发生变化的一种现象。所有固体都有不同程度的吸附气体的能力。例如，木炭对一氧化碳具有很强的吸附能力。

具有吸附作用的物质称为吸附剂，被吸附的物质称为吸附物或吸附质。常用的吸附剂一般均为多孔性物质，如活性炭、硅胶、活性氧化铝、沸石-分子筛等。图 20-14 所示为上海交通大学研制出的几种吸附剂。

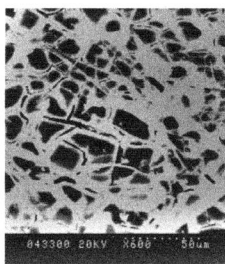

固化复合吸附剂(硅胶与氯化钙)　　　　固化活性炭　　　　　固化混合吸附剂

图 20-14　吸附剂

已被吸附的物质，返回到气相中的现象称为脱附或解吸。

二、吸附式制冷的原理

吸附式制冷是通过吸附剂在较低的温度下（一般为当地气温）吸附制冷剂，在较高的温度下脱附制冷剂，通过吸附脱附循环来实现。通常是固体对气体的吸附，整个装置由吸附剂容器、冷凝器、蒸发器、单向阀等组成，如图 20-15 所示。

吸附式制冷系统的工作过程：当吸附剂容器被加热时，已经被吸附剂吸附的吸附工质（制冷剂）获得能量，当能量大到足以克服吸附剂的吸附力时，它们将从吸附剂中脱出，系统内分压力逐渐升高，达到环境温度所对应的饱和蒸气压力时，脱附出的吸附质开始液化，最终进入蒸发器，液化时放出的热量由冷凝器中的冷却介质带走。停止对吸附剂容器加热，吸附剂逐渐冷却，吸附能力逐渐升高，又开始吸附蒸发器产生的吸附质蒸气，系统逐渐呈现真空状态，于是液体吸附工质（制冷剂）不断汽化，同时从被冷却空间吸收热量，从而达到制冷

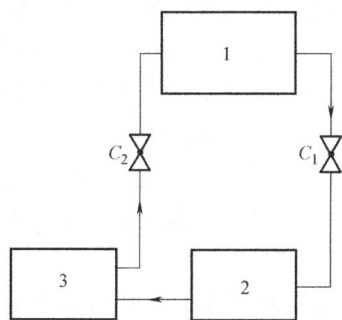

图 20-15　吸附式制冷系统原理图
1—吸附剂容器　2—冷凝器　3—蒸发器

的目的。脱附-吸附循环进行，制冷间歇进行。

吸附式制冷的工作介质是由吸附剂和吸附工质构成的工质对。目前，常见的吸附工质对有沸石-水、硅胶-水、活性炭-甲醇、氯化钙-水、沸石-乙醇等。

吸附式制冷的工质对根据吸附剂的不同，大致可分为沸石-分子筛系、硅胶系、活性炭系等。

沸石-分子筛系由于它的脱附温度较高，通常在 280~300℃，所以，一般用于高温余热回收。例如，回收汽车高温排气余热，用于汽车空调。

硅胶系的脱附温度较低，一般从 50℃ 左右开始脱附至 120℃，可以完全脱水，但不耐高温（不超过 120℃）。因此，硅胶系很适合以低品位热源为动力的吸附式制冷。例如，回收发动机系统 70~80℃ 冷却废热，制取空调用水。

活性炭系能够吸附水、甲醇、乙醇等许多制冷剂蒸气，活性炭-水在 0℃ 以下很难使用，且会结冰；活性炭-甲醇有剧毒，能导致失明。因此，从安全和实用角度考虑，活性炭-乙醇比较适宜在低品位热能中应用。

三、吸附式制冷的特点

吸附式制冷系统具有节能环保（不耗电），不存在制冷剂的污染问题，控制简单，无运动部件，运行费用低，安全可靠，寿命长，不需要溶液泵或精馏装置等优点。主要缺点是 COP 较低，一般低于 0.6。

【典型实例】

【实例 9】 低温热源驱动的吸附式制冷。

具有代表意义的低温热源（低于 100℃）为太阳能。在吸附式制冷机组的太阳能应用方面，目前所研制的较为典型的试验样机多为活性炭-甲醇吸附式制冷机组。如 Pons 等人所研制的太阳能驱动的活性炭-甲醇吸附制冰机（图 20-16），在太阳能辐射强度为 20MJ/天的条件下，每平方米的太阳能集热器可以制冰 6kg，太阳能 COP 达到了 0.12。上海交通大学也先后研制了太阳能驱动的活性炭-甲醇吸附式冰箱及太阳能驱动的活性炭-甲醇吸附式冰箱与热水器复合机，其中太阳能冰箱的最佳太阳能 COP 达到了 0.13~0.15。Critoph 利用活性炭-氨工质对，研制了用于疫苗保存的太阳能冰盒。太阳能驱动的冷冻工况，活性炭-氨的性能相对于活性炭-甲醇要差一些。但是由于氨为高压系统，系统的维护要方便一些。

【实例 10】 中温热源驱动的吸附式制冷。

对于中温热源驱动的吸附式制冷，

图 20-16 活性炭-甲醇吸附制冰机

其应用研究目前主要集中在渔船吸附式制冰机的领域。目前沿海的中小渔船为了节约油料，多不配制冷机而带冰出海，鱼类保鲜采用敷冰技术。以 804 型捕捞量为 100t 的渔船为例，年带冰耗资 4 万元左右。目前随着近海资源的枯竭、渔场的外移，在出海时间延长的条件下，敷冰保鲜工艺中下层鱼货由于不能与冰块直接接触，只能在 5~8℃ 环境下储存。据中国渔业网的一份调查报告显示，每船每航次至少约有 10% 以上（全年达 20 万元）的鱼货因质量差而降价或作为饲料。为了解决鱼货保鲜不善的问题，一些中小型渔船尝试过采用压缩式制冷机，这些制冷设备在大型渔船中应用较好。但对于中小型渔船，由于其颠簸较大型渔船剧烈得多，应用压缩式制冷设备后，经常出现压缩机油泵吸空问题致使油压失衡，轴瓦断油而烧坏。近海中，小型渔船可回收的柴油机的废热一般在 30~120kW 之间，这部分废热完全可以用于废热回收式制冷机组。

目前，针对渔船废热驱动的吸附式制冷系统的应用研究主要有三种方式。第一种是以沸石-分子筛为工质对的船用制冷水系统，第二种是以活性炭-甲醇为工质对的吸附式制冰技术，第三种是以氯化钙-氨为工质对的船用吸附制冰系统。在沸石-分子筛工质对的渔船应用研究方面，研究人员采用吸附制冷单元管，单元管上部作为吸附床充填沸石，下部作为冷凝器/蒸发器。在一个单元管含有 400g 沸石的情况下，用一根单元管可把 1kg 的水，从 24℃ 冷却到 2℃。沸石-分子筛系统采用水为制冷剂，优点是安全性好。但由于这种冷水系统的温度不能低于 0℃，所以这种技术用于渔船制冷，仍然会存在鱼货保鲜不善的问题。

上海交通大学研制了活性炭-甲醇船用吸附式制冷机组，每小时的最大制冰量达到了 20kg。其系统优点是采用甲醇为制冷剂，安全性较好。缺点之一主要表现在制冷温度有限，蒸发温度最低仅为 -15℃ 左右，冰温最低只有 -10℃，这样鱼类保鲜的程度仍然受限；缺点之二是 SCP（单位质量吸附剂的制冷功率）较低，只有 26W/kg 左右，这无法实现吸附式制冷机组的小型化，对于甲板上空间有限的渔船来说非常不利。目前国内的一些公司也开始投入到船用吸附式制冷设备的研制中，所研制的尾气吸附制冰机多是采用氯化钙为吸附剂，冷却采用水冷或者油冷。其优点是氯化钙-氨

图 20-17　采用复合交变热管技术以及复合吸附剂的船用吸附式制冰机

的吸附量大，制冰机的蒸发温度低，制冷量大。图 20-17 所示为上海交通大学研制的采用复合交变热管技术，以及复合吸附剂的船用吸附式制冰机。

思 考 题 与 习 题

1. 蒸气喷射式制冷的原理是什么？
2. 空气压缩式制冷基本循环包括哪些工作过程？是由哪些设备实现的？

3. 混合制冷剂制冷循环的特点有哪些？

4. 什么是珀尔帖效应？

5. 热电制冷有什么特点？

6. 磁卡诺循环是由哪几个过程组成的？

7. 吸附式制冷的特点有哪些？

附 录

附 录 A

附表 A-1 未饱和水与过热水蒸气的热力性质

p		0.001MPa			0.005MPa			0.01MPa			0.1MPa		
饱和参数		$t_s=6.949℃$ $v'=0.0010001\text{m}^3/\text{kg}$ $v''=129.185\text{m}^3/\text{kg}$ $h'=29.21\text{kJ/kg}$ $h''=2513.3\text{kJ/kg}$ $s'=0.1056\text{kJ/(kg·K)}$ $s''=8.9735\text{kJ/(kg·K)}$			$t_s=32.879℃$ $v'=0.0010053\text{m}^3/\text{kg}$ $v''=28.191\text{m}^3/\text{kg}$ $h'=137.72\text{kJ/kg}$ $h''=2560.6\text{kJ/kg}$ $s'=0.4761\text{kJ/(kg·K)}$ $s''=8.3930\text{kJ/(kg·K)}$			$t_s=45.799℃$ $v'=0.0010103\text{m}^3/\text{kg}$ $v''=14.673\text{m}^3/\text{kg}$ $h'=191.76\text{kJ/kg}$ $h''=2583.7\text{kJ/kg}$ $s'=0.6490\text{kJ/(kg·K)}$ $s''=8.1481\text{kJ/(kg·K)}$			$t_s=99.643℃$ $v'=0.0010431\text{m}^3/\text{kg}$ $v''=1.6943\text{m}^3/\text{kg}$ $h'=417.52\text{kJ/kg}$ $h''=2675.1\text{kJ/kg}$ $s'=1.3028\text{kJ/(kg·K)}$ $s''=7.3589\text{kJ/(kg·K)}$		
$t/℃$		$v/$ (m^3/kg)	$h/$ (kJ/kg)	$s/$ $[\text{kJ/(kg·K)}]$	$v/$ (m^3/kg)	$h/$ (kJ/kg)	$s/$ $[\text{kJ/(kg·K)}]$	$v/$ (m^3/kg)	$h/$ (kJ/kg)	$s/$ $[\text{kJ/(kg·K)}]$	$v/$ (m^3/kg)	$h/$ (kJ/kg)	$s/$ $[\text{kJ/(kg·K)}]$
0		0.0010002	−0.05	−0.0002	0.0010002	0.05	0.0002	0.0010002	−0.04	−0.0002	0.0010002	0.05	−0.0002
10		130.598	2519.0	8.9938	0.0010003	42.01	0.1510	0.0010003	42.01	0.1510	0.0010003	42.10	0.1510
20		135.226	2537.7	9.0588	0.0010018	83.87	0.2963	0.0010018	83.87	0.2963	0.0010018	83.96	0.2963
40		144.475	2575.2	9.1823	28.854	2574.0	8.4366	0.0010079	167.51	0.5723	0.0010078	167.59	0.5723
60		153.717	2612.7	9.2984	30.712	2611.8	8.5537	15.336	2610.8	8.2313	0.0010171	251.22	0.8312
80		162.956	2650.3	9.4080	32.566	2649.7	8.6639	16.268	2648.9	8.3422	0.0010290	334.97	1.0753
100		172.192	2688.0	9.5120	34.418	2687.5	8.7682	17.196	2686.9	8.4471	1.6961	2675.9	7.3609
120		181.426	2725.9	9.6109	36.269	2725.5	8.8674	18.124	2725.1	8.5466	1.7931	2716.3	7.4665
140		190.660	2764.0	9.7054	38.118	2763.7	8.9620	19.050	2763.3	8.6414	1.8889	2756.2	7.5654
160		199.893	2802.3	9.7959	39.967	2802.0	9.0526	19.976	2801.7	8.7322	1.9838	2795.8	7.6590
180		209.126	2840.7	9.8827	41.815	2840.5	9.1396	20.901	2840.2	8.8192	2.0783	2835.3	7.7482
200		218.358	2879.4	9.9662	43.662	2879.2	9.2232	21.826	2879.0	8.9029	2.1723	2874.8	7.8334
220		227.590	2918.3	10.0468	45.510	2918.2	9.3038	22.750	2918.0	8.9835	2.2659	2914.3	7.9152
240		236.821	2957.5	10.1246	47.357	2957.3	9.3816	23.674	2957.1	9.0614	2.3594	2953.9	7.9940

饱和参数

p		
0.001MPa	$t_s=6.949℃$ $v'=0.0010001\,m^3/kg$ $v''=129.185\,m^3/kg$ $h'=29.21\,kJ/kg$ $h''=2513.3\,kJ/kg$ $s'=0.1056\,kJ/(kg\cdot K)$ $s''=8.9735\,kJ/(kg\cdot K)$	
0.005MPa	$t_s=32.879℃$ $v'=0.0010053\,m^3/kg$ $v''=28.191\,m^3/kg$ $h'=137.72\,kJ/kg$ $h''=2560.6\,kJ/kg$ $s'=0.4761\,kJ/(kg\cdot K)$ $s''=8.3930\,kJ/(kg\cdot K)$	
0.01MPa	$t_s=45.799℃$ $v'=0.0010103\,m^3/kg$ $v''=14.673\,m^3/kg$ $h'=191.76\,kJ/kg$ $h''=2583.7\,kJ/kg$ $s'=0.6490\,kJ/(kg\cdot K)$ $s''=8.1481\,kJ/(kg\cdot K)$	
0.1MPa	$t_s=99.643℃$ $v'=0.0010431\,m^3/kg$ $v''=1.6943\,m^3/kg$ $h'=417.52\,kJ/kg$ $h''=2675.1\,kJ/kg$ $s'=1.3028\,kJ/(kg\cdot K)$ $s''=7.3589\,kJ/(kg\cdot K)$	

t/℃	0.001MPa v'/(m³/kg)	h'/(kJ/kg)	s'/[kJ/(kg·K)]	0.005MPa v'/(m³/kg)	h'/(kJ/kg)	s'/[kJ/(kg·K)]	0.01MPa v'/(m³/kg)	h'/(kJ/kg)	s'/[kJ/(kg·K)]	0.1MPa v'/(m³/kg)	h'/(kJ/kg)	s'/[kJ/(kg·K)]
260	246.053	2996.8	10.1998	49.204	2996.7	9.4569	24.598	2996.5	9.1367	2.4527	2993.7	8.0701
280	255.284	3036.4	10.2727	51.051	3036.3	9.5298	25.522	3036.2	9.2097	2.5458	3033.6	8.1436
300	264.515	3076.2	10.3434	52.898	3076.1	9.6005	26.446	3076.0	9.2805	2.6388	3073.8	8.2148
350	287.592	3176.8	10.5117	57.514	3176.7	9.7688	28.755	3176.6	9.4488	2.8709	3174.9	8.3840
400	310.669	3278.9	10.6692	62.131	3278.8	9.9264	31.063	3278.7	9.6064	3.1027	3277.3	8.5422
450	333.746	3382.4	10.8176	66.747	3382.4	10.0747	33.372	3382.3	9.7548	3.3342	3381.2	8.6909
500	356.823	3487.5	10.9581	71.362	3487.5	10.2153	35.680	3487.4	9.8953	3.5656	3486.5	8.8317
550	379.900	3594.4	11.0921	75.978	3594.4	10.3493	37.988	3594.3	10.0293	3.7968	3593.5	8.9659
600	402.976	3703.4	11.2206	80.594	3703.4	10.4778						

饱和参数

p		
0.5MPa	$t_s=151.867℃$ $v'=0.0010925\,m^3/kg$ $v''=0.37490\,m^3/kg$ $h'=640.35\,kJ/kg$ $h''=2748.6\,kJ/kg$ $s'=1.8610\,kJ/(kg\cdot K)$ $s''=6.8214\,kJ/(kg\cdot K)$	
1MPa	$t_s=179.916℃$ $v'=0.0011272\,m^3/kg$ $v''=0.19440\,m^3/kg$ $h'=762.84\,kJ/kg$ $h''=2777.7\,kJ/kg$ $s'=2.1388\,kJ/(kg\cdot K)$ $s''=6.5859\,kJ/(kg\cdot K)$	
3MPa	$t_s=233.893℃$ $v'=0.0012166\,m^3/kg$ $v''=0.066700\,m^3/kg$ $h'=1008.2\,kJ/kg$ $h''=2803.2\,kJ/kg$ $s'=2.6454\,kJ/(kg\cdot K)$ $s''=6.1854\,kJ/(kg\cdot K)$	
5MPa	$t_s=263.980℃$ $v'=0.0012861\,m^3/kg$ $v''=0.039400\,m^3/kg$ $h'=1154.2\,kJ/kg$ $h''=2793.6\,kJ/kg$ $s'=2.9200\,kJ/(kg\cdot K)$ $s''=5.9724\,kJ/(kg\cdot K)$	

t/℃	0.5MPa v'/(m³/kg)	h'/(kJ/kg)	s'/[kJ/(kg·K)]	1MPa v'/(m³/kg)	h'/(kJ/kg)	s'/[kJ/(kg·K)]	3MPa v'/(m³/kg)	h'/(kJ/kg)	s'/[kJ/(kg·K)]	5MPa v'/(m³/kg)	h'/(kJ/kg)	s'/[kJ/(kg·K)]
0	0.0010000	0.46	-0.0001	0.0009997	0.97	-0.0001	0.0009987	3.01	0.0000	0.0009977	5.04	0.0002
10	0.0010001	42.49	0.1510	0.0009999	42.98	0.1509	0.0009989	44.92	0.1507	0.0009979	46.87	0.1506
20	0.0010016	84.33	0.2962	0.0010014	84.80	0.2961	0.0010005	86.68	0.2957	0.0009996	88.55	0.2952
40	0.0010077	167.94	0.5721	0.0010074	168.38	0.5719	0.0010066	170.15	0.5711	0.0010057	171.92	0.5704

（续）

	0.5MPa			1MPa			3MPa			5MPa		
饱和参数	$t_s=151.867℃$ $v'=0.0010925 m^3/kg$ $v''=0.37490 m^3/kg$ $h'=640.35 kJ/kg$ $h''=2748.6 kJ/kg$ $s'=1.8610 kJ/(kg·K)$ $s''=6.8214 kJ/(kg·K)$			$t_s=179.916℃$ $v'=0.0011272 m^3/kg$ $v''=0.19440 m^3/kg$ $h'=762.84 kJ/kg$ $h''=2777.7 kJ/kg$ $s'=2.1388 kJ/(kg·K)$ $s''=6.5859 kJ/(kg·K)$			$t_s=233.893℃$ $v'=0.0012166 m^3/kg$ $v''=0.066700 m^3/kg$ $h'=1008.2 kJ/kg$ $h''=2803.2 kJ/kg$ $s'=2.6454 kJ/(kg·K)$ $s''=6.1854 kJ/(kg·K)$			$t_s=263.980℃$ $v'=0.0012861 m^3/kg$ $v''=0.039400 m^3/kg$ $h'=1154.2 kJ/kg$ $h''=2793.6 kJ/kg$ $s'=2.9200 kJ/(kg·K)$ $s''=5.9724 kJ/(kg·K)$		
$t/℃$	v' (m³/kg)	h' (kJ/kg)	s' [kJ/(kg·K)]	v' (m³/kg)	h' (kJ/kg)	s' [kJ/(kg·K)]	v' (m³/kg)	h' (kJ/kg)	s' [kJ/(kg·K)]	v' (m³/kg)	h' (kJ/kg)	s' [kJ/(kg·K)]
60	0.0010169	251.56	0.8310	0.0010167	251.98	0.8307	0.0010158	253.66	0.8296	0.0010149	255.34	0.8286
80	0.0010288	335.29	1.0750	0.0010286	335.69	1.0747	0.0010276	337.28	1.0734	0.0010267	338.87	1.0721
100	0.0010432	419.36	1.3066	0.0010430	419.74	1.3062	0.0010420	421.24	1.3047	0.0010410	422.75	1.3031
120	0.0010601	503.97	1.5275	0.0010599	504.32	1.5270	0.0010587	505.73	1.5252	0.0010576	507.14	1.5234
140	0.0010796	589.30	1.7392	0.0010793	589.62	1.7386	0.0010781	590.92	1.7366	0.0010768	592.23	1.7345
160	0.38358	2767.2	6.8647	0.0011017	675.84	1.9424	0.0011002	677.01	1.9400	0.0010988	678.19	1.9377
180	0.40450	2811.7	6.9651	0.19443	2777.9	6.5864	0.0011256	764.23	2.1369	0.0011240	765.25	2.1342
200	0.42487	2854.9	7.0585	0.20590	2827.3	6.6931	0.0011549	852.93	2.3284	0.0011529	853.75	2.3253
220	0.44485	2897.3	7.1462	0.21686	28742	6.7903	0.0011891	943.65	2.5162	0.0011867	944.21	2.5125
240	0.46455	2939.2	7.2295	0.22745	2919.6	6.8804	0.068184	2823.4	6.2250	0.0012266	1037.3	2.6976
260	0.48404	2980.8	7.3091	0.23779	2963.8	6.9650	0.072828	2884.4	6.3417	0.0012751	1134.3	2.8829
280	0.50336	3022.2	7.3853	0.24793	3007.3	7.0451	0.077101	2940.1	6.4443	0.042228	2855.8	6.0864
300	0.52255	3063.6	7.4588	0.25793	3050.4	7.1216	0.081226	2992.4	6.5371	0.045301	2923.3	6.2064
350	0.57012	3167.0	7.6319	0.28247	3157.0	7.2999	0.090520	3114.4	6.7414	0.051932	3067.4	6.4477
400	0.61729	3271.1	7.7292	0.30658	3263.1	7.4638	0.099352	3230.1	6.9199	0.057804	3194.9	6.6446
420	0.63608	3312.9	7.8537	0.31615	3305.6	7.5260	0.102787	3275.4	6.9864	0.060033	3243.6	6.7159
440	0.65483	3354.9	7.9135	0.32568	3348.2	7.5866	0.106180	3320.5	7.0505	0.062216	3291.5	6.7840
450	0.66420	3376.0	7.9428	0.33043	3369.6	7.6163	0.107864	3343.0	7.0817	0.063291	3315.2	6.8170
460	0.67356	3397.2	7.9719	0.33518	3390.9	7.6456	0.109540	3365.4	7.1125	0.064358	3338.8	6.8494
480	0.69226	3439.6	8.0289	0.34465	3433.8	7.7033	0.112870	3410.1	7.1728	0.066469	3385.6	6.9125
500	0.71094	3482.2	8.0848	0.35410	3476.8	7.7597	0.116174	3454.9	7.2314	0.068552	3432.2	6.9735
550	0.75755	3589.9	8.2198	0.37764	3585.4	7.8958	0.124349	3566.9	7.3718	0.073664	3548.0	7.1187
600	0.80408	3699.6	8.3491	0.40109	3695.7	8.0259	0.132427	3679.9	7.5051	0.078675	3663.9	7.2553

附表 A-2 饱和水与干饱和水蒸气热力性质（按温度排列）

温度	压力	比体积		比焓		汽化潜热	比熵	
		液体	水蒸气	液体	水蒸气		液体	水蒸气
$t/℃$	p/MPa	$v'/$ (m^3/kg)	$v''/$ (m^3/kg)	$h'/$ (kJ/kg)	$h''/$ (kJ/kg)	$r/$ (kJ/kg)	$s'/$ $[kJ/(kg·K)]$	$s''/$ $[kJ/(kg·K)]$
0.00	0.0006112	0.00100022	206.154	−0.05	2500.51	2500.6	−0.0002	9.1544
0.01	0.0006117	0.00100021	206.012	0.00	2500.53	2500.5	0.0000	9.1541
1	0.0006571	0.00100018	192.464	4.18	2502.35	2498.2	0.0153	9.1278
2	0.0007059	0.00100013	179.787	8.39	2504.19	2495.8	0.0306	9.1014
4	0.0008135	0.00100008	157.151	16.82	2507.87	2491.1	0.0611	9.0493
5	0.0008725	0.00100008	147.048	21.02	2509.71	2488.7	0.0763	9.0236
6	0.0009352	0.00100010	137.670	25.22	2511.55	2486.3	0.0913	8.9982
8	0.0010728	0.00100019	120.868	33.62	2515.23	2481.6	0.1213	8.9480
10	0.0012279	0.00100034	106.341	42.00	2518.90	2476.9	0.1510	8.8988
12	0.0014025	0.00100054	93.756	50.38	2522.57	2472.2	0.1805	8.8504
14	0.0015985	0.00100080	82.828	58.76	2526.24	2467.5	0.2098	8.8029
15	0.0017053	0.00100094	77.910	62.95	2528.07	2465.1	0.2243	8.7794
16	0.0018183	0.00100110	73.320	67.13	2529.90	2462.8	0.2388	8.7562
18	0.0020640	0.00100145	65.029	75.50	2533.55	2458.1	0.2677	8.7103
20	0.0023385	0.00100185	57.786	83.86	2537.20	2453.3	0.2963	8.6652
22	0.0026444	0.00100229	51.445	92.23	2540.84	2448.6	0.3247	8.6210
24	0.0029846	0.00100276	45.884	100.59	2544.47	2443.9	0.3530	8.5774
25	0.0031687	0.00100302	43.362	104.77	2546.29	2441.5	0.3670	8.5580
26	0.0033625	0.00100328	40.997	108.95	2548.10	2439.2	0.3810	8.5347
28	0.0037814	0.00100383	36.694	117.32	2551.73	2434.4	0.4089	8.4927
30	0.0042451	0.00100442	32.899	125.68	2555.35	2429.7	0.4366	8.4514
35	0.0056263	0.00100605	25.222	146.59	2564.38	2417.8	0.5050	8.3511
40	0.0073811	0.00100789	19.529	167.50	2573.36	2405.9	0.5723	8.2551
45	0.0095897	0.00100993	15.2636	188.42	2582.30	2393.9	0.6386	8.1630
50	0.0123446	0.00101216	12.0365	209.33	2591.19	2381.9	0.7038	8.0745
55	0.015752	0.00101455	9.5723	230.24	2600.02	2369.8	0.7680	7.9896
60	0.019933	0.00101713	7.6740	251.15	2608.79	2357.6	0.8312	7.9080
65	0.025024	0.00101986	6.1992	272.08	2617.48	2345.4	0.8935	7.8295
70	0.031178	0.00102276	5.0443	293.01	2626.10	2333.1	0.9550	7.7540
75	0.038565	0.00102582	4.1330	313.96	2634.63	2320.7	1.0156	7.6812
80	0.047376	0.00102903	3.4086	334.93	2643.06	2308.1	1.0753	7.6112
85	0.057818	0.00103240	2.8288	355.92	2651.40	2295.5	1.1343	7.5436

（续）

温度	压力	比体积		比焓		汽化潜热	比熵	
		液体	水蒸气	液体	水蒸气		液体	水蒸气
$t/℃$	p/MPa	$v'/$ (m^3/kg)	$v''/$ (m^3/kg)	$h'/$ (kJ/kg)	$h''/$ (kJ/kg)	$r/$ (kJ/kg)	$s'/$ $[kJ/(kg·K)]$	$s''/$ $[kJ/(kg·K)]$
90	0.070121	0.00103593	2.3616	376.94	2659.63	2282.7	1.1926	7.4783
95	0.084533	0.00103961	1.9827	397.98	2667.73	2269.7	1.2501	7.4151
100	0.101325	0.00104344	1.6736	419.06	2675.71	2256.6	1.3069	7.3545
110	0.143243	0.00105156	1.2106	461.33	2691.26	2229.9	1.4186	7.2386
120	0.198483	0.00106031	0.89219	503.76	2706.18	2202.4	1.5277	7.1297
130	0.270018	0.00106968	0.66873	546.38	2720.39	2174.0	1.6346	7.0272
140	0.361190	0.00107972	0.50900	589.21	2733.81	2144.6	1.7393	6.9302
150	0.47571	0.00109046	0.39286	632.28	2746.35	2114.1	1.8420	6.8381
160	0.61766	0.00110193	0.30709	657.62	2757.92	2082.3	1.9429	6.7502
170	0.79147	0.00111420	0.24283	719.25	2768.42	2049.2	2.0420	6.6661
180	1.00193	0.00112732	0.19403	763.22	2777.74	2014.5	2.1396	6.5852
190	1.25417	0.00114136	0.15650	807.56	2785.80	1978.2	2.2358	6.5071
200	1.55366	0.00115641	0.12732	852.34	2792.47	1940.1	2.3307	6.4312
210	1.90617	0.00117258	0.10438	897.62	2797.65	1900.0	2.4245	6.3571
220	2.31783	0.00119000	0.086157	943.46	2801.20	1857.7	2.5175	6.2846
230	2.79505	0.00120882	0.071553	989.95	2803.00	1813.0	2.6096	6.2130
240	3.34459	0.00122922	0.059743	1037.2	2802.88	1765.7	2.7013	6.1422
250	3.97351	0.00125145	0.050112	1085.3	2800.66	1715.4	2.7926	6.0716
260	4.68923	0.00127579	0.042195	1134.3	2796.14	1661.8	2.8837	6.0007
270	5.49956	0.00130262	0.035637	1184.5	2789.05	1604.5	2.9751	5.9292
280	6.41273	0.00133242	0.030165	1236.0	2779.08	1543.1	3.0668	5.8564
290	7.43746	0.00136582	0.025565	1289.1	2765.81	1476.7	3.1594	5.7817
300	8.58308	0.00140369	0.021669	1344.0	2748.71	1404.7	3.2533	5.7042
310	9.85970	0.00144728	0.018343	1401.2	2727.01	1325.9	3.3490	5.6226
320	11.278	0.00149844	0.015479	1461.2	2699.72	1238.5	3.4475	5.5356
330	12.851	0.00156008	0.012987	1524.9	2665.30	1140.4	3.5500	5.4408
340	14.593	0.00163728	0.010790	1593.7	2621.32	1027.6	3.6586	5.3345
350	16.521	0.00174008	0.008812	1670.3	2563.39	893.0	3.7773	5.2104
360	16.657	0.00189423	0.006958	1761.1	2481.68	720.6	3.9155	5.0536
370	21.033	0.00221480	0.004982	1891.7	2338.79	447.1	4.1125	4.8076
372	21.542	0.00236530	0.004451	1936.1	2282.99	346.9	4.1796	4.7173
373.99	22.064	0.00310600	0.003106	2085.9	2085.87	0.0	4.4092	4.4092

附表 A-3　饱和水与干饱和水蒸气热力性质（按压力排列）

压力	温度	比体积		比焓		汽化潜热	比熵	
		液体	水蒸气	液体	水蒸气		液体	水蒸气
p/MPa	t/℃	v'/ (m^3/kg)	v''/ (m^3/kg)	h'/ (kJ/kg)	h''/ (kJ/kg)	r/ (kJ/kg)	s'/ [kJ/(kg·K)]	s''/ [kJ/(kg·K)]
0.001	6.9491	0.0010001	129.185	29.21	2513.29	2484.1	0.1056	8.9735
0.002	17.5403	0.0010014	67.008	73.58	2532.71	2459.1	0.2611	8.7220
0.003	24.1142	0.0010028	45.666	101.07	2544.68	2443.6	0.3546	8.5758
0.004	28.9533	0.0010041	34.796	121.30	2553.45	2432.2	0.4221	8.4725
0.005	32.8793	0.0010053	28.191	137.72	2560.55	2422.8	0.4761	8.3930
0.006	36.1663	0.0010065	23.738	151.47	2566.48	2415.0	0.5208	8.3283
0.007	38.9967	0.0010075	20.528	163.31	2571.56	2408.3	0.5589	8.2737
0.008	41.5075	0.0010085	18.102	173.81	2576.06	2402.3	0.5924	8.2266
0.009	43.7901	0.0010094	16.204	183.36	2580.15	2396.8	0.6226	8.1854
0.010	45.7988	0.0010103	14.673	191.75	2583.72	2392.0	0.6490	8.1481
0.015	53.9705	0.0010140	10.022	225.93	2598.21	2372.3	0.7548	8.0065
0.020	60.0650	0.0010172	7.6497	251.43	2608.90	2357.5	0.8320	7.9068
0.025	64.9726	0.0010198	6.2047	271.96	2617.43	2345.5	0.8932	7.8298
0.030	69.1041	0.0010222	5.2296	289.26	2624.56	2335.3	0.9440	7.7671
0.040	75.8720	0.0010264	3.9939	317.61	2636.10	2318.5	1.0260	7.6688
0.050	81.3388	0.0010299	3.2409	340.55	2645.31	2304.8	1.0912	7.5928
0.060	84.9496	0.0010331	2.7324	359.91	2652.97	2293.1	1.1454	7.5310
0.070	89.9556	0.0010359	2.3654	376.75	2659.55	2282.8	1.1921	7.4789
0.080	93.5107	0.0010385	2.0876	391.71	2665.33	2273.6	1.2330	7.4339
0.090	96.7121	0.0010409	1.8698	405.20	2670.48	2265.3	1.2696	7.3943
0.100	99.634	0.0010432	1.6943	417.52	2675.14	2257.6	1.3028	7.3589
0.120	104.810	0.0010473	1.4287	439.37	2683.26	2243.9	1.3609	7.2978
0.140	109.318	0.0010510	1.2368	458.44	2690.22	2231.8	1.4110	7.2462
0.150	111.378	0.0010527	1.15953	467.17	2693.35	2226.2	1.4338	7.2232
0.160	113.326	0.0010544	1.09159	475.42	2696.29	2220.9	1.4552	7.2016
0.180	116.941	0.0010576	0.97767	490.76	2701.69	2210.9	1.4946	7.1623
0.200	120.240	0.0010605	0.88585	504.78	2706.53	2201.7	1.5303	7.1272
0.250	127.444	0.0010672	0.71879	535.47	2716.83	2181.4	1.6075	7.0528
0.300	133.556	0.0010732	0.60587	561.58	2725.26	2163.7	1.6721	6.9921
0.350	138.891	0.0010786	0.52427	584.45	2732.37	2147.9	1.7278	6.9407
0.400	143.642	0.0010835	0.46246	604.87	2738.49	2133.6	1.7769	6.8961
0.450	147.939	0.0010882	0.41396	623.38	2743.85	2120.5	1.8210	6.8567
0.500	151.867	0.0010925	0.37486	640.35	2748.59	2108.2	1.8610	6.8214

（续）

压力	温度	比体积		比焓		汽化潜热	比熵	
		液体	水蒸气	液体	水蒸气		液体	水蒸气
$p/$ MPa	$t/℃$	$v'/$ (m^3/kg)	$v''/$ (m^3/kg)	$h'/$ (kJ/kg)	$h''/$ (kJ/kg)	$r/$ (kJ/kg)	$s'/$ $[kJ/(kg·K)]$	$s''/$ $[kJ/(kg·K)]$
0.600	158.863	0.0011006	0.31563	670.67	2756.66	2086.0	1.9315	6.7600
0.700	164.983	0.0011079	0.27281	697.32	2763.29	2066.0	1.9925	6.7079
0.800	170.444	0.0011148	0.24037	721.20	2768.86	2047.7	2.0464	6.6625
0.900	175.389	0.0011212	0.21491	742.90	2773.59	2030.7	2.0948	5.6222
1.00	179.916	0.0011272	0.19438	762.84	2777.67	2014.8	2.1388	6.5859
1.10	184.100	0.0011330	0.17747	781.35	2781.21	1999.9	2.1792	6.5529
1.20	187.995	0.0011385	0.16328	798.64	2784.29	1985.7	2.2166	6.5225
1.30	191.644	0.0011438	0.15120	814.89	2786.99	1972.1	2.2515	6.4944
1.40	195.078	0.0011489	0.14079	830.24	2789.37	1959.1	2.2841	6.4683
1.50	198.327	0.0011538	0.13172	844.82	2791.46	1946.6	2.3149	6.4437
1.60	210.410	0.0011586	0.12375	858.69	2793.29	1934.6	2.3440	6.4206
1.70	204.346	0.0011633	0.11668	871.96	2794.91	1923.0	2.3716	6.3988
1.80	207.151	0.0011679	0.11037	884.67	2796.33	1911.7	2.3979	6.3781
1.90	209.838	0.0011723	0.104707	896.88	2797.58	1900.7	2.4230	6.3583
2.00	212.417	0.0011767	0.099588	908.64	2798.66	1890.0	2.4471	6.3395
2.50	223.990	0.0011973	0.079949	961.93	2802.14	1840.2	2.5543	6.2559
3.00	233.893	0.0012166	0.066662	1008.2	2803.19	1794.9	2.6454	6.1854
3.50	242.597	0.0012348	0.057054	1049.6	2802.51	1752.9	2.7250	6.1238
4.00	250.394	0.0012524	0.049771	1087.2	2800.53	1713.4	2.7962	6.0688
4.50	257.477	0.0012694	0.044052	1121.8	2797.51	1675.7	2.8607	6.0187
5.00	263.980	0.0012862	0.039439	1154.2	2793.64	1639.5	2.9201	5.9724
6.00	275.625	0.0013190	0.032440	1213.3	2783.82	1570.5	3.0266	5.8885
7.00	285.869	0.0013515	0.027371	1266.9	2771.72	1504.8	3.1210	5.8129
8.00	295.048	0.0013843	0.023520	1316.5	2757.70	1441.2	3.2066	5.7430
9.00	303.385	0.0014177	0.020485	1363.1	2741.92	1378.9	3.2854	5.6771
10.0	311.072	0.0014522	0.018026	1407.2	2724.46	1317.2	3.3591	5.6139
12.0	324.715	0.0015260	0.014263	1490.7	2684.50	1193.8	3.4952	5.4920
14.0	336.707	0.0016097	0.011486	1570.4	2637.07	1066.7	3.6220	5.3711
16.0	347.396	0.0017099	0.009311	1649.4	2580.21	930.8	3.7451	5.2450
18.0	357.034	0.0018402	0.007503	1732.0	2509.45	777.4	3.8715	5.1051
20.0	365.789	0.0020379	0.005870	1827.2	2413.05	585.9	4.0153	4.9322
22.0	373.752	0.0027040	0.003684	2013.0	2084.02	71.0	4.2969	4.4066
22.064	373.990	0.0031060	0.003106	2085.9	2085.87	0.0	4.4092	4.4092

附表 A-4 干空气热物理性质

($p = 1.01325 \times 10^5 \, Pa$)

温度 $t/$ ℃	密度 $\rho/$ (kg/m³)	比定压热容 $c_p/$ [kJ/(kg·℃)]	热导率 $\lambda \times 10^2/$ [W/(m·℃)]	热扩散率 $a \times 10^4/$ (m²/s)	动力黏度 $\eta \times 10^5/$ [kg/(m·s)]	运动黏度 $\nu \times 10^6/$ (m²/s)	普朗特数 Pr
−50	1.584	1.013	2.04	12.7	14.6	9.23	0.728
−40	1.515	1.013	2.12	13.8	15.2	10.04	0.728
−30	1.453	1.013	2.20	14.9	15.7	10.80	0.723
−20	1.395	1.009	2.28	16.2	16.2	11.61	0.716
−10	1.342	1.009	2.36	17.4	16.7	12.43	0.712
0	1.293	1.005	2.44	18.8	17.2	13.28	0.707
10	1.247	1.005	2.51	20.0	17.6	14.16	0.705
20	1.205	1.005	2.59	21.4	18.1	15.06	0.703
30	1.165	1.005	2.67	22.9	18.6	16.00	0.701
40	1.128	1.005	2.76	24.3	19.1	16.96	0.699
50	1.093	1.055	2.83	25.7	19.6	17.95	0.698
60	1.060	1.005	2.90	27.2	20.1	18.97	0.696
70	1.029	1.009	2.96	28.6	20.6	20.02	0.694
80	1.000	1.009	3.05	30.2	21.1	21.09	0.692
90	0.972	1.009	3.13	31.9	21.5	22.10	0.690
100	0.946	1.009	3.21	33.6	21.9	23.13	0.688
120	0.898	1.009	3.34	36.8	22.8	25.45	0.686
140	0.854	1.013	3.49	40.3	23.7	27.80	0.684
160	0.815	1.017	3.64	43.9	24.5	30.09	0.682
180	0.779	1.022	3.78	47.5	25.3	32.49	0.681
200	0.746	1.026	3.93	51.4	26.0	34.85	0.680
250	0.674	1.038	4.27	61.0	27.4	40.61	0.677
300	0.615	1.047	4.60	71.6	29.7	48.33	0.674
350	0.566	1.059	4.91	81.9	31.4	55.46	0.676
400	0.524	1.048	5.21	93.1	33.0	63.09	0.678
500	0.456	1.093	5.74	115.3	36.2	79.38	0.687
600	0.404	1.114	6.22	138.3	39.1	96.89	0.699
700	0.362	1.135	6.71	163.4	41.8	115.4	0.705
800	0.329	1.156	7.18	188.8	44.3	134.8	0.713
900	0.301	1.172	7.63	216.2	46.7	155.1	0.717
1000	0.277	1.185	8.07	245.9	49.0	177.1	0.719
1100	0.257	1.197	8.50	276.2	51.2	199.3	0.722
1200	0.239	1.210	9.15	316.5	53.5	233.7	0.724

附表 A-5　R22 饱和液体及蒸气的热力性质

温度 t/℃	压力 p/kPa	比焓/(kJ/kg)		比熵/[kJ/(kg·K)]		比体积/(L/kg)	
		h'	h"	s'	s"	v'	v"
−60	37.48	134.763	379.114	0.73254	1.87886	0.68208	537.152
−55	49.47	139.830	381.529	0.75599	1.86389	0.68856	414.827
−50	64.39	144.959	383.921	0.77919	1.85000	0.69526	324.557
−45	82.71	150.153	386.282	0.80216	1.83708	0.70219	256.990
−40	104.95	155.414	388.609	0.82490	1.82504	0.70936	205.745
−35	131.68	160.742	390.896	0.84743	1.81380	0.71680	166.400
−30	163.48	166.140	393.138	0.86976	1.80329	0.72452	135.844
−28	177.76	168.318	394.021	0.87864	1.79927	0.72769	125.563
−26	192.99	170.507	394.896	0.88748	1.79535	0.73092	116.214
−24	209.22	172.708	395.762	0.89630	1.79152	0.73420	107.701
−22	226.48	174.919	396.619	0.90509	1.78779	0.73753	99.9362
−20	244.83	177.142	397.467	0.91386	1.78415	0.74091	92.8432
−18	264.29	179.376	398.305	0.92259	1.78059	0.74436	86.3546
−16	284.93	181.622	399.133	0.93129	1.77711	0.74786	80.4103
−14	306.78	183.878	399.951	0.93997	1.77371	0.75143	74.9572
−12	329.89	186.147	400.759	0.94862	1.77039	0.75506	69.9478
−10	354.30	188.426	401.555	0.95725	1.76713	0.75876	65.3399
−9	367.01	189.571	401.949	0.96155	1.76553	0.76063	63.1746
−8	380.06	190.718	402.341	0.96585	1.76394	0.76253	61.0958
−7	393.47	191.868	402.729	0.97014	1.76237	0.76444	59.0996
−6	407.23	193.021	403.1124	0.97442	1.76082	0.76636	57.1820
−5	421.35	194.176	403.496	0.97870	1.75928	0.76831	55.3394
−4	435.84	195.335	403.876	0.98297	1.75775	0.77028	53.5682
−3	450.70	196.497	404.252	0.98724	1.75624	0.77226	51.8653
−2	465.94	197.662	404.626	0.99150	1.75475	0.77427	50.2274
−1	481.57	198.828	404.994	0.99575	1.75326	0.77629	48.6517
0	497.59	200.000	405.361	1.00000	1.75279	0.77834	47.1354
1	514.01	201.174	405.724	1.00424	1.75034	0.78041	45.6757
2	530.83	202.351	406.084	1.00848	1.74889	0.78249	44.2702
3	548.06	203.530	406.440	1.01271	1.74746	0.78460	42.9166
4	565.71	204.713	406.739	1.01694	1.74604	0.78673	41.6124
5	583.78	205.899	407.143	1.02116	1.74463	0.78889	40.3556
6	602.28	207.089	407.489	1.02537	1.74324	0.79107	39.1441
7	621.22	208.281	407.831	1.02958	1.74185	0.79327	37.9759
8	640.59	209.477	408.169	1.03379	1.74047	0.79549	36.8493
9	660.42	210.675	408.504	1.03799	1.73911	0.79775	35.7624
10	680.70	211.877	408.835	1.04218	1.73775	0.80002	34.7316
11	701.44	213.083	409.162	1.04637	1.73640	0.80232	33.7013
12	722.65	214.296	409.485	1.05056	1.73506	0.80465	32.7239
13	744.33	215.503	409.804	1.05474	1.73373	0.80701	31.7801
14	766.50	216.719	410.119	1.05892	1.73241	0.80939	30.8683
15	789.15	217.937	410.430	1.06309	1.73109	0.81180	29.9874
16	812.29	219.160	410.736	1.06726	1.72978	0.81424	29.1361
17	835.93	220.386	411.038	1.07142	1.72848	0.81671	28.3131
18	860.08	221.615	411.336	1.07559	1.72719	0.81922	27.5173

注：1bar=10^5Pa。

附表 A-6　R134a 饱和液体及蒸气的热力性质

t	p_a	v''	v'	h''	h'	s''	s'	ex''	ex'
℃	kPa	$10^{-3}\,m^3/kg$		kJ/kg		kJ/(kg·K)		kJ/kg	
−85	2.56	5899.997	0.64884	345.37	94.12	1.8702	0.5348	−112.877	34.014
−84	2.78	5515.059	0.65022	345.97	95.18	1.8675	0.5416	−111.473	33.051
−83	3.03	5097.447	0.65143	346.58	96.36	1.8639	0.5480	−109.792	32.323
−82	3.29	4715.850	0.65262	347.19	97.54	1.8604	0.5543	−108.131	31.615
−81	3.57	4366.959	0.65382	347.80	98.71	1.8569	0.5606	−106.490	30.916
−80	3.87	4045.366	0.65501	348.41	99.89	1.8535	0.5668	−104.855	30.243
−79	4.19	3759.812	0.65623	349.02	101.04	1.8503	0.5731	−103.297	29.538
−78	4.54	3493.348	0.65744	349.63	102.20	1.8471	0.5792	−101.728	28.865
−77	4.91	3248.319	0.65864	350.24	103.36	1.8439	0.5853	−100.176	28.207
−76	5.30	3025.483	0.65986	350.86	104.51	1.8409	0.5914	−98.661	27.544
−75	5.72	2816.477	0.66106	351.48	105.68	1.8379	0.5974	−97.131	26.914
−74	6.17	2626.073	0.66227	352.09	106.83	1.8349	0.6034	−95.637	26.282
−73	6.65	2450.663	0.66349	352.71	107.99	1.8320	0.6094	−94.161	25.661
−72	7.16	2288.719	0.66471	353.33	109.16	1.8292	0.6153	−92.701	25.049
−71	7.70	2137.182	0.66591	353.95	110.33	1.8264	0.6212	−91.234	24.463
−70	8.27	2004.070	0.66719	354.57	111.46	1.8239	0.6272	−89.867	23.818
−69	8.88	1873.702	0.66840	355.19	112.64	1.8211	0.6330	−88.426	23.258
−68	9.53	1752.404	0.66960	355.81	113.83	1.8184	0.6388	−86.990	22.708
−67	10.22	1641.775	0.67083	356.44	115.00	1.8158	0.6446	−85.594	22.155
−66	10.95	1538.115	0.67205	357.06	116.19	1.8132	0.6504	−84.194	21.617
−65	11.72	1442.296	0.67327	357.68	117.38	1.8107	0.6562	−82.815	21.091
−64	12.53	1353.013	0.67450	358.31	118.57	1.8082	0.6619	−81.442	20.574
−63	13.40	1270.244	0.67574	358.93	119.76	1.8057	0.6676	−80.087	20.063
−62	14.31	1193.497	0.67697	359.56	120.96	1.8033	0.6733	−78.748	19.563
−61	15.27	1122.071	0.67822	360.19	122.16	1.8010	0.6790	−77.422	19.069
−60	16.29	1055.363	0.67947	360.81	123.37	1.7987	0.6847	−76.104	18.584
−59	17.36	993.557	0.68073	361.44	124.57	1.7964	0.6903	−74.807	18.104
−58	18.49	935.875	0.68199	362.07	125.78	1.7942	0.6959	−73.520	17.634
−57	19.68	882.258	0.68326	362.70	126.99	1.7920	0.7016	−72.251	17.171
−56	20.93	832.420	0.68455	363.32	128.20	1.7900	0.7072	−71.000	16.706
−55	22.24	785.161	0.68583	363.95	129.42	1.7878	0.7127	−69.740	16.266
−54	23.63	741.612	0.68712	364.58	130.64	1.7858	0.7183	−68.512	15.824
−53	25.08	700.754	0.68843	365.21	131.86	1.7838	0.7239	−67.291	15.385
−52	26.61	662.603	0.68973	365.84	133.08	1.7819	0.7294	−66.084	14.960
−51	28.21	626.867	0.69105	366.47	134.31	1.7800	0.7349	−64.889	14.538
−50	29.90	593.412	0.69238	367.10	135.54	1.7782	0.7405	−63.706	14.122
−49	31.66	561.993	0.69372	367.73	136.77	1.7763	0.7460	−62.533	13.713
−48	33.51	533.282	0.69510	368.36	137.99	1.7747	0.7515	−61.404	13.286
−47	35.44	505.116	0.69642	368.99	139.24	1.7728	0.7569	−60.230	12.915
−46	37.47	479.896	0.69782	369.62	140.47	1.7713	0.7624	−59.128	12.500
−45	39.58	454.926	0.69916	370.25	141.72	1.7695	0.7678	−57.971	12.145
−44	41.80	432.125	0.70055	370.88	142.96	1.7679	0.7733	−56.860	11.768
−43	44.11	410.626	0.70194	371.51	144.21	1.7663	0.7787	−55.758	11.400
−42	46.53	390.30	0.70334	732.14	145.46	1.7647	0.7841	−54.668	11.036
−41	49.05	371.402	0.70476	372.77	146.71	1.7632	0.7895	−53.588	10.680

（续）

t	P_a	v''	v'	h''	h'	s''	s'	ex''	ex'
℃	kPa	$10^{-3} m^3/kg$		kJ/kg		kJ/(kg·K)		kJ/kg	
−40	51.69	353.529	0.70619	373.40	147.96	1.7618	0.7949	−52.521	10.329
−39	54.44	336.610	0.70762	374.03	149.22	1.7603	0.8002	−51.461	9.985
−38	57.30	320.695	0.70907	374.66	150.48	1.7589	0.8056	−50.413	9.647
−37	60.28	305.661	0.71053	375.29	151.74	1.7575	0.8109	−49.374	9.316
−36	63.39	291.481	0.71200	375.91	153.00	1.7562	0.8162	−48.346	8.991
−35	66.63	278.087	0.71348	376.54	154.26	1.7549	0.8216	−47.328	8.671
−34	69.99	265.480	0.71497	377.17	155.53	1.7536	0.8269	−46.324	8.356
−33	73.50	254.035	0.71654	377.80	156.78	1.7526	0.8322	−45.373	8.007
−32	77.14	242.169	0.71799	378.42	158.07	1.7512	0.8374	−44.334	7.749
−31	80.92	231.457	0.71951	379.05	159.35	1.7500	0.8427	−43.354	7.457
−30	84.85	221.302	0.72105	379.67	160.62	1.7488	0.8479	−42.382	7.168
−29	88.94	211.679	0.72260	380.30	161.90	1.7477	0.8532	−41.419	6.885
−28	93.17	202.582	0.72416	380.92	163.18	1.7466	0.8584	−40.467	6.609
−27	97.57	193.928	0.72574	381.55	164.47	1.7455	0.8636	−39.521	6.338
−26	102.13	185.709	0.72732	382.17	165.75	1.7444	0.8688	−38.582	6.074
−25	106.86	177.937	0.72892	382.79	167.04	1.7434	0.8740	−37.656	5.815
−24	111.76	170.783	0.73059	383.42	168.32	1.7425	0.8792	−36.769	5.533
−23	116.84	163.788	0.73223	384.04	169.61	1.7416	0.8844	−35.862	5.285
−22	122.10	156.856	0.73380	384.65	170.92	1.7405	0.8895	−34.924	5.076
−21	127.54	150.767	0.73553	385.28	172.20	1.7397	0.8947	−34.067	4.804
−20	133.18	144.450	0.73712	385.89	173.52	1.7387	0.8997	−33.138	4.611
−19	139.01	138.728	0.73880	386.51	174.82	1.7378	0.9049	−32.263	4.388
−18	145.03	133.457	0.74057	387.13	176.11	1.7371	0.9100	−31.425	4.137
−17	151.27	128.035	0.74221	387.74	177.43	1.7361	0.9151	−30.525	3.959
−16	157.71	123.054	0.74393	388.35	178.74	1.7353	0.9201	−29.666	3.753
−15	164.36	118.481	0.74572	388.97	180.04	1.7346	0.9253	−28.847	3.528
−14	171.23	113.962	0.74747	389.58	181.35	1.7338	0.9303	−28.005	3.334
−13	178.33	109.640	0.74924	390.19	182.67	1.7331	0.9354	−27.168	3.146
−12	185.65	105.499	0.75102	390.80	183.99	1.7323	0.9404	−26.335	2.964
−11	193.20	101.566	0.75281	391.40	185.31	1.7316	0.9454	−25.514	2.788
−10	201.00	97.832	0.75463	392.01	186.63	1.7309	0.9504	−24.704	2.614
−9	209.03	94.243	0.75646	392.62	187.96	1.7302	0.9554	−23.896	2.448
−8	217.32	90.783	0.75829	393.22	189.29	1.7295	0.9604	−23.088	2.292
−7	225.85	87.527	0.76016	393.82	190.62	1.7289	0.9654	−22.299	2.134
−6	234.65	84.374	0.76203	394.42	191.95	1.7283	0.9704	−21.508	1.986
−5	243.71	81.304	0.76388	395.01	193.29	1.7276	0.9753	−20.709	1.858
−4	253.04	78.495	0.76584	395.61	194.62	1.7270	0.9803	−19.951	1.703
−3	262.64	75.747	0.76776	396.21	195.56	1.7265	0.9852	−19.184	1.570
−2	272.52	73.063	0.76967	396.80	197.31	1.7258	0.9901	−18.407	1.458
−1	282.68	70.601	0.77168	397.40	198.65	1.7254	0.9951	−17.670	1.318
0	293.14	68.164	0.77365	397.98	200.00	1.7248	1.0000	−16.915	1.203
1	303.89	65.848	0.77565	398.57	201.35	1.7243	1.0049	−16.173	1.092
2	314.94	63.645	0.77769	399.16	202.70	1.7238	1.0098	−15.443	0.979
3	326.30	61.441	0.77967	399.73	204.06	1.7232	1.0146	−14.688	0.898
4	337.98	59.429	0.78176	400.32	205.42	1.7228	1.0196	−13.975	0.791

（续）

t	p_a	v''	v'	h''	h'	s''	s'	ex''	ex'
℃	kPa	\multicolumn{2}{c}{10^{-3} m/kg}	\multicolumn{2}{c}{kJ/kg}	\multicolumn{2}{c}{kJ/(kg·K)}	\multicolumn{2}{c}{kJ/kg}

t	p_a	v''	v'	h''	h'	s''	s'	ex''	ex'
5	349.96	57.470	0.78384	400.90	206.78	1.7223	1.0244	−13.258	0.701
6	362.28	55.569	0.78593	401.48	208.14	1.7219	1.0293	−12.540	0.617
7	374.92	53.767	0.78805	402.05	209.51	1.7214	1.0341	−11.836	0.537
8	387.90	52.002	0.79017	402.62	210.88	1.7210	1.0390	−11.125	0.468
9	401.22	50.339	0.79235	403.20	212.25	1.7206	1.0438	−10.433	0.393
10	414.88	48.721	0.79453	403.76	213.63	1.7201	1.0486	−9.740	0.331
11	428.90	47.176	0.79673	404.33	215.01	1.7197	1.0534	−9.056	0.273
12	443.27	45.680	0.79896	404.89	216.39	1.7193	1.0583	−8.373	0.219
13	458.01	44.249	0.80120	405.45	217.77	1.7190	1.0631	−7.700	0.172
14	473.12	42.866	0.80348	406.01	219.16	1.7186	1.0679	−7.029	0.129
15	488.60	41.532	0.80577	406.57	220.55	1.7182	1.0727	−6.363	0.091
16	504.47	40.260	0.80810	407.12	221.94	1.7179	1.0774	−5.708	0.056
17	520.73	39.016	0.81044	407.67	223.34	1.7175	1.0822	−5.050	0.032
18	537.38	37.823	0.81281	408.21	224.74	1.7171	1.0870	−4.399	0.009
19	554.43	36.682	0.81520	408.76	226.14	1.7168	1.0917	−3.758	−0.006
20	571.88	35.576	0.81762	409.30	227.55	1.7165	1.0965	−3.120	−0.018
21	589.75	34.503	0.82007	409.84	228.96	1.7162	1.1012	−2.483	−0.024
22	608.04	33.475	0.82255	410.37	230.37	1.7158	1.1060	−1.855	−0.026
23	626.76	32.486	0.82506	410.90	231.79	1.7155	1.1107	−1.233	−0.022
24	645.90	31.526	0.82760	411.43	233.20	1.7152	1.1154	−0.614	−0.014
25	665.49	30.603	0.83017	411.96	234.63	1.7149	1.1202	−0.001	0.000
26	685.52	29.703	0.83276	412.47	236.05	1.7146	1.1249	0.611	0.020
27	706.00	28.847	0.83539	412.99	237.49	1.7144	1.1296	1.211	0.044
28	726.93	28.008	0.83805	413.51	238.92	1.7141	1.1343	1.813	0.074
29	748.34	27.195	0.84073	414.01	240.36	1.7137	1.1390	2.411	0.110
30	770.21	26.424	0.84347	414.52	241.80	1.7135	1.1437	2.995	0.148
31	792.56	25.663	0.84622	415.02	243.24	1.7132	1.1484	3.585	0.195
32	815.39	24.942	0.84903	415.52	244.69	1.7129	1.1531	4.160	0.243
33	838.72	24.235	0.85186	416.01	246.15	1.7127	1.1578	4.736	0.298
34	862.54	23.551	0.85474	416.50	247.61	1.7124	1.1625	5.308	0.358
35	886.87	22.899	0.85768	416.99	249.07	1.7121	1.1672	5.868	0.419
36	911.71	22.234	0.86051	417.45	250.53	1.7117	1.1718	6.446	0.508
37	937.07	21.634	0.86359	417.94	252.00	1.7116	1.1765	6.990	0.571
38	962.95	21.034	0.86663	418.41	253.48	1.7113	1.1812	7.542	0.652
39	989.36	20.451	0.86971	418.87	254.96	1.7110	1.1859	8.090	0.738
40	1016.32	19.893	0.87284	419.34	256.44	1.7108	1.1906	8.629	0.828
41	1043.82	19.343	0.87601	419.79	257.93	1.7104	1.1952	9.170	0.925
42	1071.88	18.812	0.87922	420.24	259.43	1.7102	1.1999	9.704	1.027
43	1100.50	18.308	0.88254	420.69	260.93	1.7099	1.2046	10.226	1.128
44	1129.69	17.799	0.88579	421.11	262.43	1.7096	1.2092	10.758	1.249
45	1159.45	17.320	0.88919	421.55	263.94	1.7093	1.2139	11.274	1.364
46	1189.80	16.849	0.89261	421.97	265.46	1.7090	1.2186	11.790	1.488
47	1220.74	16.390	0.89604	422.39	266.97	1.7087	1.2232	12.302	1.622
48	1252.28	15.956	0.89965	422.81	268.50	1.7084	1.2279	12.802	1.749
49	1284.43	15.529	0.90325	423.22	270.03	1.7081	1.2326	13.300	1.889
50	1317.19	15.112	0.90694	423.62	271.57	1.7078	1.2373	13.795	2.031
51	1350.58	14.711	0.91067	424.01	273.12	1.7075	1.2420	14.283	2.181
52	1384.60	14.315	0.91448	424.39	274.67	1.7071	1.2466	14.770	2.336
53	1419.25	13.931	0.91834	424.77	276.22	1.7068	1.2513	15.252	2.498

（续）

t	p_a	v''	v'	h''	h'	s''	s'	ex''	ex'
℃	kPa								

t	p_a	v''	v'	h''	h'	s''	s'	ex''	ex'
℃	kPa	10^{-3} m/kg		kJ/kg		kJ/(kg·K)		kJ/kg	
54	1454.56	13.566	0.92231	425.15	277.79	1.7064	1.2560	15.723	2.663
55	1490.52	13.203	0.92634	425.51	279.36	1.7061	1.2607	16.195	2.834
56	1527.15	12.852	0.93045	425.86	280.94	1.7057	1.2654	16.660	3.012
57	1564.45	12.509	0.93464	426.20	282.52	1.7053	1.2701	17.121	3.195
58	1602.43	12.177	0.93893	426.54	284.12	1.7049	1.2748	17.576	3.383
59	1641.10	11.854	0.94330	426.87	285.72	1.7045	1.2795	18.026	3.578
60	1680.47	11.538	0.94775	427.18	287.33	1.7041	1.2842	18.471	3.780
61	1720.56	11.227	0.95232	427.48	288.94	1.7036	1.2890	18.913	3.986
62	1761.36	10.932	0.95702	427.79	290.57	1.7032	1.2937	19.344	4.197
63	1802.89	10.640	0.96181	428.07	292.21	1.7027	1.2985	19.772	4.415
64	1845.15	10.354	0.96672	428.34	293.85	1.7021	1.3033	20.197	4.639
65	1888.17	10.080	0.97175	428.61	295.51	1.7016	1.3080	20.612	4.869
66	1931.94	9.805	0.97692	428.84	297.17	1.7011	1.3128	21.026	5.106
67	1976.48	9.545	0.98222	429.09	298.85	1.7005	1.3176	21.429	5.349
68	2021.80	9.286	0.98766	429.31	300.53	1.6999	1.3225	21.829	5.599
69	2067.90	9.033	0.99326	429.51	302.23	1.6993	1.3273	22.223	5.855
70	2114.81	8.788	0.99902	429.70	303.94	1.6986	1.3321	22.609	6.119
71	2162.53	8.546	1.00496	429.86	305.67	1.6979	1.3370	22.990	6.388
72	2211.07	8.311	1.01110	430.02	307.41	1.6972	1.3419	23.363	6.665
73	2260.44	8.082	1.01741	430.16	309.16	1.6964	1.3469	23.729	6.949
74	2310.67	7.858	1.02396	430.29	310.93	1.6956	1.3518	24.088	7.241
75	2361.75	7.638	1.03073	430.38	312.71	1.6948	1.3569	24.440	7.539
76	2413.70	7.424	1.03774	430.47	314.51	1.6939	1.3618	24.783	7.846
77	2466.53	7.213	1.04500	430.53	316.33	1.6930	1.3668	25.118	8.162
78	2520.27	7.006	1.05259	430.56	318.17	1.6920	1.3719	25.445	8.485
79	2574.91	6.802	1.06047	430.56	320.03	1.6909	1.3771	25.764	8.817
80	2630.48	6.601	1.06869	430.53	321.92	1.6898	1.3822	26.073	9.158
81	2687.00	6.407	1.07728	430.48	323.82	1.6886	1.3874	26.371	9.508
82	2744.47	6.214	1.08628	430.40	325.76	1.6874	1.3927	26.660	9.868
83	2802.91	6.024	1.09574	430.27	327.72	1.6860	1.3981	26.937	10.239
84	2862.35	5.836	1.10570	430.10	329.71	1.6846	1.4035	27.203	10.620
85	2922.80	5.647	1.11621	429.86	331.74	1.6829	1.4089	27.454	11.014
86	2984.27	5.464	1.12736	429.61	333.80	1.6812	1.4145	27.693	11.419
87	3046.80	5.283	1.13923	429.29	335.91	1.6795	1.4202	27.916	11.839
88	3110.39	5.103	1.15172	428.91	338.05	1.6775	1.4259	28.123	12.272
89	3175.08	4.929	1.16552	428.51	340.27	1.6755	1.4318	28.314	12.722
90	3240.89	4.751	1.18024	427.99	342.54	1.6732	1.4379	28.483	13.189
91	3307.85	4.572	1.19624	427.37	344.88	1.6706	1.4441	28.627	13.676
92	3375.98	4.397	1.21380	426.69	347.31	1.6679	1.4505	28.749	14.185
93	3445.32	4.215	1.23325	425.83	349.83	1.6648	1.4572	28.835	14.720
94	3515.91	4.033	1.25507	424.84	352.48	1.6613	1.4642	28.887	15.285
95	3587.80	3.851	1.27926	423.70	355.23	1.6574	1.4714	28.900	15.883
96	3661.03	3.661	1.30887	422.30	358.27	1.6529	1.4794	28.855	16.537
97	3735.68	3.469	1.34352	420.69	361.53	1.6478	1.4880	28.754	17.248
98	3811.83	3.261	1.38682	418.60	365.18	1.6415	1.4975	28.551	18.046
99	3889.62	3.037	1.44484	415.94	369.47	1.6336	1.5088	28.221	18.983
100	3969.25	2.779	1.53410	412.19	375.04	1.6230	1.5234	27.656	20.192
101	4051.31	2.382	1.96810	404.50	392.88	1.6018	1.5707	26.276	23.917
101.15	4064.00	1.969	1.96850	393.07	393.07	1.5712	1.5712	23.976	23.976

注：ex 表示㶲。

附表 A-7 R12 饱和液体及蒸气的热力性质

温度/℃	压力/kPa	比焓/(kJ/kg)		比熵/[kJ/(kg·K)]		比体积/(L/kg)	
t	p	h'	h"	s'	s"	v'	v"
−60	22.62	146.463	324.236	0.77977	1.61373	0.63689	637.911
−55	29.98	150.808	326.567	0.79990	1.60552	0.64226	491.000
−50	39.15	155.169	328.897	0.81964	1.59810	0.64782	383.105
−45	50.44	159.549	331.223	0.83901	1.59142	0.65355	302.683
−40	64.17	163.948	333.541	0.85805	1.58539	0.65949	241.910
−35	80.71	168.369	335.849	0.86776	1.57996	0.66563	195.398
−30	100.41	172.810	338.143	0.89516	1.53507	0.67200	159.375
−28	109.27	174.593	339.057	0.90244	1.57326	0.67461	147.275
−26	118.72	176.380	339.968	0.90967	1.57152	0.67726	136.284
−24	128.80	178.171	340.876	0.91656	1.56985	0.67996	126.282
−22	139.53	179.965	341.780	0.92400	1.56825	0.68269	117.167
−20	150.93	181.764	342.682	0.93110	1.56672	0.68547	108.847
−18	163.04	183.567	343.580	0.93816	1.56526	0.68829	101.242
−16	175.89	185.374	344.474	0.94518	1.56385	0.69115	94.2788
−14	189.50	187.185	345.365	0.95216	1.56256	0.69407	87.8951
−12	203.90	189.001	346.252	0.95910	1.56121	0.69703	82.0344
−10	219.12	190.822	347.134	0.96601	1.55997	0.70004	76.6464
−9	227.04	191.734	347.574	0.96945	1.55938	0.70157	74.1155
−8	235.19	192.647	348.012	0.97287	1.55897	0.70310	71.6864
−7	243.55	193.562	348.450	0.97629	1.55822	0.70465	69.3543
−6	252.14	194.477	348.896	0.97971	1.55765	0.70622	67.1146
−5	260.96	195.395	349.321	0.98311	1.55710	0.70780	64.9629
−4	270.01	196.313	349.755	0.98650	1.55657	0.70939	62.8952
−3	279.30	197.233	350.187	0.98989	1.55604	0.71099	60.9075
−2	288.82	198.154	350.619	0.99327	1.55552	0.71261	58.9963
−1	298.59	199.076	351.049	0.99664	1.55502	0.71425	57.1579
0	308.61	200.000	351.477	1.00000	1.55452	0.71590	55.3892
1	318.88	200.925	351.905	1.00335	1.55404	0.71756	53.6869
2	329.40	201.852	352.331	1.00670	1.55356	0.71924	52.0481
3	340.19	202.780	352.755	1.01004	1.55310	0.72094	50.4700
4	351.24	203.710	353.179	1.01337	1.55264	0.72265	48.9499
5	263.55	204.642	353.600	1.01670	1.55220	0.72438	47.4853
6	374.14	205.575	354.020	1.02001	1.55176	0.72612	46.0737
7	386.01	206.509	354.439	1.02333	1.55133	0.72788	44.7129
8	398.15	207.445	354.856	1.02663	1.55091	0.72966	43.4006
9	410.58	208.383	355.272	1.02993	1.55050	0.73146	42.1349
10	423.30	209.323	355.686	1.03322	1.55010	0.73326	40.9137
11	436.31	210.264	356.098	1.03650	1.54970	0.73510	39.7352
12	449.62	211.207	356.509	1.03978	1.54931	0.73695	38.5975
13	463.23	212.152	356.918	1.04305	1.54893	0.73882	37.4991
14	477.14	213.099	357.325	1.04632	1.54856	0.74071	36.4382
15	491.37	214.048	357.703	1.04958	1.54819	0.74262	35.4133
16	505.91	214.998	358.134	1.05284	1.54783	0.74455	34.4230
17	520.76	215.951	358.535	1.05609	1.54748	0.74649	33.4658
18	535.94	216.906	358.935	1.05933	1.54713	0.74846	32.5405

（续）

温度/℃	压力/kPa	比焓/(kJ/kg)		比熵/[kJ/(kg·K)]		比体积/(L/kg)	
t	p	h'	h"	s'	s"	v'	v"
19	551.45	217.863	359.333	1.06258	1.54679	0.75045	31.6457
20	567.29	218.821	359.729	1.06581	1.54645	0.75246	30.7802
21	583.47	219.783	360.122	1.06904	1.54612	0.75449	29.9429
22	599.98	220.746	360.514	1.07227	1.54579	0.75655	29.1327
23	616.84	221.712	360.904	1.07549	1.54547	0.75863	28.3485
24	634.05	222.680	361.291	1.07871	1.54515	0.76073	27.5894
25	651.62	223.650	361.676	1.08193	1.54484	0.76286	26.8542
26	669.54	224.623	362.059	1.08514	1.54453	0.76501	26.1422
27	687.82	225.598	362.439	1.08835	1.54423	0.76718	25.4524
28	706.47	226.570	362.817	1.09155	1.54393	0.76938	24.7840
29	725.50	227.557	363.193	1.09475	1.54363	0.77161	24.1362
30	744.90	228.540	363.566	1.09795	1.54334	0.77386	23.5082
31	764.68	229.526	363.937	1.10115	1.54305	0.77614	22.8993
32	784.85	230.515	364.305	1.10434	1.54276	0.77845	22.3088
33	805.41	231.506	364.670	1.10753	1.54247	0.78079	21.7359
34	826.36	232.501	365.033	1.11072	1.54219	0.78316	21.1802
35	847.72	233.498	365.392	1.11391	1.54191	0.78556	20.6408
36	869.48	234.499	365.749	1.11710	1.54163	0.78799	20.1173
37	891.04	235.503	366.103	1.12028	1.54135	0.79045	19.6091
38	914.23	236.510	366.454	1.12347	1.54107	0.79294	19.1156
39	937.23	237.521	366.802	1.12665	1.54079	0.79546	18.6362
40	960.65	238.535	367.146	1.12984	1.54051	0.79802	18.1706
41	984.51	239.552	367.487	1.13302	1.54024	0.80062	17.7182
42	1008.8	240.574	367.825	1.13620	1.53996	0.80325	17.2785
43	1033.5	241.598	368.160	1.13938	1.53968	0.80592	16.8511
44	1058.7	242.627	368.491	1.14257	1.53941	0.80863	16.4356
45	1084.3	243.659	368.818	1.14575	1.53913	0.81137	16.0316
46	1110.4	244.696	369.141	1.14894	1.53885	0.81416	15.6386
47	1136.9	245.736	369.461	1.15213	1.53856	0.81698	15.2563
48	1163.9	246.781	369.777	1.15532	1.53828	0.81985	14.8844
49	1191.4	247.830	370.088	1.15853	1.53799	0.82277	14.5224
50	1210.3	248.884	370.396	1.16170	1.53770	0.82573	14.1701
52	1276.6	251.004	370.997	1.16810	1.53712	0.83179	13.4931
54	1335.9	253.144	371.581	1.17451	1.53651	0.83804	12.8509
56	1397.2	255.304	372.145	1.18093	1.53589	0.84451	12.2412
58	1460.5	257.486	372.688	1.18738	1.53524	0.85121	11.6620
60	1525.9	259.690	373.210	1.19384	1.53457	0.85814	11.1113
62	1593.5	261.918	373.707	1.20034	1.53387	0.86534	10.5872
64	1663.2	264.172	374.180	1.20686	1.53313	0.87282	10.0881
66	1735.1	266.452	374.625	1.21342	1.53235	0.88059	9.61234
68	1809.3	268.762	375.042	1.22001	1.53153	0.88870	9.15844
70	1885.8	271.102	375.427	1.22665	1.53066	0.89716	8.72502
75	2087.5	277.100	376.234	1.24347	1.52821	0.92009	7.72258
80	2304.6	283.341	376.777	1.26069	1.52526	0.94612	6.82143
85	2538.0	289.879	376.985	1.27845	1.52164	0.97621	6.00494
90	2788.5	296.788	376.748	1.29691	1.51708	1.01190	5.25759
95	3056.9	304.181	375.887	1.31637	1.51113	1.05581	4.56341
100	3344.1	312.261	374.070	1.33732	1.50296	1.11311	3.90280

附表 A-8　R13 饱和液体及蒸气的热力性质

温度/℃	压力/bar	比焓/(kJ/kg)		比熵/[kJ/(kg·K)]		比体积	
t	p	h'	h"	s'	s"	v'/(L/kg)	v"/(m³/kg)
−120	0.069878	84.357	250.120	0.45954	1.54196	0.60182	1.7339
−115	0.10751	88.288	252.224	0.48478	1.52137	0.60821	1.1611
−110	0.16055	92.281	254.323	0.50962	1.50286	0.61480	0.79969
−105	0.23333	96.341	258.433	0.53410	1.48618	0.62161	0.56491
−100	0.33107	100.475	258.534	0.56329	1.47113	0.62367	0.40825
−95	0.45935	104.685	260.623	0.58221	1.45753	0.63593	0.30113
−90	0.62458	108.973	262.294	0.60539	1.44521	0.64357	0.22627
−88	0.70257	110.711	263.515	0.61530	1.44060	0.64669	0.20279
−86	0.78305	112.462	264.333	0.62468	1.43317	0.64986	0.18221
−84	0.88152	114.225	265.145	0.63402	1.43191	0.65308	0.16412
−82	0.98846	116.002	265.953	0.64333	1.42779	0.65636	0.14818
−80	1.0944	117.791	266.754	0.65260	1.42333	0.66069	0.13409
−79	1.1534	118.691	267.153	0.65723	1.42190	0.66138	0.12766
−78	1.2148	119.594	267.550	0.66184	1.42001	0.66303	0.12160
−77	1.2788	120.500	267.945	0.66645	1.41815	0.66480	0.11589
−76	1.3453	121.400	268.389	0.67105	1.41633	0.66653	0.11051
−75	1.4145	122.321	268.731	0.67565	1.41453	0.66823	0.10543
−74	1.4864	123.287	269.121	0.68023	1.41277	0.67004	0.10063
−73	1.5611	124.155	269.505	0.68481	1.41103	0.67182	0.096101
−72	1.6336	125.077	269.893	0.68933	1.40933	0.67362	0.091817
−71	1.7191	126.002	270.230	0.69394	1.40765	0.67543	0.087764
−70	1.8026	126.931	270.663	0.69849	1.40601	0.67726	0.083928
−69	1.8891	127.862	271.043	0.70303	1.40439	0.67911	0.080296
−68	1.9788	128.797	271.422	0.70757	1.40280	0.68097	0.076854
−67	2.0716	129.734	271.798	0.71210	1.40123	0.68286	0.073502
−66	2.1678	130.675	272.172	0.71662	1.39969	0.68476	0.070498
−65	2.2673	131.619	272.544	0.72113	1.39817	0.68668	0.067562
−64	2.3703	132.566	272.914	0.72564	1.39668	0.68862	0.064774
−63	2.4768	133.516	273.231	0.73013	1.39521	0.69058	0.062126
−62	2.5868	134.469	273.645	0.73462	1.39376	0.69256	0.059609
−61	2.7006	135.425	274.008	0.73910	1.39233	0.69456	0.057216
−60	2.8180	136.384	274.368	0.74357	1.39093	0.69659	0.054929
−59	2.9393	137.346	274.725	0.74804	1.38954	0.69863	0.052772
−58	3.0644	138.311	275.079	0.75249	1.38818	0.70070	0.050709
−57	3.1925	139.279	275.431	0.75694	1.38684	0.70279	0.048744
−56	3.3267	140.251	275.780	0.76138	1.38551	0.70490	0.046870
−55	3.4639	141.225	276.127	0.76581	1.38420	0.70703	0.045084
−54	3.6054	142.202	276.470	0.77023	1.38291	0.70919	0.043380
−53	3.7511	143.182	276.811	0.77465	1.38164	0.71138	0.041755
−52	3.9012	144.165	277.149	0.77906	1.38038	0.71359	0.040202
−51	4.0557	145.151	277.823	0.78346	1.37914	0.71582	0.038719
−50	4.2147	146.140	277.815	0.78785	1.37792	0.71809	0.037303
−49	4.3783	147.132	278.143	0.79223	1.37671	0.72038	0.035948
−48	4.5465	148.127	278.468	0.79660	1.37551	0.72270	0.034653
−47	4.7195	149.125	278.790	0.80097	1.37433	0.72504	0.033414

（续）

温度/℃	压力/bar	比焓/(kJ/kg)		比熵/[kJ/(kg·K)]		比体积	
t	p	h'	h''	s'	s''	$v'/(\text{L/kg})$	$v''/(\text{m}^3/\text{kg})$
-46	4.8973	150.126	279.109	0.80533	1.37316	0.72742	0.032228
-45	5.0801	150.146	279.424	0.80968	1.37201	0.72983	0.031093
-44	5.2678	151.130	279.763	0.81402	1.37086	0.73226	0.030005
-43	5.4605	152.137	280.044	0.81836	1.36973	0.73473	0.028963
-42	5.6584	154.159	280.348	0.82269	1.36861	0.73724	0.027965
-41	5.8615	155.175	280.649	0.82701	1.36750	0.73977	0.027007
-40	6.0700	156.193	280.946	0.83132	1.36639	0.74234	0.026088
-39	6.2338	157.215	281.239	0.83562	1.36530	0.74495	0.025207
-38	6.5030	158.240	281.528	0.83992	1.36422	0.74760	0.024361
-37	6.7278	159.268	281.814	0.84421	1.36314	0.75028	0.023548
-36	6.9583	160.299	282.095	0.84849	1.36208	0.75300	0.022767
-35	7.1944	161.333	282.372	0.85277	1.36102	0.75576	0.022017
-34	7.4364	162.370	282.644	0.85704	1.35996	0.75856	0.021296
-33	7.6842	163.410	282.912	0.86130	1.35892	0.76140	0.020603
-32	7.9380	164.453	283.176	0.86556	1.35788	0.76429	0.019936
-31	8.1978	165.500	283.435	0.86981	1.35684	0.76723	0.019294
-30	8.4637	166.550	283.689	0.87405	1.35581	0.77021	0.018677
-29	8.7359	167.603	283.939	0.87828	1.35478	0.77324	0.018082
-28	9.0143	168.659	284.184	0.88251	1.35375	0.77632	0.017509
-27	9.2992	169.719	284.423	0.88674	1.35273	0.77945	0.016957
-26	9.5904	170.782	284.658	0.89096	1.35171	0.78264	0.016425
-25	9.8883	171.849	284.887	0.89517	1.35069	0.78588	0.015912
-24	10.193	172.920	285.110	0.89938	1.34967	0.78918	0.015417
-23	10.504	173.994	285.328	0.90358	1.34865	0.79253	0.014940
-22	10.822	175.072	285.541	0.90778	1.34764	0.79595	0.014479
-21	11.147	176.153	285.747	0.91198	1.34662	0.79944	0.014035
-20	11.479	177.239	285.947	0.91617	1.34559	0.80299	0.013605
-18	12.164	179.422	286.329	0.92454	1.34354	0.81031	0.012790
-16	12.787	181.622	286.684	0.93250	1.34147	0.81793	0.012028
-14	13.622	183.840	287.011	0.94126	1.33937	0.82587	0.011315
-12	14.396	186.077	287.308	0.94961	1.33724	0.83418	0.010648
-10	15.202	188.335	287.572	0.95796	1.33508	0.84288	0.010022
-8	16.040	190.015	287.801	0.96633	1.33286	0.85201	0.009432
-6	16.911	192.919	287.993	0.97470	1.33059	0.86162	0.008881
-4	17.815	195.249	288.144	0.98310	1.32824	0.87177	0.008360
-2	18.754	197.608	288.250	0.99153	1.32582	0.88251	0.007868
0	19.729	200.000	288.367	1.00000	1.31929	0.89393	0.007404
5	22.329	206.148	288.199	1.02144	1.31643	0.92606	0.006348
10	25.176	212.614	287.629	1.04352	1.30845	0.96516	0.005414
15	28.292	219.561	286.388	1.06676	1.29868	1.0152	0.004572
20	31.708	227.350	284.024	1.09232	1.28565	1.0852	0.003785

注：1bar＝10^5Pa。

附表 A-9 R407C 沸腾状态液体及结露气体热力状态

压力	温度		密度	比体积	比焓		比熵	
	t''	t'	ρ'	v''	h'	h''	s'	s''
MPa	℃		kg/m³	m³/kg	kJ/kg		kJ/(kg·K)	
0.01000	−82.82	−74.96	1496.6	1.89611	91.52	365.89	0.5302	1.9437
0.02000	−72.81	−65.15	1468.1	0.98986	104.03	371.89	0.5942	1.9071
0.04000	−61.51	−54.07	1435.2	0.51699	118.30	378.64	0.6635	1.8730
0.06000	−54.18	−46.89	1413.5	0.35346	127.63	382.97	0.7068	1.8543
0.08000	−48.61	−41.44	1396.8	0.26976	134.78	386.21	0.7389	1.8416
0.10000	−44.06	−36.98	1382.9	0.21867	140.65	388.83	0.7648	1.8321
0.10132b	−43.79	−36.71	1382.1	0.21597	141.01	388.99	0.7663	1.8315
0.12000	−40.19	−33.19	1371.0	0.18413	145.69	391.04	0.7865	1.8245
0.14000	−36.80	−29.87	1360.4	0.15918	150.12	392.95	0.8053	1.8183
0.16000	−33.77	−26.90	1350.9	0.14027	154.10	394.64	0.8220	1.8130
0.18000	−31.02	−24.21	1342.2	0.12544	157.73	396.15	0.8370	1.8084
0.20000	−28.50	−21.74	1334.1	0.11348	161.07	397.52	0.8507	1.8043
0.22000	−26.17	−19.46	1326.6	0.10363	164.17	398.78	0.8632	1.8007
0.24000	−24.00	−17.34	1319.5	0.09537	167.07	399.94	0.8748	1.7974
0.26000	−21.96	−15.35	1312.8	0.08834	169.80	401.01	0.8857	1.7945
0.28000	−20.05	−13.47	1306.5	0.08228	172.38	402.01	0.8959	1.7918
0.30000	−18.23	−11.70	1300.4	0.07700	174.83	402.95	0.9055	1.7893
0.32000	−16.51	−10.01	1294.6	0.07236	177.17	403.83	0.9145	1.7869
0.34000	−14.86	−8.41	1289.0	0.06824	179.41	404.67	0.9232	1.7848
0.36000	−13.29	−6.87	1283.7	0.06457	181.55	405.45	0.9314	1.7827
0.38000	−11.79	−5.40	1278.5	0.06127	183.61	406.20	0.9392	1.7808
0.40000	−10.34	−3.99	1273.5	0.05829	185.60	406.91	0.9468	1.7790
0.42000	−8.95	−2.63	1268.7	0.05559	187.52	407.59	0.9540	1.7773
0.44000	−7.61	−1.32	1264.0	0.05312	189.37	408.24	0.9609	1.7757
0.46000	−6.31	−0.05	1259.4	0.05086	191.17	408.85	0.9676	1.7741
0.48000	−5.06	1.17	1255.0	0.04878	192.91	409.44	0.9741	1.7726
0.50000	−3.84	2.36	1250.6	0.04687	194.61	410.01	0.9803	1.7712
0.55000	−0.96	5.17	1240.2	0.04266	198.65	411.33	0.9951	1.7679
0.60000	1.73	7.79	1230.4	0.03913	202.45	412.54	1.0088	1.7649
0.65000	4.26	10.25	1221.0	0.03613	206.04	413.64	1.0217	1.7622
0.70000	6.65	12.58	1212.0	0.03355	209.45	414.64	1.0338	1.7596
0.75000	8.91	14.78	1203.3	0.03129	212.71	415.57	1.0452	1.7572
0.80000	11.06	16.87	1195.0	0.02931	215.82	416.43	1.0561	1.7549
0.85000	13.11	18.86	1186.9	0.02755	218.81	417.23	1.0664	1.7528
0.90000	15.07	20.77	1179.1	0.02598	221.69	417.97	1.0763	1.7507
0.95000	16.95	22.59	1171.5	0.02457	224.47	418.65	1.0857	1.7488
1.00000	18.76	24.35	1164.1	0.02330	227.15	419.29	1.0948	1.7469
1.10000	22.19	27.67	1149.8	0.02109	232.28	420.44	1.1120	1.7433
1.20000	25.39	30.77	1136.0	0.01923	237.13	421.44	1.1281	1.7400
1.30000	28.40	33.68	1122.8	0.01765	241.74	422.30	1.1431	1.7367
1.40000	31.24	36.42	1109.9	0.01629	246.15	423.04	1.1574	1.7337
1.50000	33.94	39.02	1097.4	0.01510	250.38	423.68	1.1709	1.7307
1.60000	36.50	41.49	1085.1	0.01405	254.44	424.21	1.1838	1.7277
1.70000	38.95	43.84	1073.1	0.01312	258.38	424.66	1.1961	1.7248
1.80000	41.29	46.09	1061.3	0.01229	262.18	425.02	1.2080	1.7220

（续）

压力	温度		密度	比体积	比焓		比熵	
	t''	t'	ρ'	v''	h'	h''	s'	s''
MPa	℃		kg/m³	m³/kg	kJ/kg		kJ/(kg·K)	
1.90000	43.54	48.25	1049.6	0.01154	265.88	425.31	1.2194	1.7191
2.00000	45.70	50.31	1038.1	0.01087	269.48	425.51	1.2304	1.7163
2.10000	47.79	52.30	1026.7	0.01025	273.00	425.65	1.2411	1.7135
2.20000	49.80	54.22	1015.3	0.00969	276.43	425.71	1.2515	1.7106
2.30000	51.74	56.07	1004.0	0.00917	279.80	425.70	1.2616	1.7077
2.40000	53.63	57.86	992.7	0.00869	283.10	425.63	1.2714	1.7048
2.50000	55.45	59.58	981.4	0.00825	286.35	425.48	1.2810	1.7018
2.60000	57.22	61.26	970.0	0.00784	289.55	425.27	1.2904	1.6988
2.70000	58.94	62.88	958.6	0.00746	292.71	425.00	1.2996	1.6957
2.80000	60.62	64.45	947.1	0.00710	295.83	424.65	1.3087	1.6925
2.90000	62.25	65.98	935.5	0.00676	298.92	424.23	1.3176	1.6892
3.00000	63.84	67.47	923.8	0.00644	301.99	423.74	1.3264	1.6858
3.20000	66.90	70.32	899.7	0.00586	308.08	422.52	1.3438	1.6786
3.40000	69.83	73.02	874.5	0.00533	314.14	420.96	1.3609	1.6709
3.60000	72.63	75.57	847.8	0.00484	320.25	419.00	1.3779	1.6623
3.80000	75.31	78.00	819.0	0.00439	326.49	416.54	1.3952	1.6256
4.00000	77.90	80.30	787.0	0.00396	332.98	413.42	1.4130	1.6414
4.20000	80.40	82.46	749.8	0.00354	339.95	409.31	1.4321	1.6277
4.63500	86.10	86.10	506.0	0.00198	375.0	375.00	1.5280	1.5280

附表 A-10　R410A 沸腾状态液体及结露气体热力状态

压力	温度		密度	比体积	比焓		比熵	
	t''	t'	ρ'	v''	h'	h''	s'	s''
MPa	℃		kg/m³	m³/kg	kJ/kg		kJ/(kg·K)	
0.01000	−88.54	−88.50	1462.0	2.09550	78.00	377.63	0.4650	2.0879
0.02000	−79.05	−79.01	1434.3	1.09540	90.48	383.18	0.5309	2.0388
0.04000	−68.33	−68.29	1402.4	0.57278	104.64	389.31	0.6018	1.9916
0.06000	−61.39	−61.35	1381.4	0.39184	113.86	393.17	0.6461	1.9650
0.08000	−56.13	−56.08	1365.1	0.29918	120.91	396.04	0.6789	1.9465
0.10000	−51.83	−51.78	1351.7	0.24259	126.69	398.33	0.7052	1.9324
0.10132	−51.57	−51.52	1350.9	0.23961	127.04	398.47	0.7068	1.9316
0.12000	−48.17	−48.12	1340.1	0.20433	131.64	400.24	0.7273	1.9211
0.14000	−44.96	−44.91	1329.9	0.17668	136.00	401.89	0.7464	1.9116
0.16000	−42.10	−42.05	1320.7	0.15572	139.90	403.33	0.7634	1.9034
0.18000	−39.51	−39.45	1312.2	0.13928	143.46	404.62	0.7786	1.8963
0.20000	−37.13	−37.07	1304.4	0.12602	146.73	405.78	0.7925	1.8900
0.22000	−34.93	−34.87	1297.1	0.11510	149.76	406.84	0.8052	1.8843
0.24000	−32.89	−32.83	1290.3	0.10593	152.60	407.81	0.8170	1.8791
0.26000	−30.97	−30.90	1283.9	0.09813	155.27	408.71	0.8280	1.8744
0.28000	−29.16	−29.10	1277.7	0.09141	157.79	409.54	0.8383	1.8700
0.30000	−27.45	−27.38	1271.9	0.08556	160.19	41.031	0.8481	1.8659
0.32000	−25.83	−25.76	1266.3	0.08041	162.47	411.04	0.8573	1.8622
0.34000	−24.28	−24.21	1260.9	0.07584	164.66	411.72	0.8660	1.8586
0.36000	−22.80	−22.73	1255.8	0.07177	166.75	412.36	0.8743	1.8553

（续）

压力	温度		密度	比体积	比焓		比熵	
	t''	t'	ρ'	v''	h'	h''	s'	s''
MPa	℃		kg/m³	m³/kg	kJ/kg		kJ/(kg·K)	
0.38000	−21.39	−21.31	1250.8	0.06811	168.76	412.96	0.8823	1.8521
0.40000	−20.03	−19.95	1246.0	0.06481	170.70	413.54	0.8899	1.8491
0.42000	−18.72	−18.64	1241.3	0.06180	172.57	414.08	0.8972	1.8463
0.44000	−17.45	−17.38	1236.8	0.05907	174.38	414.60	0.9042	1.8436
0.46000	−16.24	−16.16	1232.4	0.05656	176.13	415.09	0.9110	1.8410
0.48000	−15.06	−14.98	1228.1	0.05425	177.83	415.56	0.9175	1.8385
0.50000	−13.91	−13.83	1223.9	0.05212	179.48	416.00	0.9238	1.8361
0.55000	−11.20	−11.12	1214.0	0.04746	183.41	417.04	0.9388	1.8305
0.60000	−8.68	−8.59	1204.5	0.04354	187.11	417.96	0.9527	1.8254
0.65000	−6.30	−6.22	1195.5	0.04021	190.60	418.80	0.9657	1.8207
0.70000	−4.07	−3.98	1186.9	0.03734	193.92	419.56	0.9779	1.8163
0.75000	−1.95	−1.86	1178.6	0.03484	197.08	420.25	0.9894	1.8122
0.80000	0.07	0.16	1170.6	0.03264	200.10	420.88	1.0004	1.8083
0.85000	1.99	2.08	1162.9	0.03069	203.00	421.45	1.0108	1.8046
0.90000	3.83	3.92	1155.5	0.02894	205.79	421.97	1.0207	1.8011
0.95000	5.59	5.69	1148.2	0.02738	208.49	422.45	1.0303	1.7978
1.00000	7.28	7.38	1141.2	0.02597	211.09	422.89	1.0394	1.7946
1.10000	10.48	10.59	1127.6	0.02351	216.06	423.64	1.0568	1.7885
1.20000	13.48	13.58	1114.5	0.02145	220.76	424.27	1.0729	1.7828
1.30000	16.28	16.39	1102.0	0.01970	225.22	424.78	1.0881	1.7774
1.40000	18.93	19.04	1089.8	0.01818	229.48	425.18	1.1024	1.7723
1.50000	21.44	21.55	1078.0	0.01686	233.56	425.49	1.1160	1.7674
1.60000	23.83	23.94	1066.5	0.01570	237.49	425.72	1.1290	1.7627
1.70000	26.11	26.22	1055.3	0.01467	241.29	425.86	1.1414	1.7581
1.80000	28.29	28.40	1044.2	0.01375	244.96	425.93	1.1533	1.7536
1.90000	30.37	30.49	1033.3	0.01292	248.52	425.93	1.1648	1.7492
2.00000	32.38	32.49	1022.6	0.01217	251.99	425.87	1.1759	1.7448
2.10000	34.31	34.43	1012.0	0.01149	255.37	425.74	1.1866	1.7406
2.20000	36.18	36.29	1001.4	0.01087	258.68	425.54	1.1970	1.7363
2.30000	37.98	38.09	991.0	0.01030	261.91	425.29	1.2071	1.7321
2.40000	39.72	39.83	980.5	0.00977	265.08	424.98	1.2169	1.7279
2.50000	41.40	41.51	970.1	0.00928	268.20	424.61	1.2265	1.7237
2.60000	43.04	43.15	959.7	0.00883	271.27	424.18	1.2359	1.7194
2.70000	44.62	44.73	949.3	0.00840	274.29	423.69	1.2451	1.7152
2.80000	46.17	46.27	938.8	0.00801	277.27	423.14	1.2541	1.7109
2.90000	47.67	47.77	928.3	0.00764	280.23	422.53	1.2630	1.7065
3.00000	49.13	49.23	917.7	0.00729	283.15	421.85	1.2718	1.7021
3.20000	51.94	52.04	896.0	0.00665	288.94	420.30	1.2890	1.6930
3.40000	54.61	54.71	873.7	0.00607	294.67	418.47	1.3059	1.6835
3.60000	57.17	57.26	850.4	0.00555	300.41	416.29	1.3226	1.6734
3.80000	59.61	59.69	825.8	0.00506	306.20	413.72	1.3394	1.6624
4.00000	61.94	62.02	799.1	0.00461	312.13	410.64	1.3564	1.6503
4.20000	64.18	64.25	769.5	0.00417	318.33	406.86	1.3741	1.6365
4.79000	70.20	70.20	548.0	0.00183	352.50	352.50	1.4720	1.4720

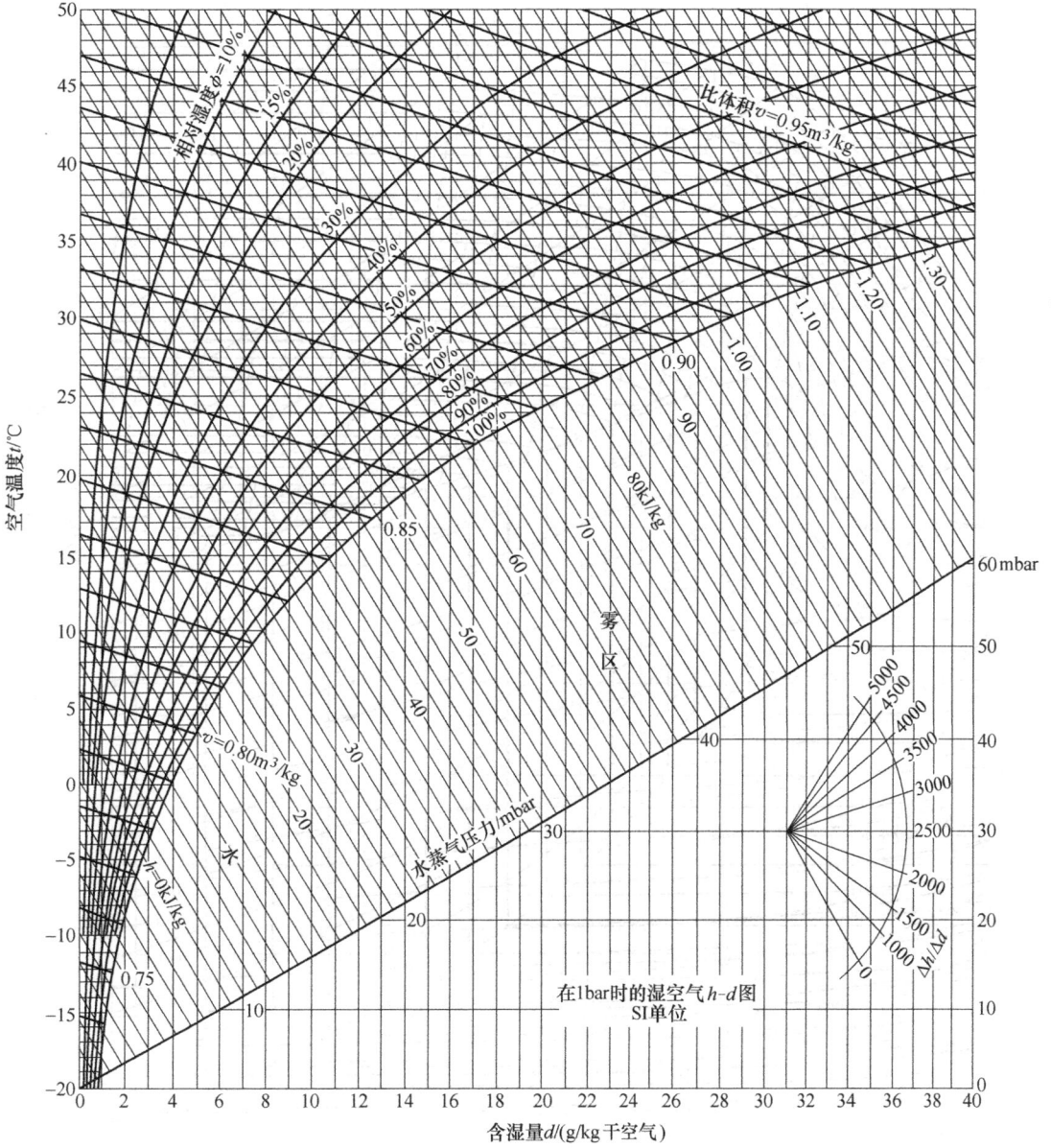

附图 B-1　湿空气焓-湿图（0.1MPa）

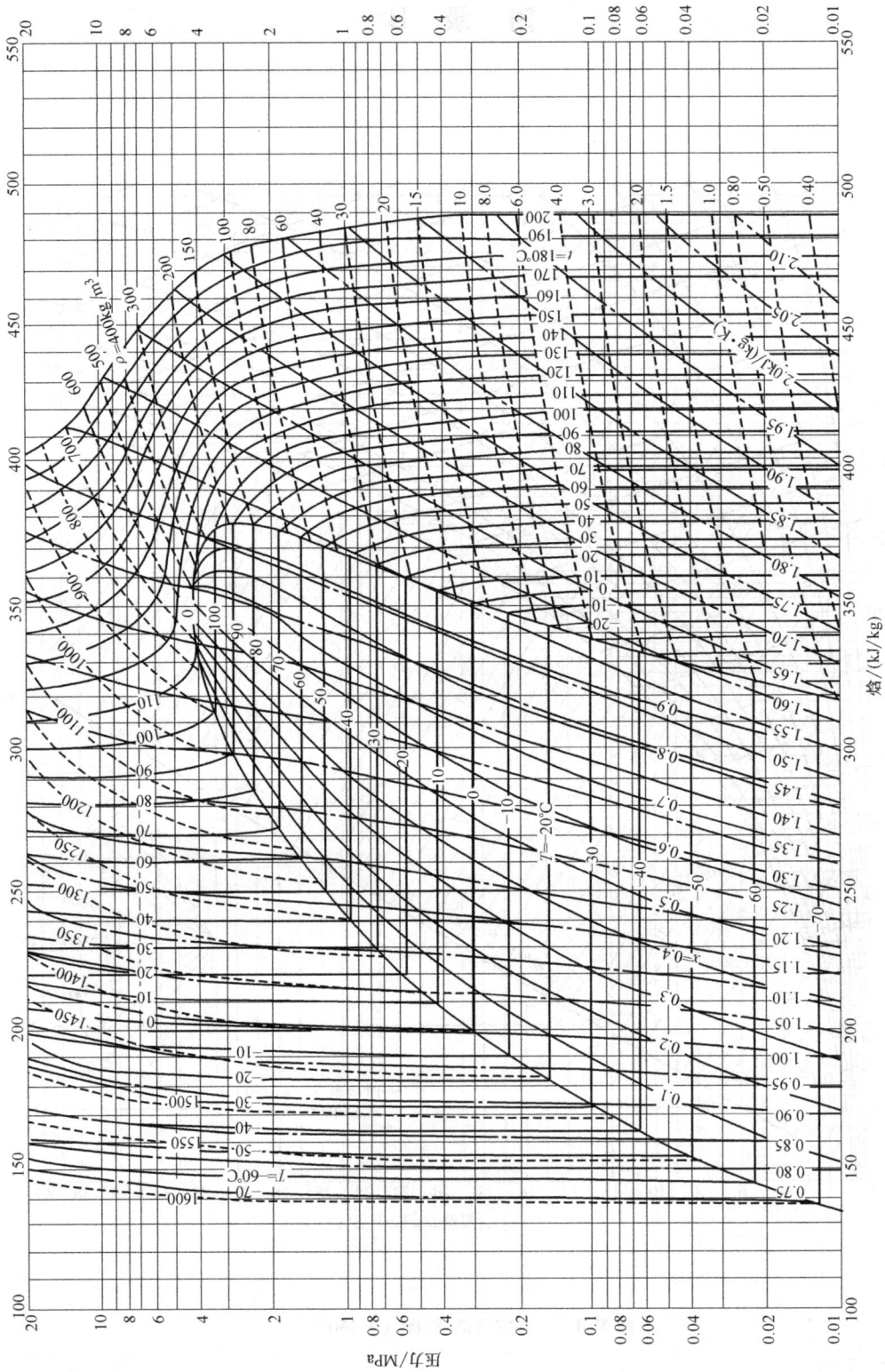

附图 B-2　R12 制冷剂压-焓图

焓/(kJ/kg)

压力/MPa

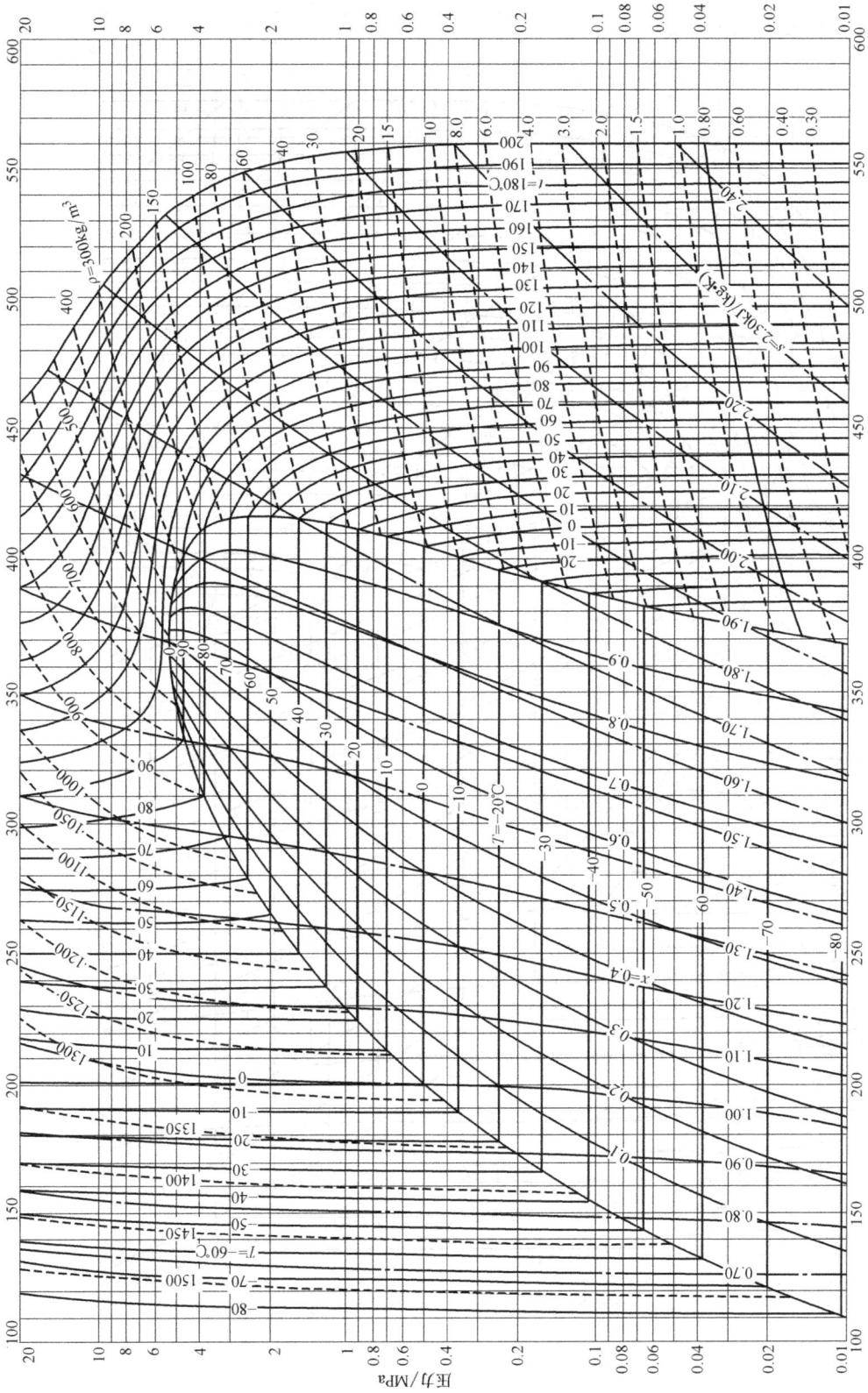

附图 B-3　R22 制冷剂压 - 焓图

焓/(kJ/kg)

压力/MPa

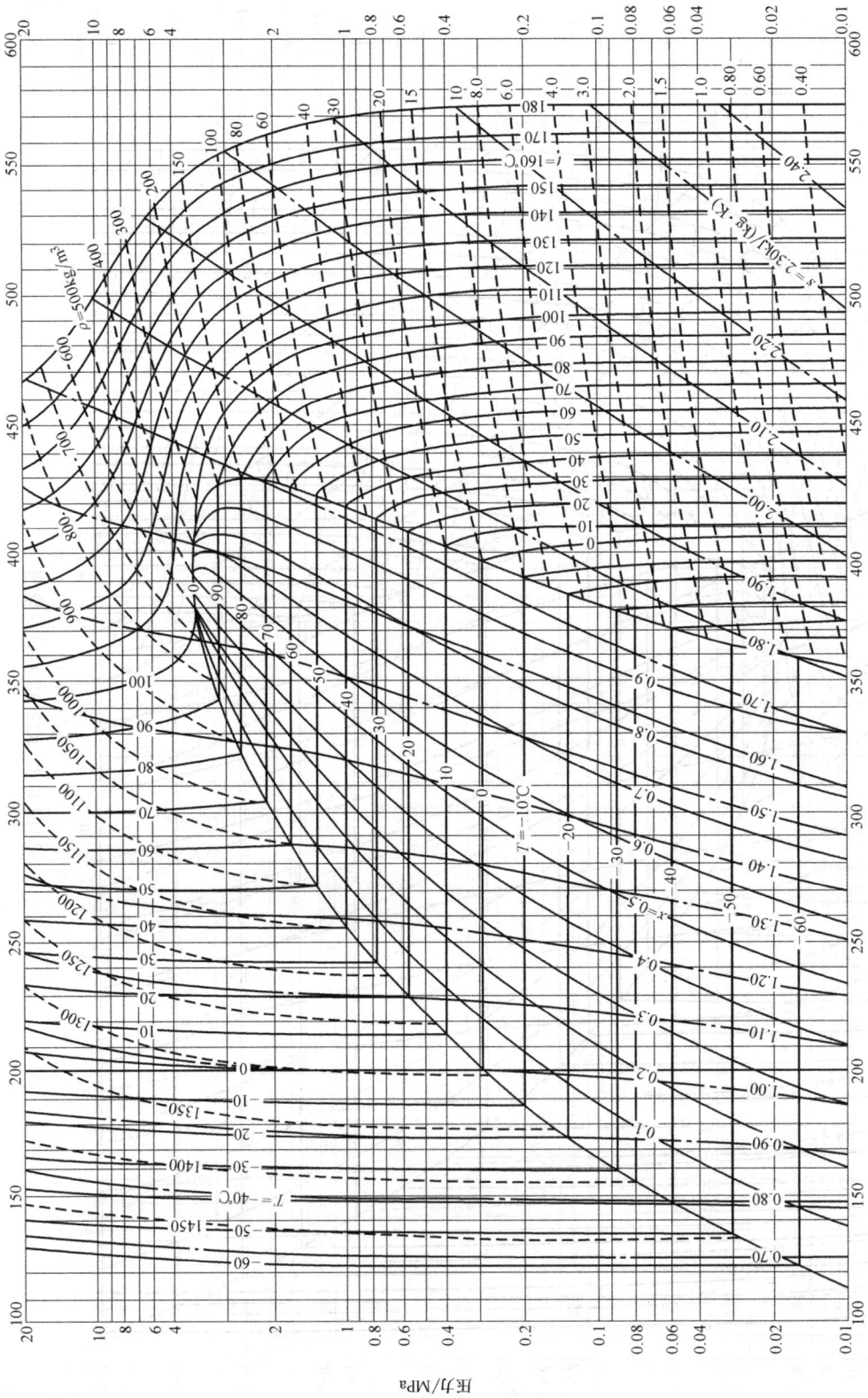

附图 B-4 R134a 制冷剂压 - 焓图

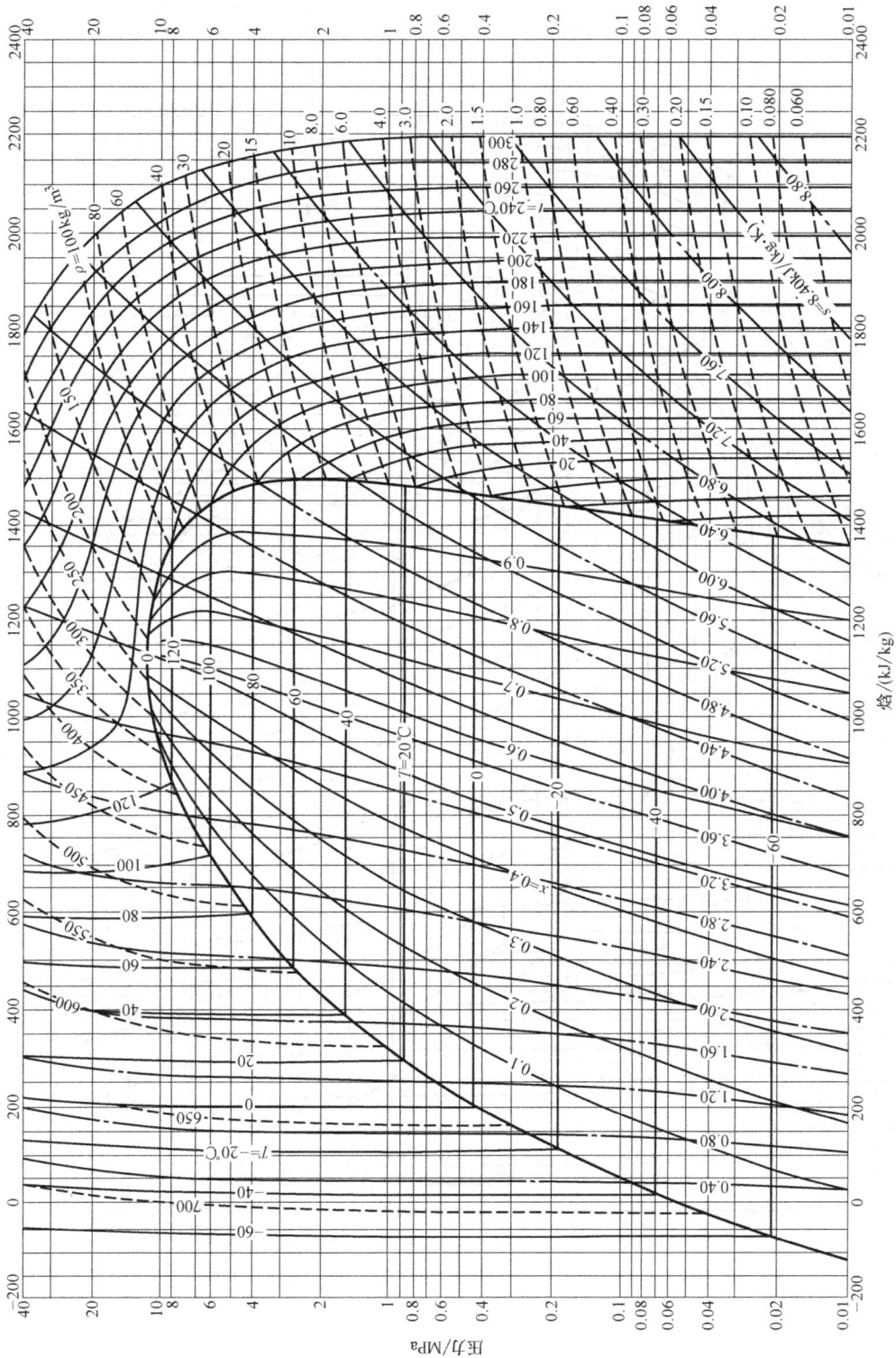

附图 B-5　R717 制冷剂压-焓图

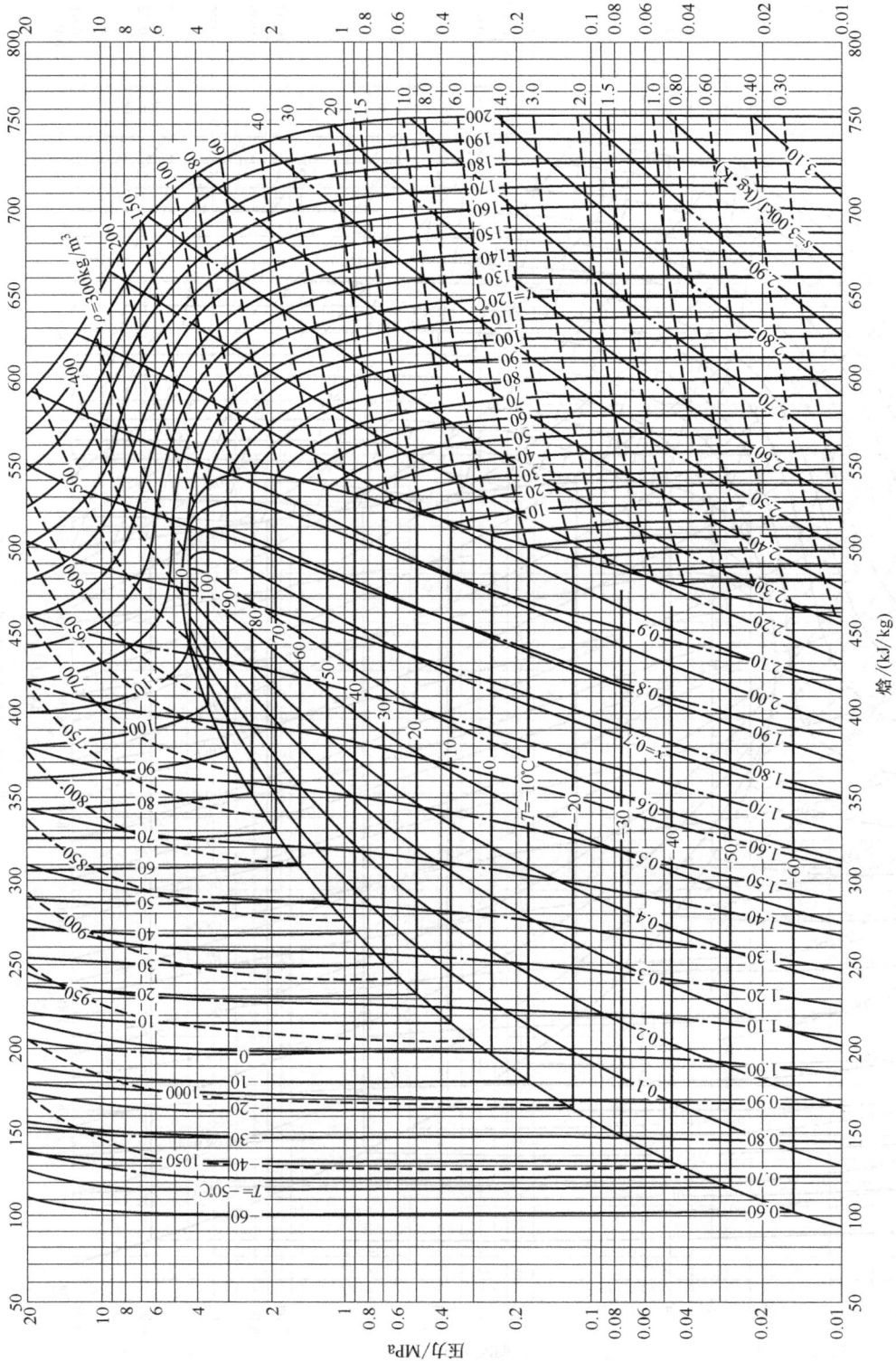

附图 B-6 R152a 制冷剂压-焓图

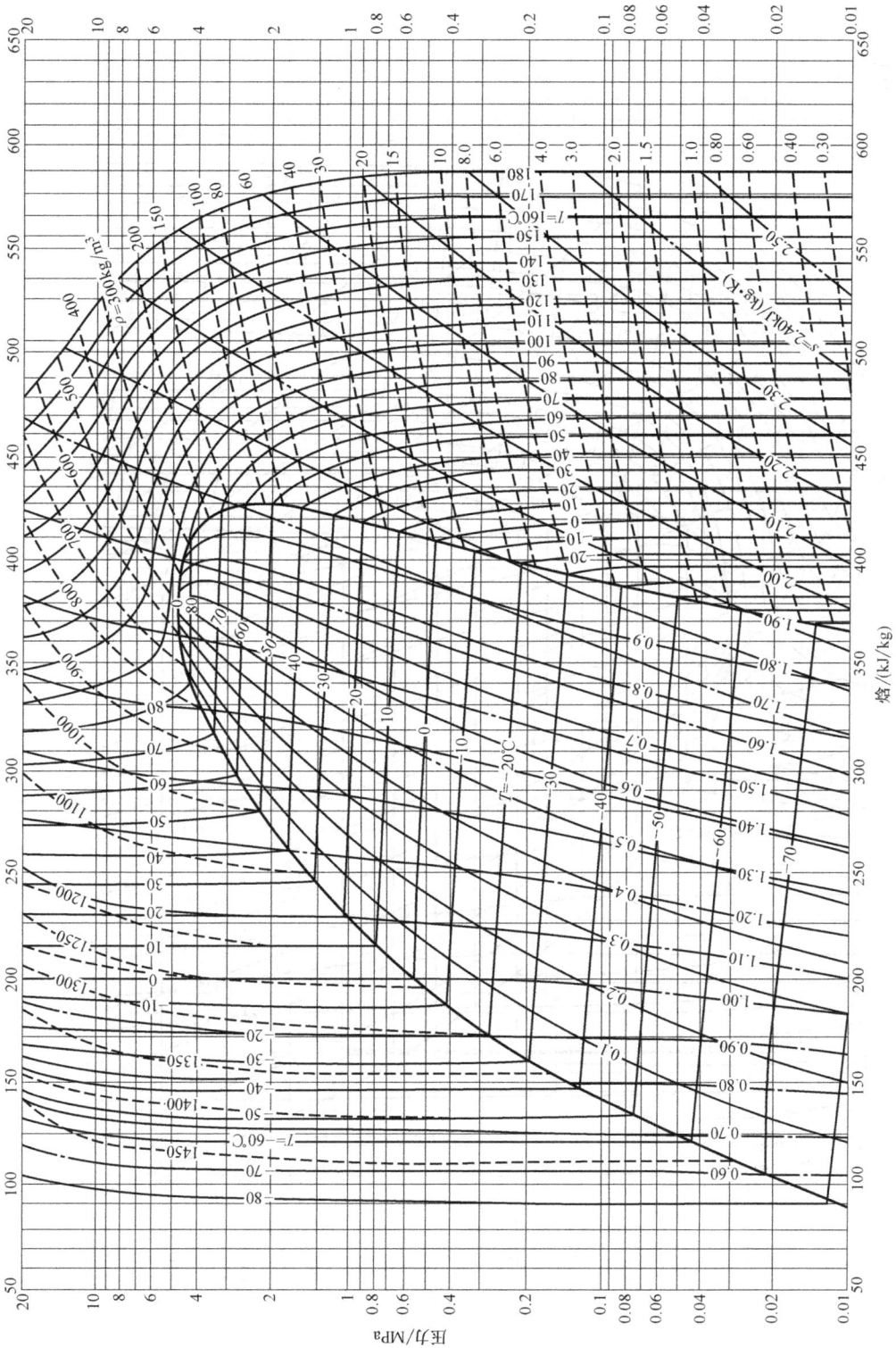

附图 B-7 R407C 制冷剂压-焓图

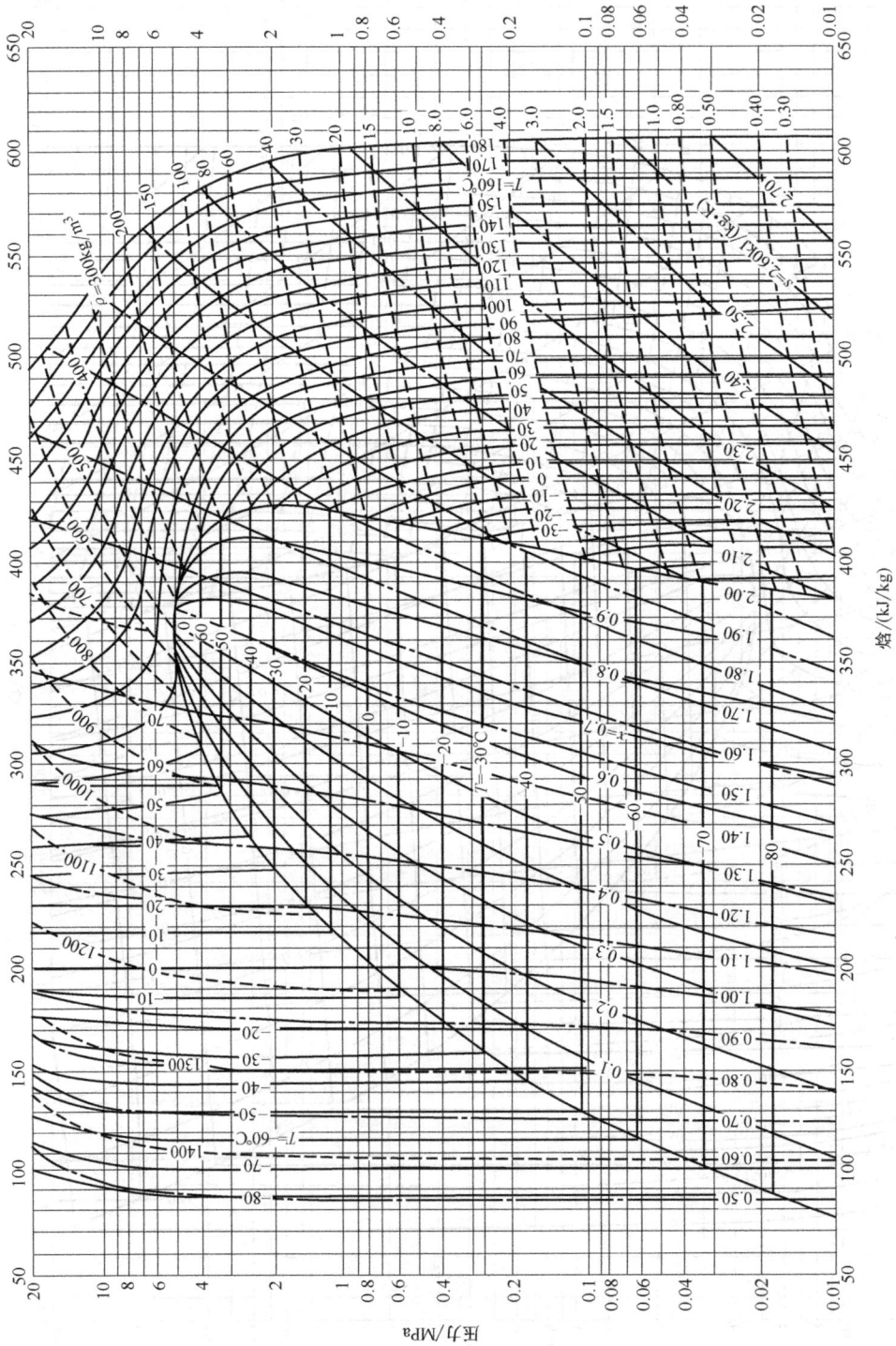

附图 B-8　R410A 制冷剂压-焓图

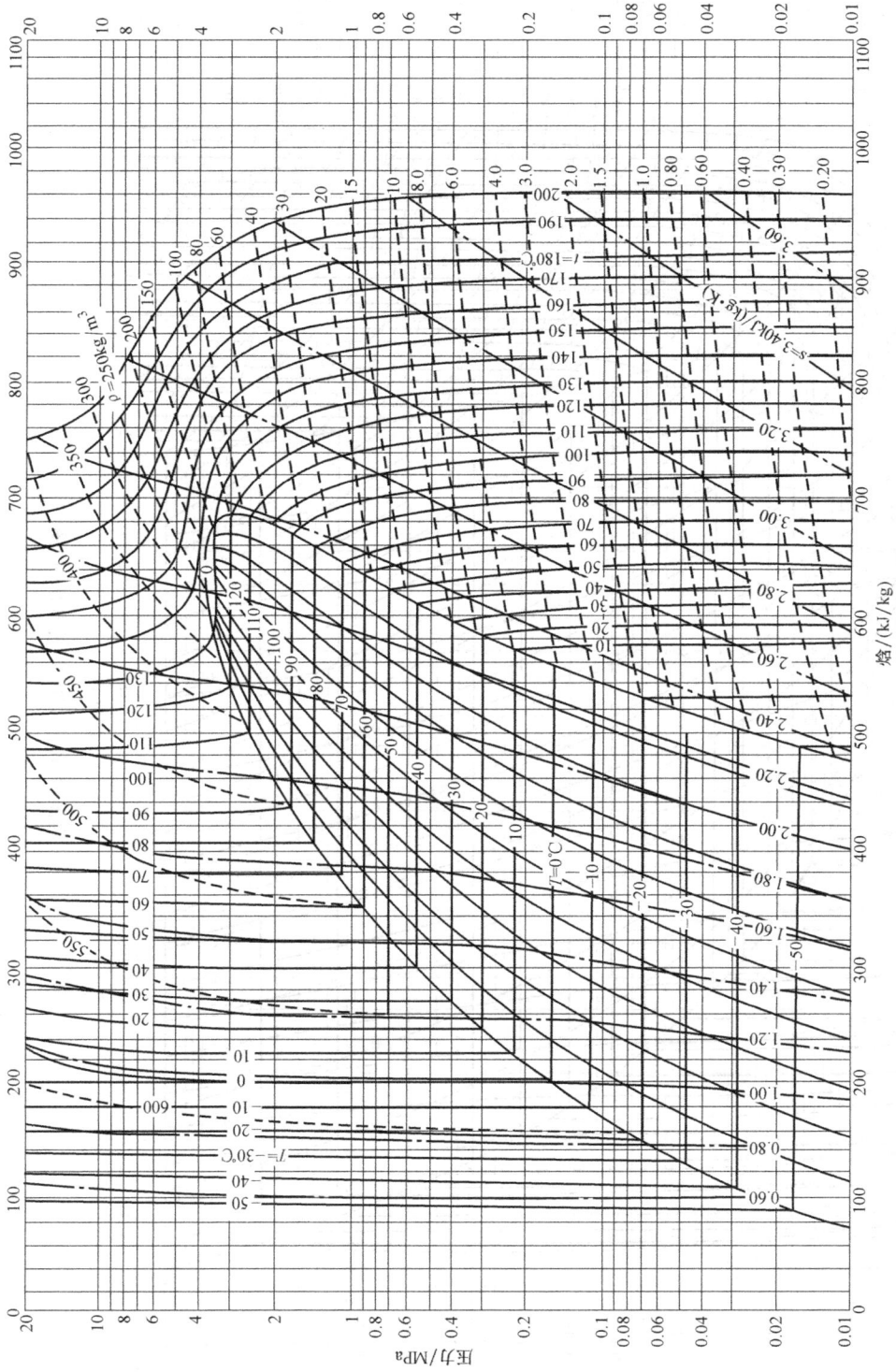

附图 B-9　R600a 制冷剂压-焓图

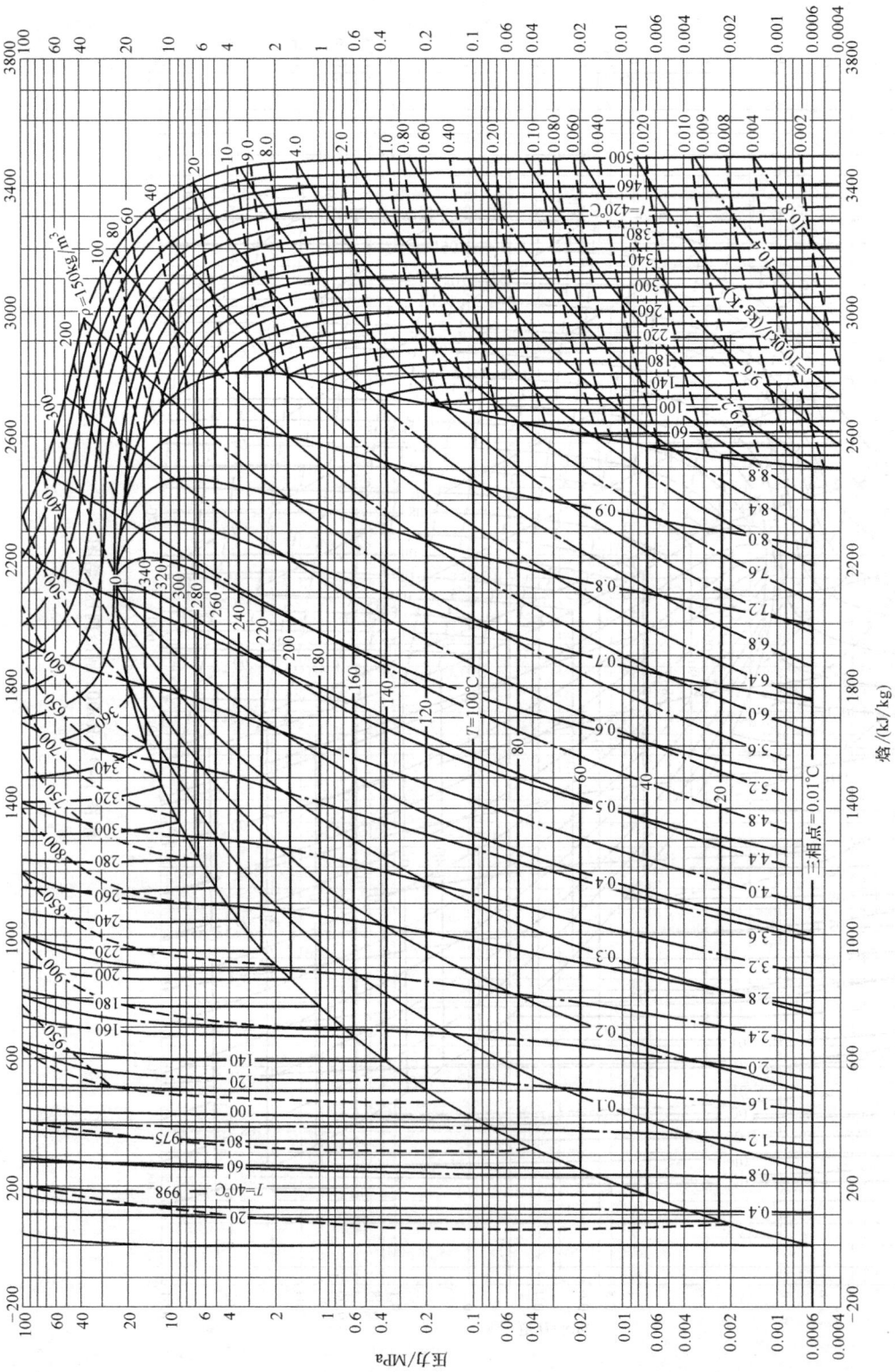

附图 B-10 R718 制冷剂压-焓图

焓 (kJ/kg)

压力/MPa

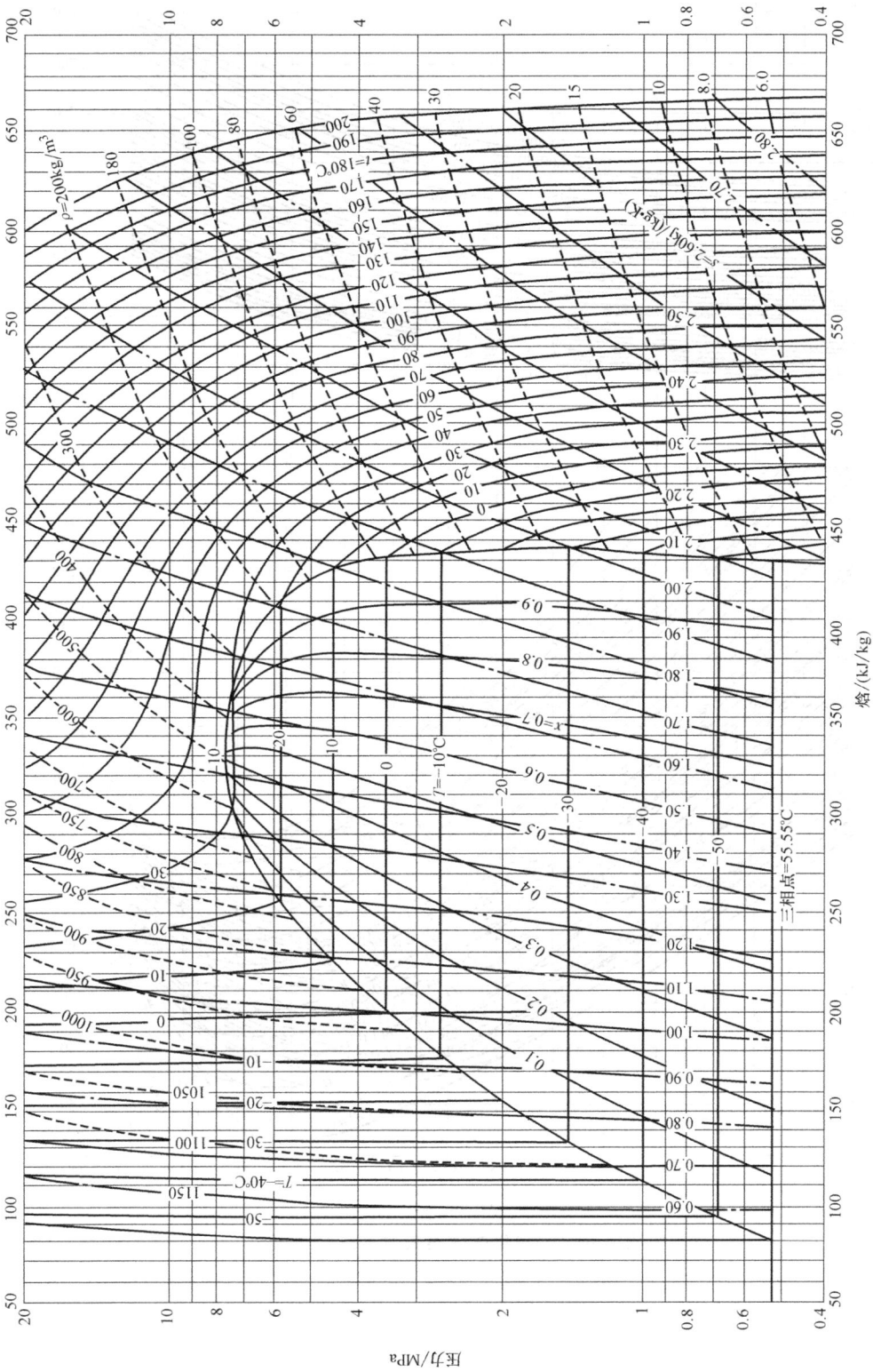

附图 B-11　R744 制冷剂压-焓图

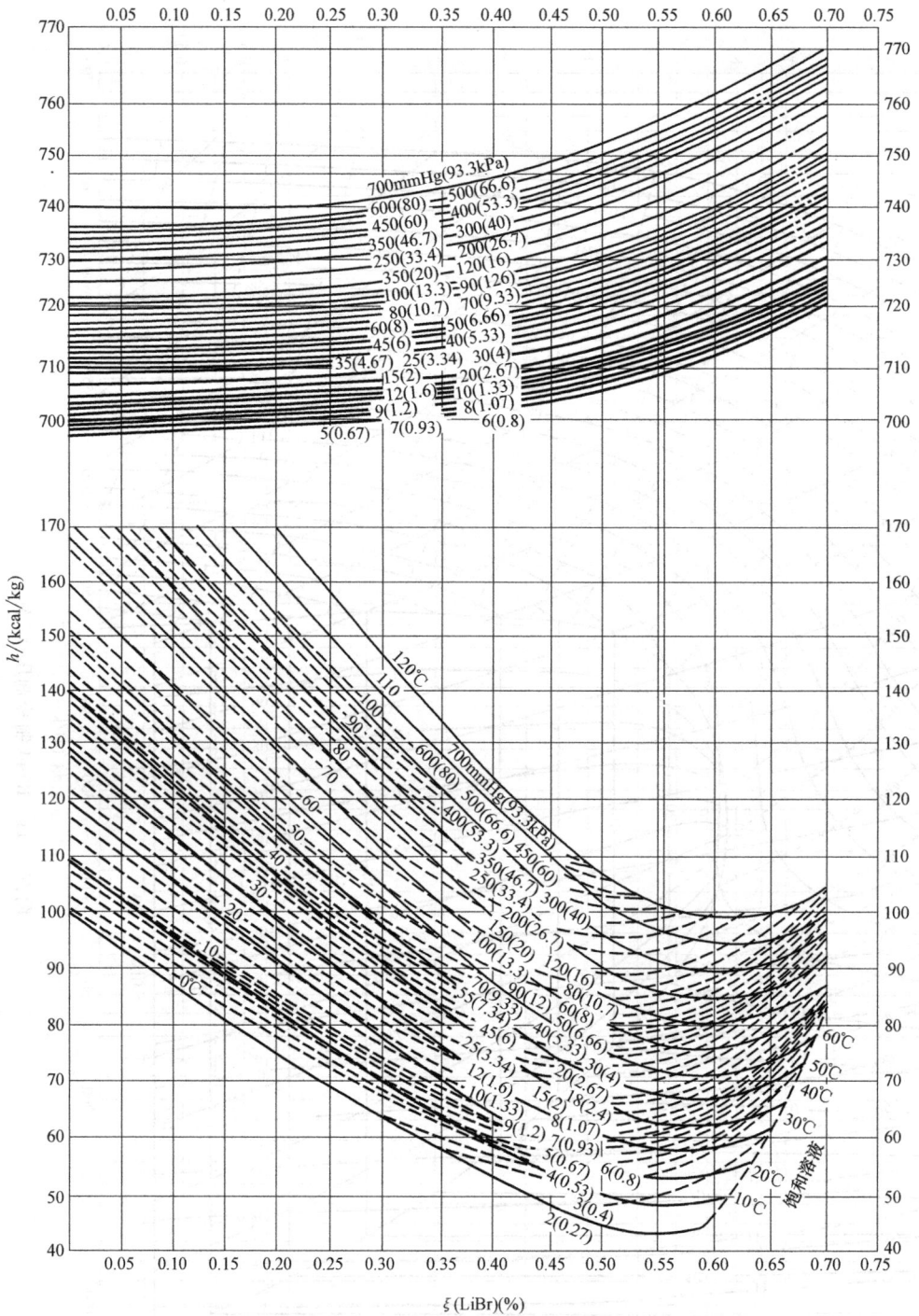

附图 B-12　溴化锂-水溶液的 h-ξ 图

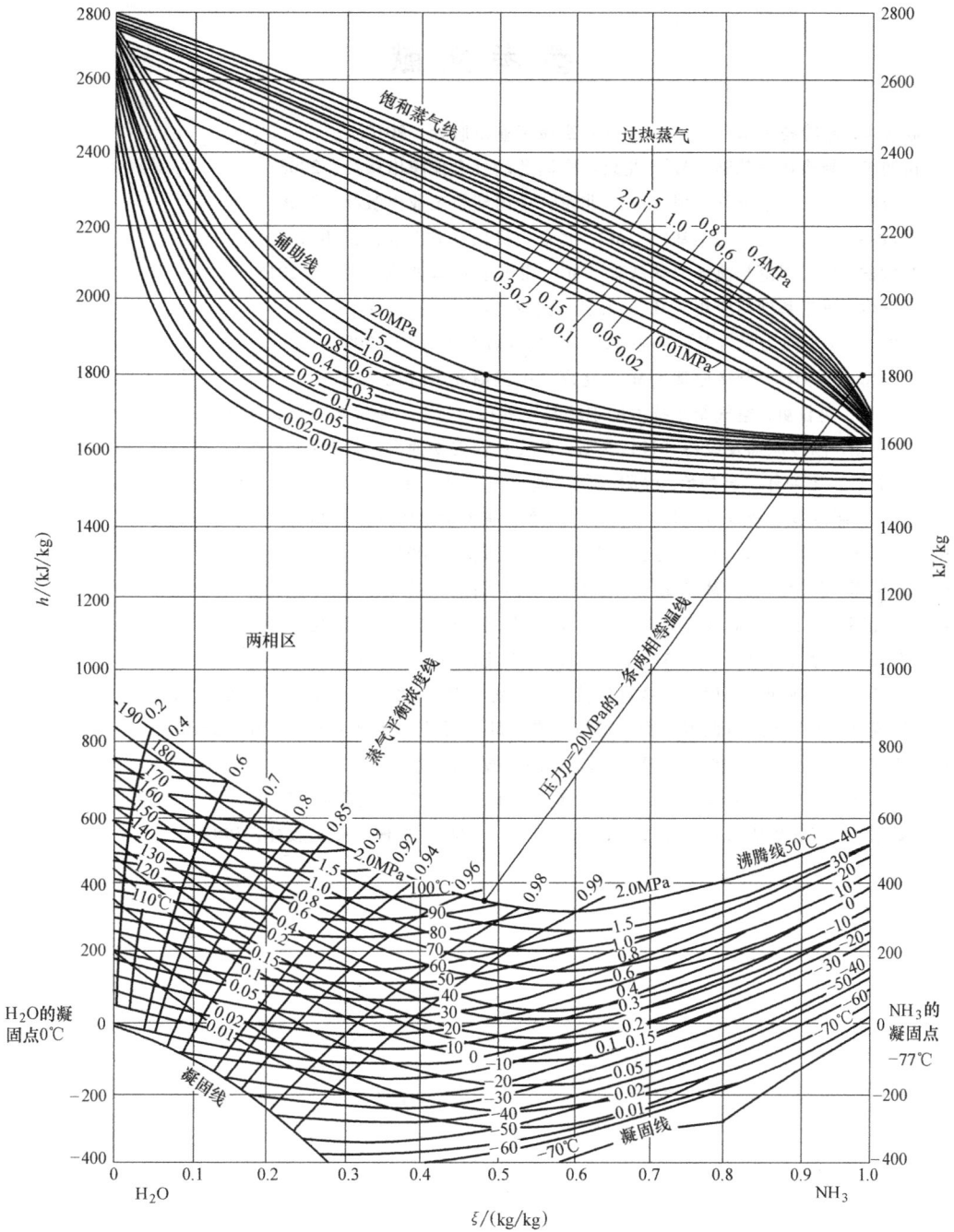

附图 B-13　氨-水溶液的 h-ξ 图

参 考 文 献

[1]   赵金萍. 制冷技术基础 [M]. 北京：机械工业出版社，2012.

[2]   田明玉. 制冷技术基础 [M]. 北京：中国劳动社会保障出版社，2008.

[3]   严启森. 制冷技术及其应用 [M]. 北京：中国建筑工业出版社，2006.

[4]   程淑芬. 热工与流体力学基础 [M]. 北京：机械工业出版社，2002.

[5]   叶学群. 热工理论与流体力学基础 [M]. 北京：中国商业出版社，2016.

[6]   傅秦生. 热工基础与应用 [M]. 北京：机械工业出版社，2007.

[7]   严家騄. 工程热力学 [M]. 4 版. 北京：高等教育出版社，2006.

[8]   姜守忠，匡奕珍. 制冷原理 [M]. 北京：中国商业出版社，2011.

[9]   李敏华，巫江虹. 空气制冷技术的现状及发展探讨 [J]. 制冷与空调，2005，5 (2).

[10]   吴业正. 制冷原理及设备 [M]. 2 版. 西安：西安交通大学出版社，1997.

[11]   王如竹，王丽伟，吴静怡. 吸附式制冷理论与应用 [M]. 北京：科学出版社，2007.

[12]   濮伟. 制冷技术及设备 [M]. 上海：上海交通大学出版社，2006.

[13]   田国庆. 制冷原理 [M]. 北京：机械工业出版社，2002.

[13]   刘佳霓. 制冷原理 [M]. 北京：机械工业出版社，2012.

[14]   陈光明，陈国邦. 制冷与低温原理 [M]. 北京：机械工业出版社，2002.

[15]   曾波. 制冷设备维修工 [M]. 北京：机械工业出版社，2010.

[16]   王亚平. 制冷和空调设备维修操作技能与训练 [M]. 北京：机械工业出版社，2010.

[17]   曹轲欣，杨东红. 空调器结构原理与维修 [M]. 北京：机械工业出版社，2010.

[18]   姜守忠. 制冷原理与设备 [M]. 北京：高等教育出版社，2005.

[19]   解国珍，姜守忠，罗勇. 制冷技术 [M]. 北京：机械工业出版社，2008.

[20]   戴永庆. 溴化锂吸收式制冷技术及应用 [M]. 北京：机械工业出版社，1999.